智能系统与技术丛书

Application Development of Large Language Model
Core Technologies and Domain Practices

大模型应用开发

核心技术与领域实践

于俊 程礼磊 程明月 ●著

机械工业出版社
CHINA MACHINE PRESS

图书在版编目（CIP）数据

大模型应用开发：核心技术与领域实践 / 于俊，程
礼磊，程明月著 . 北京：机械工业出版社，2024.
12. --（智能系统与技术丛书）. -- ISBN 978-7-111
-76975-0

I. TP18

中国国家版本馆 CIP 数据核字第 2024BM6887 号

机械工业出版社（北京市百万庄大街 22 号　邮政编码 100037）
策划编辑：高婧雅　　　　　　　　　责任编辑：高婧雅
责任校对：孙明慧　张慧敏　景　飞　　责任印制：常天培
北京铭成印刷有限公司印刷
2025 年 1 月第 1 版第 1 次印刷
186mm×240mm · 16 印张 · 341 千字
标准书号：ISBN 978-7-111-76975-0
定价：99.00 元

电话服务　　　　　　　　　　　网络服务

客服电话：010-88361066　　　机 工 官 网：www.cmpbook.com
　　　　　010-88379833　　　机 工 官 博：weibo.com/cmp1952
　　　　　010-68326294　　　金 书 网：www.golden-book.com
封底无防伪标均为盗版　　机工教育服务网：www.cmpedu.com

前　言

以 ChatGPT 为代表的大型语言模型（简称大模型）首次实现了基于语言的智能涌现，推动了通用人工智能的技术飞跃和快速进化，大模型已成为人工智能领域的热门发展方向，引起了国内外的广泛关注，成为全球科技竞争的焦点。

大模型技术通过强大的数据处理能力和广泛的适用性，极大地提升了生产力，改变了生产要素的构成。一方面，它加速了信息处理的速度和精度，使得数据成为新的生产资料，提高了知识创造和应用的效率；另一方面，通过促进跨领域知识融合和技术迭代，大模型技术增强了劳动者的技能和创新能力，同时催生了新的商业模式和服务形态，从而推动了社会经济活动的整体智能化和数字化转型。此外，大模型技术还通过提升自动化水平、优化资源配置、促进个性化服务和强化决策支持，进一步释放了生产潜能，推动了经济增长和社会进步。

为什么要写这本书

当前，从国家到地方都在制定大模型的鼓励政策，大模型技术发展得如火如荼。各 AI（人工智能）相关的企业、科研院所以及高校迅速组建技术团队研发大模型应用产品，以参与到最新一轮的科技变革当中。

本书写作的初衷是更好地帮助大模型领域的相关技术人员，让他们跟上时代的步伐，尽快跨越从核心技术原理到领域实践的鸿沟。掌握这些技术不仅能够帮助他们解决更为复杂的问题，提高开发效率，还能帮助他们参与到跨领域和传统行业的数字化转型项目中，为职业生涯开辟更广阔的空间，进而利用大模型强大的数据处理能力，推动产业升级。

在本书的写作过程中，大模型技术也在不断变化。秉承大道至简的原则，笔者一方面尽可能在大模型原理和技术章节统筹各种概念，另一方面尽可能在领域应用章节跳出概念进行应用实践。笔者希望能抛砖引玉，以个人的一些想法和见解，为读者拓展出更深入、更全面的思路去解决业务问题。

本书特色

1）本书基于中国科学技术大学（以下简称中国科大）研究团队在大模型方面的技术积累，结合科大讯飞实验室产品部在大模型方面的应用实践经验编写而成，涉及多个领域的开发实践，方便读者触类旁通，掌握一手的大模型应用开发技术。

2）为了让读者轻松入门，本书将大模型的核心技术和技术拓展分开讲解，并屏蔽了一些复杂的底层技术，让读者先打通原理层面，再结合实践入门，为后续的深入学习打下基础，避免因细节问题而停滞不前。当然，为了让初级甚至无 AI 基础的读者能看懂基本原理，在一些 AI 术语第一次出现时给出简单的介绍，既有良好的可读性与一定的深度，也兼顾了整体内容推进的合理性。

3）为了让读者快速掌握大模型应用开发技术，本书详细解释了大模型开发过程中多种技术的应用方式以及需要考虑的问题，帮助读者提前定位业务问题，为实现大模型应用的最佳效果打下坚实的基础。

读者对象

（1）应用开发工程师

本书深入浅出地讲解大模型的工作流程和技术原理，通过组合多种大模型行业应用方式及多个大模型领域的应用实践案例，缩小了传统应用开发人员与大模型应用开发人员之间的技术鸿沟，有助于传统应用开发工程师实现快速转型。

（2）算法工程师

本书聚焦于核心技术原理，使算法工程师能够快速理解大模型的工作流程、Transformer 模型结构、提示工程、模型微调技术等，并根据实际情况进行扩展学习，身临其境地"体验"各种场景，准确定位不同场景下的优化重点，通过不同场景的模型微调实践，快速适配合适的模型优化方法。

（3）技术方案工程师

本书围绕大模型的组合应用方式，通过精心编写每个实践案例的应用背景、环境构建、代码实现及部署评测，帮助技术方案工程师进行效果闭环验证，从而实现大模型应用的最佳效果，这对解决业务问题有很好的借鉴作用。

（4）提示工程师

本书围绕提示工程的设计开发流程，详细讲解各种提示技巧，帮助提示工程师通过设计、实验和优化输入（提示）来引导大模型输出特定结果。

如何阅读本书

本书共 10 章，从逻辑上分为"基础知识""原理与技术""应用开发实践"三部分，从大模型概念引出大模型核心技术，再到多个行业实践案例与代码实现，层层推进，便于读者的系统学习与落地应用。

基础知识（第 1 章），介绍大模型定义、应用现状、存在的问题，以及多个维度的发展趋势。

原理与技术（第 2 章和第 3 章），详细讲解大模型的构建流程，Transformer 模型，以及模型微调、对齐优化、提示工程等核心技术，之后介绍了推理优化、大模型训练、大模型评估、大模型部署等拓展技术。

应用开发实践（第 4 ～ 10 章），详细讲解大模型插件应用开发、RAG（检索增强生成）实践，以及智能客服问答、学科知识问答、法律领域应用、医疗领域应用、智能助写平台等多领域的实践。

通过本书，读者不仅能深入理解大模型的工作流程和技术原理，还能加深对大模型应用场景的理解，准确定位不同场景下的优化重点，提高大模型应用开发能力，并提升解决业务问题的能力。

勘误和支持

由于笔者水平有限，撰写时间仓促，书中难免会出现一些不当之处，恳请读者批评指正。限于篇幅，本书提及的一些文件和代码（如第 5 ～ 10 章）只给出了关键信息，或直接引用了相关的代码文件，读者可以从 GitHub 上进行下载，下载路径为 https://github.com/datadance/book-llm.git。同时，你也可以通过 AI 技术交流 QQ 群 435263033，或者邮箱 datadance@163.com 联系我们。期待得到大家的反馈，让我们在大模型应用开发与领域实践的征程中互勉共进。

致谢

科大讯飞的于俊负责大模型概述、插件应用开发实践、RAG 实践、智能客服问答实践等内容的编写，程礼磊负责学科知识问答实践、法律领域应用实践、医疗领域应用实践等内容的编写。中国科大的程明月副研究员负责大模型核心技术、技术拓展内容以及智能助写平台实践的编写。

感谢中国科大的研究生张征、杨纪千，以及科大讯飞的张志勇、王文辉、陶柘、汪得志、陈迁、丁可、张伟等技术专家，在本书编写遇到困难的时候，他们一直给予我们鼓励和支持，并提供了宝贵的意见，使本书的质量更上一层楼。

本书参考了科大讯飞星火发布会的资料以及部分星火开源大模型的代码和数据，并使用了智谱 AI 开源的 ChatGLM3、GLM-4-9B-Chat 等基础模型，以及 LangChain 框架、Langchain-Chatchat 框架、网易 QAnything 框架、讯飞开放平台 API、高德开放平台 API、AutoGen 工具、DeepSpeed 工具等公开资料，在这里特别致谢。

最后，感谢我的家人，他们的激励给了我奋斗的信心和力量，他们的支持使得本书得以面世。

谨以此书献给平凡世界中默默努力的小伙伴，以及众多热爱大模型技术的朋友。

于俊

目　　录

## 第 1 章

大模型概述

以 ChatGPT 为代表的大型语言模型（Large Language Models，LLM）带来的智能涌现（Emergence），不仅推动了人工智能技术的显著进步，也加速了其发展。大模型技术已经成为 AI（人工智能）领域的前沿热点，引起了全球范围内的广泛关注和讨论，成为科技竞争的关键领域。

1.1　大模型的概念

大型语言模型简称大模型，是 NLP 的一个重要分支和应用。NLP（Natural Language Processing，自然语言处理），作为计算机科学和 AI（人工智能）领域中的一个核心方向，专注于利用计算机技术来分析、理解和处理自然语言。NLP 的核心任务是将计算机作为语言研究的强大工具，不仅在计算机的支持下对语言信息进行定量化研究，还致力于提供一种人与计算机之间能够共同使用的语言描述。这种描述不仅有助于机器更好地理解人类的语言，也为人类提供了一种与机器交流的方式。

NLP 主要包含两部分：NLU（Natural Language Understanding，自然语言理解）和 NLG（Natural Language Generation，自然语言生成）。NLU 的目标是使计算机能够理解自然语言文本的含义，而 NLG 则致力于使计算机能够以自然语言的形式表达深层的意图和思想。尽管 NLU 和 NLG 面临的挑战巨大，但随着技术的进步，已经有一些实用的系统被开发出来，并在某些领域实现了商品化和产业化。这些应用包括多语种数据库和专家系统的自然语言接口、机器翻译系统、全文信息检索系统和自动文摘系统等。然而，开发出通用的、高质量的自然语言处理系统，仍然是一个长期且具有挑战性的目标。

本质上，大模型是一种深度神经网络模型，通常由数十亿个权重或数千亿个参数组成。

以 ChatGPT 为例，其当前模型由 1750 亿个浮点数参数构成，是一个高度复杂的对话式 AI 系统。

大模型主要通过自监督学习（Self-Supervised Learning）或半监督学习（Semi-Supervised Learning）进行训练，利用预训练任务从大规模的无监督数据中挖掘自身的监督信息（用于训练模型的数据，不仅包含输入特征，还包含对应的输出标签或结果）。通过这种方式，模型能够学习到对特定领域有价值的表征（模型将输入数据转换成数学上的向量形式，以方便计算和分析）。在海量信息的参数化全量记忆、任意任务的对话式理解、复杂逻辑的思维链推理、多角色多风格长文本生成、程序代码生成和输入图像的语义层理解等方面，大模型实现了显著的突破，体现了语言智能的"智能涌现"。

智能涌现是指当模型的规模和训练数据量达到一定水平时，模型会展现出一些新的、更高级的技能，这可以被看作一种"量变引起质变"的现象。实验已经证明，针对相对复杂任务的智能涌现对模型的大小（如 100 亿个参数）是有要求的。智能涌现的通用 AI 系统在广泛的自然语言任务中展现出卓越的性能。

如图 1-1 所示的具有多模态能力的"智能涌现"的通用 AI 系统，不仅改变了信息的分发和获取模式，还革新了内容生产方式，实现了全自然交互完成任务，提供了专家级的虚拟助手，颠覆了传统的手工编程方式，成为科研工作的加速器。这些进步为解决人类的基本需求带来了全新的机遇。

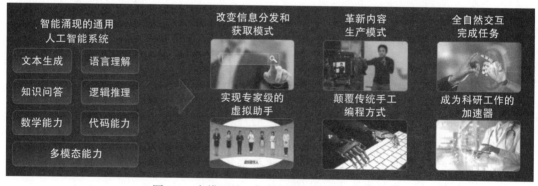

图 1-1　大模型的"智能涌现"解决人类刚需

如图 1-2 所示，AI 的发展经历了一个螺旋式上升的过程。自 1956 年达特茅斯会议上首次提出 AI 概念以来，AI 技术经历了多个重要阶段。

1）20 世纪 50 ～ 20 世纪 70 年代：AI 的早期发展阶段，研究方向集中在符号逻辑推理上。

2）20 世纪 80 年代至 90 年代：知识工程成为 AI 领域的主要研究方向，强调知识库的构建和应用，即引入专家系统。

3）21 世纪初 ～ 2020 年：深度学习技术的兴起，极大地推动了 AI 在图像识别、语音识别等领域的应用。

4）2020 年至今：深度神经网络大模型的发展，使得 AI 从简单的预测推断向复杂的内容生成迈进，从专用任务向通用任务扩展，并逐步替代从低端重复性工作到高端脑力劳动的各种任务。

这一演进不仅标志着 AI 技术的进步，也预示着我们可能正在接近通用 AI。

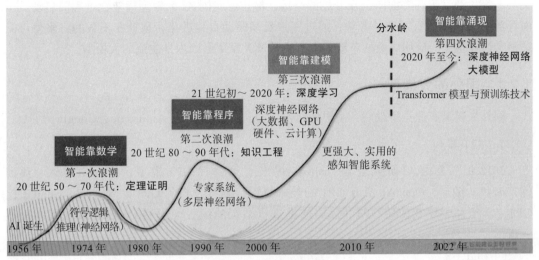

图 1-2　AI 的四次浪潮

大模型的智能涌现预示着机器将能够真正掌握并运用人类语言和知识，开启一种"类人"的自然语言交互式学习新范式。这种以语言智能为核心的突破，标志着机器智能进入了一个全新的发展阶段。

作为人工智能迈向通用智能的关键技术，大模型在"大数据、大算力和强算法"的支持下，通过在海量数据上进行预训练[⊖]，以及提示工程（Prompt Engineering）或模型微调[⊜]（在有标注数据的特定领域任务上进行二次训练），能够完成多种应用场景的任务，展现出完成通用任务的潜力。

大模型的学习和发展过程与人类的成长过程有着惊人的相似之处。人类的成长需要广泛的阅读、丰富的实践和深入的交流，而大模型则需要大规模的数据输入、模型预训练和微调迭代。人类的基础教育和大学教育相当于大模型的预训练阶段，而研究生学习和职业学习则相当于大模型的微调迭代和强化领域技能。此外，大模型的模型对齐过程，实际上也是在模仿人类遵守法律和道德规范的过程。

⊖　大模型的预训练是一种深度学习技术，它的作用是让模型在大量文本数据上学习语言的通用特征和模式。通过这种方式，模型能够捕捉到语言的复杂性和多样性，为后续在特定任务上的微调打下基础。预训练的模型具备了较强的语言理解能力，能够有效地应用于各种 NLP 任务。

⊜　大模型微调技术是一种深度学习策略，通常在预训练的语言模型上应用。这种方法利用标记好的数据对模型进行微调，使其适应特定的任务或领域，从而提高准确性和泛化能力。

1.2 大模型的应用现状

自深度学习及 AlphaGo 掀起科技浪潮后，我国的 AI 领域正经历新一轮的动荡，大模型与 AIGC 技术及其应用正在激发国内 AI 企业加速重构底层技术和应用框架。星火大模型、文心一言、通义千问等面向公众开放的举措，标志着我国 AI 大模型商业化进程的启动。全面开放的大模型将直面市场考验，通过用户反馈驱动自我进化，预计在不久的将来便可见证整个产业理念与应用层面的革新。本节将带领大家了解国内外主流的大模型。

1.2.1 国外的大模型

国外大模型产业竞争激烈，主要企业包括 OpenAI、Meta、Anthropic、Google 等。

1. GPT 系列

2018 年，美国 AI 研究公司 OpenAI 提出了第一代 GPT 模型，将 NLP 带入"预训练"时代。随后，OpenAI 沿着 GPT 的技术思路，陆续发布了 GPT-2、GPT-3、ChatGPT、GPT-4 等产品，以及使用 GPT-3 代码数据进行微调的编程大模型 Codex、文生视频模型 Sora。

（1）GPT-3

2020 年 5 月，OpenAI 发布了 GPT-3，它包含 1750 亿（175B$^{\ominus}$）个模型参数，可以通过少量的样本进行学习。和人类一样，GPT-3 不需要看完所有样例才能学习，而是看一小部分样例就能学会更多的知识。

GPT-3 的体量非常庞大，因此在特定领域任务中进行调优（Fine-Tune）的成本很高。为了解决这个问题，GPT-3 使用了语境学习（In-Context Learning，ICL）的方式，在不进行梯度更新或调优的情况下，直接在上下文中进行学习。它通过提供具体任务的"提示"，即便不对模型进行调整也可完成任务。如果在输入中提供一个或几个示例，那么任务完成的效果会更好。

提示：梯度更新是机器学习和深度学习中优化算法的核心组成部分，尤其是在训练神经网络时。在模型的训练过程中，我们定义一个损失函数（或称目标函数、代价函数），这个函数量化了模型预测值与实际值之间的差异。我们的目标是最小化这个损失函数。

梯度是损失函数关于模型参数的偏导数，它指向损失增加最快的方向。因此，负梯度则指向损失减少最快的方向。在训练过程中，我们通过计算损失函数关于每个参数的梯度，然后按照这个梯度的反方向更新参数来逐步减少损失。这个过程称为梯度下降，而每次根据梯度调整参数的过程就是梯度更新。

梯度更新通常遵循这样的公式：

$\ominus$ 这里的 B 代表 10 亿。——编辑注

$$\theta_{\text{new}} = \theta_{\text{old}} - \eta \cdot \nabla J(\theta_{\text{old}})$$

其中，θ_{old} 是旧的参数值，θ_{new} 是更新后的参数值，η 是学习率（决定了更新步长的大小），$\nabla J(\theta_{\text{old}})$ 是损失函数 J 在当前参数值下的梯度。通过反复执行这种梯度更新，模型参数会逐渐调整到使损失函数最小化的最优解附近。

GPT-3 不仅在各种 NLP 任务中具有非常出色的性能，而且在一些需要推理或特殊领域任务中也表现得非常出色。GPT-3 也被视为从 PLM（预训练语言模型）到大模型发展过程中的一个重要里程碑。

（2）ChatGPT

2022 年 11 月 30 日，OpenAI 发布了基于 GPT 模型的会话大模型 ChatGPT，上线两个月活跃用户数过亿。从技术角度讲，ChatGPT 是一个聚焦于对话生成的大模型，它能够根据用户的文本描述，结合历史对话，产生相应的智能回复。ChatGPT 在与人类交流方面表现出优越的能力，开启了机器自然语言交互式学习的"类人"新范式。

（3）GPT-4

2023 年 3 月，OpenAI 发布的 GPT-4 将大模型的输入扩展到多模态信息。GPT-4 比 ChatGPT 具有更强的复杂任务解决能力，在许多评估任务上都有很大的性能提高。

值得注意的是，GPT-4 在奖励模型上新增了一个安全奖励机制，用来减少有害信息的输出。相比 ChatGPT，GPT-4 进一步解决了 ChatCPT 面临的长文本输入、多模态输入、外部实时知识运用等诸多挑战，在复杂认知任务（跨学科语言理解、跨行业知识运用）、复杂推理任务、多模态任务等方面继续进步，进一步抬高了智能涌现的上限，再一次惊艳世人。

GPT-4 模型在理解人类语言方面获得了里程碑式的成就。

（4）Codex

Codex 是基于 GPT-3 进行微调的编程大模型，是 OpenAI 将大模型技术应用于代码领域的重要案例。Codex 的训练数据来自 GitHub（约为 159GB 的代码数据）。基于 Codex，GitHub 与 OpenAI 合作推出另一个面向市场的代码补全工具 Copilot，旨在帮助程序员编写代码。

（5）Sora

2024 年 2 月，OpenAI 发布首个文生视频模型 Sora，引爆全球。Sora 以通用大模型为底座，效果显著超越业界现有视频模型的同类产品，更加体现出通用 AI 的潜力。Sora 和业界视频模型的生成能力比较如表 1-1 所示。

表 1-1　Sora 和业界视频模型的生成能力比较

视频模型	研发团队	推出时间	主要特点	视频长度 /s	视频帧率 /fps	视频分辨率 /px
Gen-2	Runway	2023 年 6 月	基于 Diffusion 模型，利用文本、图像生成高保真和一致性良好的视频，画面清晰、精美，可生成 4K 画质视频	4 ～ 16	24	768 × 448 1536 × 896 4096 × 2160

（续）

视频模型	研发团队	推出时间	主要特点	视频 长度 /s	视频 帧率 /fps	视频 分辨率 /px
Pika1.0	PIKA Labs	2023 年 11 月	基于 Diffusion 模型，语义理解能力较强，画面一致性良好	3 ～ 7	8 ～ 24	1280×720 2560×1440
Stable Video Diffusion	Stability AI	2023 年 11 月	开源模型，首个基于图像模型 Stable Diffusion 的生成式视频基础模型	2 ～ 4	3 ～ 30	576×1024
Emu Video	Meta	2023 年 11 月	基于 Diffusion 模型，在生成质量和文本忠实度上表现较好	4	16	512×512
W.A.L.T	李飞飞团队与谷歌	2023 年 12 月	基于 Transformer+Diffusion 架构，降低了计算和数据集的要求	3	8	512×896
Sora	OpenAI	2024 年 2 月	Transformer+Diffusion，突破性的语义理解能力，以及复杂场景变化模拟能力	60	30	1080×1920 1920×1080
Pixeling	智象未来	2023 年 8 月	基于文本生成关键帧，再进行时间维度的前后拓展	4 ～ 15	8	432×768 768×432
MiracleVision 4.0	美图	2024 年 1 月	清晰度、连贯性等较好，处于国内第一梯队，已应用于电商和广告领域	3	16	960×1280 1280×1280 1280×720
PixVerse	爱诗科技	2024 年 1 月	与 Pika 效果接近，能够处理较强的运动幅度，同时保持较好的一致性	4	18	576×1024 1024×768

Sora 能够生成分钟级时长的视频，支持单视频多镜头，且能更好地理解提示，如以"生成一段美丽的剪影动画，展现一只狼感到孤独，在月光下嚎叫，直到它找到自己的群体。"为例，生成的动画截图如图 1-3 所示。该图能够展示出月光、狼，还有孤独的感觉。

图 1-3 Sora 生成的动画截图

大模型文生视频技术并不是真正的物理世界的模拟器，而是物理 3D 视觉世界的逼真模拟，存在一些局限性。比如会出现吹不灭的蜡烛、悬空的椅子、人在铁轨上行走等情况，也不足以完全模拟所有现实中的物理过程（比如重力、摩擦力、流体动力学等）。另外，它还存在推理效率的问题，在同等参数量、数据量，训练时间比文生图模型要长 2 至 3 个量级。

2. LLaMA 系列

2023 年，Meta 发布开放且高效的大语言模型 LLaMA，有 7B、13B、33B、65B（650 亿）4 种版本。

LLaMA 的模型性能非常优异，在大多数基准测试上，130 亿参数量的 LLaMA 模型可以胜过 GPT-3（参数量达 1750 亿），而且可以在单块 V100 GPU（图形处理器）上运行；而 650 亿参数量的 LLaMA 模型可以媲美 Google 的 Chinchilla-70B 和 PaLM-540B。

LLaMA 的训练集来源于公开数据集，无任何定制数据集，保证了其工作与开源兼容和可复现。其中，LLaMA-7B 是在 1 万亿个 Token 上训练的，而 LLaMA-33B 和 LLaMA-65B 是在 1.4 万亿个 Token 上训练的。

2023 年 7 月，Meta 发布免费的商用开源模型 LLaMA 2。LLaMA 2 对 LLaMA 模型进行升级，预训练语料增加了 40%，增至 2 万亿个 Token，且训练数据中的文本来源更加多样化。LLaMA 2 包括 LLaMA 2 预训练模型和 LLaMA2-chat 微调模型，有 7B、13B 和 70B 参数量的版本，覆盖了不同应用场景的需求。

其中，LLaMA2-chat 微调模型是在超过 100 万条人工标注的数据下训练而成的。除了训练数据的增加，LLaMA 2 的训练过程也有两个值得关注的点：一是扩大了上下文长度，提升了模型的理解能力；二是采用查询注意力机制，提高了模型的推理速度。

其他主流模型还有 Anthropic 的 Claude 系列、Google 的 PaLM 系列及 Gemini 系列，读者可自行了解。

1.2.2　国内的大模型

国内大模型正在经历从"百模大战"转向"主要玩家凸显"阶段。据统计，2023 年我国累计发布 200 余个大模型，主要包括讯飞星火、文心一言、通义千问、清华 GLM、智谱清言，以及字节豆包、腾讯混元、华为盘古、月之暗面的 kimi 等。本节不会介绍全部大模型，读者可自行了解。

1. 讯飞星火

2023 年 5 月 6 日，科大讯飞发布讯飞星火大模型，经过持续迭代，先后推出 V1.5、V2.0、V3.5、V4.0 版本。讯飞星火大模型拥有跨领域的知识和语言理解能力，能够基于自然对话方式理解与执行任务。它能够利用海量数据和大规模知识持续进化，实现从提出、规划到解决问题的全流程闭环。

讯飞星火大模型拥有七大能力（见图 1-4），包括多风格多任务长文本生成能力、多层次跨语种语言理解能力、泛领域开放式知识问答能力、情景式思维链逻辑推理能力、多题型步骤级数学能力、多功能多语言代码能力、多模态输入和表达能力。其中，语言理解、数学能力超越 GPT-4 Turbo，代码能力达到 GPT-4 Turbo 的 96%，多模态能力达到 GPT-4V 的 91%。星火语伴、智慧教育、星火 App、讯飞晓医、星火教师助手、讯飞智作、智能编程助手 iFlyCode、星火科研助手等 AI 应用，加速了行业产品的创新。

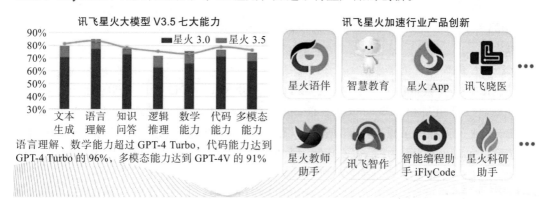

图 1-4　讯飞星火七大能力及行业产品创新示例

2. 文心一言

2023 年 3 月，百度新一代大模型文心一言（ERNIEBot）正式启动邀测。2023 年 8 月，文心一言向全社会全面开放。文心一言是在 ERNIE 及 PLATO 系列模型的基础上研发的新一代知识增强大模型，多轮对话表现出色，能够与人对话互动、回答问题、协助创作，高效便捷地帮助人们获取信息、知识和灵感。

文心一言对数万亿数据和数千亿条知识进行融合学习，得到预训练大模型，在此基础上利用有监督微调（SFT）、RLHF、提示工程等技术，具备了知识增强、检索增强和对话增强的优势。文心一言在文学创作、商业文案创作、数理推算、中文理解、多模态生成等使用场景中具有强大的综合能力。

2023 年 10 月 17 日，百度发布文心大模型 4.0，实现了基础模型的全面升级，它在理解、生成、逻辑和记忆能力上都有显著的提升，据悉综合能力"与 GPT-4 相比毫不逊色"。

3. 通义千问

2023 年 4 月，阿里推出通义千问大模型；2023 年 10 月，阿里发布千亿级参数大模型通义千问 2.0，在性能上取得巨大飞跃。

通义千问 2.0 在复杂指令理解、文学创作、通用数学、知识记忆、幻觉抵御等能力上均有显著提升。通义千问 2.0 在指令遵循、工具使用、精细化创作等方面进行了技术优化，能够更好地被下游应用场景集成。通义千问大模型官网上线了多模态和插件功能，支持图片输入、文档解析等细分任务。用户可以在官网上直接体验模型功能，开发者可以通过网页嵌入、API/SDK 调用等方式，将模型能力集成到自己的大模型应用和服务中。

2024 年 5 月，阿里云发布通义千问 2.5 版本，该版本在理解能力、逻辑能力、指令遵循和代码能力方面有了显著提升，经过权威基准 OpenCompass 评测，该模型的中文性能（比如文本理解、文本生成、知识问答等），全面赶超 GPT-4 Turbo。

阿里云已与 60 多个行业头部企业进行深度合作，推动通义千问在办公、文旅、电力、政务、医保、交通、制造、金融、软件开发等领域的落地。

4. 清华 GLM

2022 年 5 月，清华大学发布大模型 GLM。GLM 采用了 wudao2.0 中文语料，以及 Wikipedia、BookCorpus 等 13GB 英文语料。主要创新点是提出了自回归空白填充（Autoregressive Blank Infilling）的自监督训练方式，通过调整空白块的大小，GLM 既可像 Encoder-only 模型一样执行文本分类等 NLU 任务，也可以像 Decoder-only 模型一样执行文本生成等 NLG 任务，还可以像 Seq-to-Seq 模型一样执行对话、机器翻译等条件 NLG 任务，通过一个预训练任务实现了预训练模型三个结构的统一。

ChatGLM-6B 是基于 GLM 架构的一个开源的、支持中英双语的对话语言模型，具有 62 亿个参数。结合模型量化技术，用户可以在消费级的显卡上进行本地部署（INT4 量化级别下最低只需 6GB 显存）。

ChatGLM-6B 使用了和 ChatGPT 相似的技术，针对中文问答和对话进行了优化。经过约 1T 个标识符的中英双语训练，辅以监督微调、反馈自助、RLHF 等技术，62 亿个参数的 ChatGLM-6B 已经能生成相当符合人类偏好的回答。

5. 智谱清言

2023 年 8 月，北京智谱华章科技有限公司发布"智谱清言"。智谱清言已具备"通用问答、多轮对话、创意写作、代码生成以及虚拟对话"等功能，未来还将开放多模态等生成能力。

智谱清言是基于智谱 AI 自主研发的中英双语对话模型 ChatGLM2，经过万亿字符的文本与代码预训练，并采用 SFT 技术，以通用对话的形式为用户提供智能化服务。

1.2.3 大模型的应用情况

大模型已经在各个垂直领域中广泛落地。国内的大模型产业链可以分为基础层、模型层、平台层、应用层，每层都有主流厂家，如图 1-5 所示。

大模型的业务应用场景主要分为两大类：生成场景与决策场景。生成场景涵盖对话交互、虚拟顾问、创意内容创作、代码编写及智能代理等；决策场景则侧重于基于描述与诊断的辅助决策，以及预测导向的智能决策制定。如图 1-6 所示。

在设计业务场景时，应注重聚焦、颗粒化和可控。聚焦意味着让大模型专注于核心需求和关键问题，避免面面俱到；颗粒化是让大模型避免处理过于庞大和复杂的业务流程，防止过度延伸；可控则要求对大模型进行专业知识的限定，确保其行为符合预期。同时，加强大模型与垂直场景需求的匹配，推动其在各领域的广泛应用，是当前各业务线需要重视的问题。随着时间的推移，大模型在垂直行业的应用会变得更加深入和广泛，涵盖内容生成、智能客服、商业服务、智能办公、智慧教育、智慧医疗和互动陪伴等多个典型场景。

图 1-5　国内大模型产业链

	对话式交互	虚拟专家	内容生成	代码开发	智能体
生成场景	• 通过自然语言与用户进行交互 • 典型场景：聊天机器人	• 在特定领域，通过对大量的非结构化数据总结，为用户提供专业意见 • 典型场景：智能客服	• 生成用户需要的文字、图片、音频、视频、3D模型等 • 典型场景：AI绘画	• 对已有代码检查、修正，或根据要求生成代码 • 典型场景：代码生成	• 通过对话，调用内外部数据，满足用户目标，短期内难以实现 • 典型场景：Auto-GPT

	辅助决策		智能决策	
	描述	诊断	预测	指导
决策场景	• 通过数据采集和展示，描述业务正在发生什么，实现业务可视化 • 典型场景：数据大屏	• 通过数据分析发现业务现象背后的原因，实现业务可诊断 • 典型场景：数据分析	• 通过数据分析，判断业务未来可能会发生什么，实现业务结果可预测 • 典型场景：机器学习平台	• 通过数据分析建模，由系统直接给出能达成预期业务目标的行动方案 • 典型场景：智能决策系统

图 1-6　大模型的业务应用场景

1.3　大模型存在的问题

　　大模型的发展如日中天，然而人们对大模型技术的掌控和认知仍处于初级阶段，大模型技术还存在不少问题与挑战，比如机器幻觉、安全伦理、选择错误目标、难以监督等。

1.3.1 机器幻觉

大模型尽管取得了显著的成功，但偶尔会产生看似合理但与用户输入、先前生成的上下文或事实知识偏离的输出，这种现象被称为机器幻觉。在大模型出现之前，幻觉已经在 NLG 领域广泛出现，通常指生成与提供的源内容毫无关联或不正确的内容。这个定义已经被扩展到大模型领域。

1. 大模型幻觉的分类

大模型背景下的幻觉大致可分为三类：

1）输入冲突幻觉，即大模型生成与用户提供的源输入不符的内容。

2）上下文冲突幻觉，即大模型生成与其自身先前生成的信息冲突的内容。

3）事实冲突幻觉，即大模型生成不符合已建立的现实世界知识的内容。

2. 大模型幻觉的主要来源

综合分析大模型的生命周期不同阶段的特点，可以得出大模型幻觉的主要来源。

1）大模型缺乏相关知识或内化了错误的知识。在预训练阶段，大模型从大量的训练数据中积累了大量知识，这些知识存储在模型参数中。当要求回答问题或完成任务时，如果大模型缺乏相关知识或已经内化了来自训练语料库的错误知识，它通常会表现出幻觉。例如，研究发现大模型有时会误解偶然的相关性，比如位置接近或高度共现的关联，将其视为事实知识。此外，人类生成的语料库中也存在幻觉（如过时、有偏见或虚构的表达），大模型容易复制甚至放大这种幻觉行为。

2）大模型有时会高估自己的能力。研究发现，大模型的正确和错误答案的分布熵可能相似，这表明大模型在生成不正确的答案时与生成正确答案一样自信。这种过度自信可能导致大模型以不必要的确定性制造答案。

3）问题对齐过程可能诱发大模型幻觉。大模型预训练后会进行对齐，在这个过程中大模型会进一步训练，以使其响应与人类偏好一致。然而，当大模型在对齐过程中接受在预训练阶段尚未获得的知识的指示时，实际上就是一种不对齐的过程，会"鼓励"大模型产生幻觉。此外，有时大模型可能会生成有利于用户观点而不是正确或真实答案的响应，这也可能导致幻觉。

4）大模型采用的生成策略存在潜在风险。大模型以顺序方式生成响应，一次输出一个 Token。研究发现，大模型有时会过分坚持早期的错误，即使它意识到这是不正确的。换句话说，大模型可能更喜欢为了自身一致性而堆积幻觉，而不是从错误中恢复。这被称为幻觉堆积现象。此外，一些研究强调，基于采样的生成策略（如 top-p 和 top-k）引入的随机性也可能是幻觉的潜在来源。

3. 危害与挑战

幻觉严重损害了大模型在现实世界场景中的可靠性。例如，大模型有可能制造出错误的医学诊断或导致实际生活风险的治疗计划。虽然传统的 NLG 环境中的幻觉问题已经得到广泛研究，但理解和解决大模型领域的幻觉问题仍面临着独特的挑战。

与为特定领域任务精心策划数据不同，大模型的预训练使用来自网络的数万亿个Token，难以消除虚构、过时或有偏见的信息。通用大模型在跨任务、跨语言和跨领域设置中表现出色，但这为全面评估和缓解幻觉问题带来了挑战。大模型可能生成最初看似高度合理的虚假信息，这使得模型甚至人类难以检测幻觉。

4. 解决策略

要解决 AI 大模型的幻觉问题，需要采取一系列的策略。

首先，需要在模型的训练阶段引入更多的数据，以减少模型对特定数据模式的过度拟合；其次，使用更强大的模型架构和优化算法，以提高模型的泛化能力和鲁棒性；最后，对模型的输出进行适当的后处理和验证。

除了这些技术性的解决方案外，也需要从设计和伦理的角度来解决幻觉问题。例如，应该考虑如何设计出更加透明和可解释的大模型，以便用户能够理解模型的运作方式和输出结果。此外，还需要制定相应的伦理规范和法规，以确保 AI 大模型的应用不会对人类或其他生物造成负面影响。

总之，AI 大模型的幻觉问题是一个复杂的问题，需要采取多种策略和技术来解决。大模型的知识记忆是模糊的，同时缺少判断知识有效性的机制，所以需要外部知识增强。通过不断研究和实践，相信人们能够更好地解决这个问题，从而使 AI 大模型在各个领域发挥更大的作用，为人类社会带来更多的便利。

1.3.2　安全伦理

在数字化时代，大模型技术作为人工智能的关键力量，正深刻地重塑着各行各业。然而，伴随着大模型带来的巨大益处，大模型的安全伦理问题仿佛是高悬在头顶的"达摩克利斯之剑"，时刻提醒着人们大模型时代的机遇也伴随着风险。

数据泄露和隐私侵犯是大模型面临的重要安全伦理问题。由于大模型依赖大量数据进行训练，这些数据中不乏敏感信息。一旦管理不当造成泄露，轻则侵犯用户隐私，重则造成严重的信息安全事件。此外，数据泄露的风险随着数据量的增加而呈指数级上升，这对数据保护机制提出了更高的要求。

算法偏见也是一个不容忽视的问题。大模型的训练数据往往来自现实世界，而这些数据可能包含了历史偏见和歧视。如果技术团队在设计和训练模型时没有进行适当的干预，大模型输出的结果可能会重现有害的社会偏见，加剧社会不平等，违背道德伦理。

随着大模型的增大，它在问答任务和需要提供事实答案的任务上表现得更好，但在确保输出内容的真实性方面仍存在不稳定性。在需要常识和逻辑推理的领域，以及给语言模型提供有关常见误解的信息时，这种问题尤为显著。语言模型的不真实信息是指模型输出虚假、误导性、无意义或质量低劣的错误信息。这些错误信息的生成机制在一定程度上与大模型的基础结构相关。大模型可以被训练来输出语句。句子中可能包含与事实不符的陈述，如过时的信息、虚构的作品和故意的虚假信息。即使经过训练的大模型能"忠实"地反映这些数据，也可能会再次产生类似的错误陈述。然而，即使训练数据全由正确陈述构成，也无法完全避免错误信息的产生，因为模型可能无法完全理解训练数据背后的因果关系。因此，使用训练好的语言模型进行预测时可能会产生错误信息，进而带来多种问题，包括无意中误导或欺骗他人，造成实际伤害，以及加剧公众对共享信息的不信任。

大模型的"黑箱"特性导致了可解释性问题。由于模型结构复杂，其决策过程往往难以被用户理解。这种不透明性不仅降低了用户对模型的信任，更可能在关键时刻导致错误的决策，涉及生命与财产安全的领域尤其不能忽视这一问题。

此外，大模型可能在无意中造成歧视。例如，在招聘、贷款审批等场景下，大模型可能会基于不经意的关联性，对某些群体产生不利的决策。大模型应用中的责任归属与道德风险也是一个复杂问题。以自动驾驶汽车为例，一旦发生事故，确定责任主体并不容易。这不仅需要技术创新，还需要法律、伦理的共同进步，以明确各种情况下的责任归属问题。

要解决以上安全伦理相关的问题，需要多方参与和协作。政府需出台相关法律法规，引导和规范大模型的开发与应用。企业和研究机构应担负起社会责任。公众应增强自我防护意识，并积极参与到科技伦理的讨论中来。只有通过集体的努力，才能确保大模型技术的健康发展，使其成为推动社会进步的力量。

在未来，随着大模型应用的不断深入，其安全伦理问题也将更加复杂多变。我们必须不断提高警惕，加强研究，确保大模型技术的健康发展。

1.3.3　选择错误目标

在选择目标时，人们可能无意中或出于恶意选择了错误的方向。要从人群中挑选出具有代表性并能提供高质量反馈的个体是困难的。实施大规模 RLHF（基于人类反馈的强化学习）时，需要精心挑选和指导参与的人类评估者，但这可能导致样本偏差问题。

研究指出，在应用 RLHF 后，大模型在政治倾向上会系统性地偏离中立。尽管这种偏见的确切原因尚不清楚，但数据收集过程表明评估者的选择与研究员的判断相一致，这暗示了在偏好数据收集过程中存在明显的选择效应。不同大模型所招募的评估者的构成与一般人口结构存在差异。例如，OpenAI 报告其初始的评估者群体中约 50% 来自菲律宾和孟加拉国，年龄为 25～34 岁，而 Anthropic 则称其评估者中有 68% 为白人。这些评估者的人口统计特征可能会带来难以预测的潜在偏见，进而在模型训练过程中被放大。

一些评估者会持有有害的偏见和观点。由于人类的看法并非总是理想化和道德化的，这个问题可能会因 RLHF 训练的大模型引入了评估者的偏见而进一步恶化。通常通过与人类互动来收集反馈，如果评估者试图破坏模型，可能会带来严重后果。同时，研究已经表明，使用少量示例对指令进行"投毒"的攻击是能够成功的。

1.3.4　难以监督

对 AI 进行有效监督是困难的。受限于人类有限的注意力和能力，反馈往往不可避免地带有某种偏见，这使得建模过程复杂化。这种困难源于人类的不完美性，导致在监督高级的 AI 系统时无法面面俱到。

人类错误可能由多种因素引起，包括缺乏对任务的兴趣、注意力分散、时间限制或固有的人类偏见等，这些因素都可能导致认知偏见和常见误解，从而影响反馈的质量。随着大模型的能力日益增强，人类评估者愈发倾向于将任务外包给聊天机器人，这种做法破坏了人类监督的初衷。

即使在拥有充足的信息和时间的情况下，人类在评估复杂任务时也可能提供低质量的反馈。将 RLHF 应用于超出人类控制能力范围的模型时，这个问题会变得更加明显。

依靠单一奖励模型来代表多元化的人类社会是存在缺陷的。RLHF 通常被设计为让 AI 系统与个人偏好对齐的解决方案，然而人们在偏好、专业知识和能力方面的差异很大，评估者之间也常常存在分歧。如果忽视了这些差异，试图将来自不同人的反馈简化为单一奖励模型，可能会导致出现根本性的错误。目前的技术将评估者之间的差异视为噪声而非重要的分歧，这可能在偏好不一致时导致多数意见占优势，从而可能会对少数代表性群体造成不利影响。

综上所述，大模型技术是把双刃剑，我们需要正视以 ChatGPT 为代表的大模型技术带来的机遇与挑战，并谨慎应对。当前面临的挑战并不预示着大模型的终结，相反，人们对这些困境和局限性的深入了解，会为大模型未来的发展奠定基础。大模型仍然有巨大的潜力，等待我们去探索。

1.4　大模型的发展趋势

随着大模型技术的成熟、推理能力和准确性的提高，深度赋能业务已经成为大模型发展的重心，主要体现为以下几个趋势。

1.4.1　多模态能力

多模态是指结合了文本、图像、语音、视频等多种数据形式的模型。OpenAI 发布的 GPT-4V，不仅仅可以通过文字来对话，还可以通过语音和图片进行沟通。文生视频模型 Sora 充分利用 GPT-4V 多模态认知模型为视频训练标注的高质量数据，能够生成分钟级时长的视频。尤其是 Sora 对物理规律的模仿，已经具备了一定程度的世界模拟器能力，有望向世界模型进化。Google 发布的多模态大模型 Gemini，无缝跨域文本、图像、音频和视频，可实现对超长文本的处理以及对长时音视频的理解，进一步丰富了应用场景。

多模态技术的持续进步，在丰富用户多维和沉浸式体验、提高多模态数据处理效率、理解复杂的现实世界场景、创新各种新产品形态和新服务形式等多方面，将产生巨大的价值。结合行业知识，多模态大模型有望应用于视频内容分析、语音识别结合文本理解、互动广告、交通态势感知、制造业产品研发设计、农业生产检测和优质育种等众多场景。

1.4.2　AI Agent

AI Agent 是一种能够感知环境、进行决策和执行动作的智能体。

尽管技术尚未成熟，但已有一些与工作流程深度耦合的 AI Agent 涌现。Copilot 可以创建类似人类撰写的文本和其他内容，从而提高工作效率。Meta AI 产品推动了内容创作和社交互动的智能化，为用户带来更加丰富多样的体验。工业视觉检查机器人的应用，显示了 AI Agent 在识别、判断和维修设备方面的高度自主性。SalesGPT 等平台的出现，展示了 AI Agent 在感知情绪、个性化推广和客户服务中的潜力。

随着 AI 技术在深度学习和自主决策能力方面的突破，一个明显的趋势是 AI 正在从简单的工具进化为复杂的助手乃至 Agent。一旦 AI Agent 能够准确理解复杂的任务需求、自主选择最合适的解决方案，并有效控制任务进度，就能推动各行各业的智能化转型，推动生产力的指数级增长。未来，AI Agent 可能集成到组织机构的各个层面，与人类员工、其他数字化系统以及基础设施形成一个互联互通、高效运作的生态系统，进一步优化组织结构，提升运营效率，创造前所未有的价值。

1.4.3　端侧应用

超过千亿参数的大模型层出不穷，从手机厂商到科技公司，各家都在不断强化自己的 AI 能力，大模型因其强大的能力和出色的表现而受到广泛关注。

需要注意的是，大模型正在向端侧转移，AI 推理将在手机、PC、耳机、音响、XR 设备、汽车，以及一系列可穿戴式新型终端上运行。端侧轻量化的"小模型"越来越受到关注，"小模型"不仅可以减少计算资源的消耗，还可以加快响应速度，因而在实时应用场景中的应用更为广泛，在资源受限的环境中表现出色。相比大模型，端侧"小模型"具有一些独特优势，如本地数据处理效率更高、节省云端服务带宽和算力成本，带来更好的用户数据隐私保护、更新的交互方式和体验等。

作为新技术应用的风向标，手机和汽车行业优先落地端侧大模型技术。

其中，手机端侧大模型应用包括手机 AI 助手和 App 内 AI 助手。手机 AI 助手在操作系统层面提供服务，能跨越多个应用程序并提供全面支持。用户可以通过语音、文本或其他输入方式与全局 AI 助手交互，以执行各种任务，如搜索信息、管理日程、发送消息、控制智能家居设备等，甚至可以调用各类手机 App 的接口。App 内 AI 助手支持大模型在单个应用内为用户提供支持，增强现有 App 的语音交互和智能化能力。比如办公软件或社交软件内部的 AI 助手，每个助手通常针对其所在应用的特定功能和用例进行优化。

汽车行业大模型落地的应用包括智能座舱和自动驾驶等。智能座舱为用户提供更为贴心的交互体验。用户可以直接与座舱数字人对话，实现用车指导、导航、娱乐、服务信息查询、聊天陪伴等全面贴心的服务。目前自动驾驶汽车以"重感知＋轻地图"的方案为主，因此需要车辆自主完成行驶任务并做出智能的决策，该方案已在多个城市进行测试。

1.4.4　可信任性及可解释性

随着大模型应用的日益增多，社会对大模型的可信任性、数据与隐私安全、滥用风险等问题越发关注。确保模型的安全性和遵守伦理标准将成为研发工作的重要组成部分。模型的可信任性是指模型在执行任务时的可靠性、安全性和符合道德标准的程度。为了提高大模型的可信任性，技术人员需要采取多种策略，包括改进数据处理方法、增强模型检验和验证流程、引入透明度和解释性机制、实施严格的安全措施以及进行持续的伦理和社会影响评估。此外，随着技术的发展，也需要不断更新相关的法律法规和政策指导，以促进AI技术的健康发展和社会接受度。

同时，大模型决策过程和结果的可解释性也变得越来越重要。大模型的可解释性是指模型的决策过程、逻辑推理和结果输出对开发者、用户以及监管机构来说是可以理解和透明的。一个具有良好可解释性的模型应该能够清晰地展示其决策过程。这意味着对给定的输入，模型应能提供为什么会给出特定输出的解释。这有助于用户理解和信任模型的判断。对大模型而言，其内部的运作往往像一个黑盒子一样不可见。可解释性要求对这些复杂结构的内部机制进行一定程度的解读。当模型做出错误的预测时，可解释性可以帮助我们理解导致错误的原因。这对调整和改进模型至关重要，同时可以防止错误的决策对实际应用造成影响。研究人员正在探索各种方法和技术来提升模型的可解释性，包括可视化工具、注意力映射、局部解释模型、反事实解释等，以便用户能够理解和信任模型的输出。这些技术旨在揭示模型是如何工作的，以及它如何得出特定的结论。随着AI越来越多地融入关键决策过程中，可解释性成为构建信任和可靠性的关键要素。

1.4.5　自我学习

大模型的自我学习能力是人工智能领域中一个重要的发展方向，它使得模型能够像人类一样通过经验学习和适应环境。自我学习具有以下特征。

1）数据驱动学习：大模型通过处理大量的数据，学习数据中的模式和规律。这种学习过程不限于初始训练阶段，而是持续进行，使得大模型能够随着时间的推移不断进步。

2）算法自适应：大模型通常采用复杂的机器学习算法，如深度学习，这些算法能够自动调整模型参数，以适应新的数据和任务。这种自适应能力是自我学习的关键。

3）反馈循环：在自我学习的过程中，大模型不仅依赖于数据，还依赖于外部反馈。这种反馈可以是用户的输入、环境的变化信息或其他形式的信号，以帮助模型识别和纠正错误，从而提高性能。

4）知识积累：随着模型处理的数据量增加，其知识库也在不断扩展。这种知识积累使得模型能够处理更复杂的问题，并在新的情境中做出更准确的预测。

5）自我迭代：大模型的自我学习能力还表现在每次学习都会产生新的知识上，这些新知识又成为下一次学习的基础，形成正向的自我增强循环。

6）减少人工干预：随着自我学习能力的提升，大模型对人工干预的需求减少。这不仅提高了效率，还减少了对专家知识和资源的依赖。

7）应用广泛：自我学习能力使得大模型在各种应用场景中都表现出色，从自然语言处理、图像识别，到医疗诊断、自动驾驶等，都能看到其应用。

8）促进创新：自我学习能力为 AI 的创新提供了新的可能性。随着模型变得更加智能和自适应，它们能够探索新的解决方案和应用领域，推动技术进步。

1.5 本章小结

本章从自然语言处理的定义引出大模型的概念，进一步介绍了大模型的重大突破——智能涌现。接着，介绍国外、国内主流大模型的应用现状，对大模型快速发展中存在的问题和挑战，以及大模型的发展趋势进行了重点讲解。

第 2 章

大模型核心技术

自从 Transformer 问世以来，凭借着其独特的自注意力机制，在 NLP 领域掀起了一场革命。它不仅大幅提升了模型训练的效率和效果，更开启了通往更加智能、更加精准的 AI 服务的大门。也正是因为 Transformer 这一划时代的技术，才促成了大模型的问世。

本章详细介绍了大模型的核心技术，与第 3 章大模型的拓展技术（即应用技术）一起作为本书的技术理论部分。本章的篇幅较多，蕴含的专业技术知识十分丰富，为照顾无 AI 方向技术储备的普通读者，对诸多技术概念作了简要介绍。同时，读者可参考附录了解大模型演进（其中包含了模型对输入处理的细节）。

2.1 大模型构建流程

在介绍大模型构建之前，我们需要先简单了解一下神经网络。大模型通常指的是具有大量参数和复杂结构的深度学习模型，它们能够处理和理解复杂的数据和任务。神经网络是大模型的基础，其构建流程如下。

1）数据输入：神经网络通过输入层接收数据，这些数据可以是图像、文本、声音等。

2）特征提取：输入数据在网络中向前传播，经过隐藏层⊖进行处理。每一层的神经元通过权重和偏置与前一层的输出相连接，并应用激活函数（参见 2.2.7 节）进行非线性转换，以提取更高层次的特征。

⊖ 在神经网络中，隐藏层是指位于输入层和输出层之间的一层或多层，其主要作用是提取和组合输入数据的特征，形成更高层次的抽象表示。这些隐藏层通过非线性变换增强了网络的表达能力，使得网络能够学习和模拟复杂的函数映射关系，从而在诸如图像识别、语音识别等任务中实现更准确的预测和分类。隐藏层的数量和结构设计是影响神经网络性能的关键因素。

3）反向传播：在训练过程中，网络的输出与期望的输出（标签）之间的差异可通过损失函数计算出来。这个损失值通过反向传播算法[一]传递回网络，逐层调整权重和偏置[二]。

4）权重更新：利用梯度下降或其他优化算法，根据反向传播得到的梯度信息，更新网络中的权重和偏置，以减少损失值。

5）迭代训练：通过多次迭代训练，不断优化网络参数，直到网络能够准确预测新的输入数据。

6）输出生成：训练完成后，神经网络能够根据输入数据生成预测结果，如分类标签、回归值或生成的文本等。

大模型是神经网络的一种扩展。通过增加网络的深度（更多的隐藏层）和宽度（每层更多的神经元），大模型能够显著增强其表达能力和学习能力。这种扩展使得大模型能够处理更复杂的任务，如 NLU、图像生成和复杂的决策制定。然而，这种扩展也带来了更高的计算需求和训练成本，需要大量的数据与计算资源来训练和优化模型。

大模型的核心机制在于能根据输入的文本序列预测并生成后续的文字，直至遇到终止标志。这一过程本质上是对给定提示的扩展与完善。借助有监督微调（Supervised Fine-Tuning，SFT）与 RLHF[三]等先进策略，使得大模型能精进其文本生成能力，使它不仅能流畅地补全文档，更能针对具体问题提供答案。尤为关键的是，通过这些技术的加持，模型生成的回答能够贴合人类认知标准，展现出合理的逻辑性和连贯性，显著提升交互体验与实用性。

大模型通过提示工程优化提示内容，干预模型输出结果，并基于其内容总结和生成能力生成拟人化的回复，从而使推理结果更易于被用户理解和评价。大模型的构建流程如图 2-1 所示。

注意，RLHF 中的奖励模型是一种机制，通过人类提供的反馈来定义和指导 AI 系统的行为，使系统能够根据这些反馈学习如何做出符合人类价值观和期望的决策。这种模型在强化学习中尤为重要，因为它能帮助 AI 理解哪些行为是"好"的，哪些是"坏"的，从而优化其决策过程，确保 AI 的行为与人类的道德和伦理标准相一致。

整体而言，该构建流程使大模型能够吸收广泛的文本信息，可处理多种语言形式和覆

[一] 反向传播算法（Backpropagation Algorithm）是一种用于训练人工神经网络的监督学习方法，主要用于最小化预测输出与实际输出之间的误差。它是梯度下降算法的一种高效实现，用于计算损失函数关于网络权重的梯度，以便更新这些权重，从而提升模型的性能。

[二] 在神经网络中，偏置（Bias）是每个神经元的一个额外参数，它允许模型即使在所有输入为零的情况下也能产生非零输出，从而增加模型的灵活性。在反向传播算法中，偏置通过计算其相对于损失函数的梯度来进行更新，以优化模型的表现。

[三] 强化学习是一种让机器通过不断尝试和犯错来学习如何做出最优决策的技术，其核心价值在于使系统能够在复杂环境中自我优化并提高效率。RLHF（基于类反馈的强化学习）通过将人类的直觉和经验融入学习过程中，增强了 AI 的决策能力，使其在需要高度适应性和创造性的任务中表现更佳，同时也提高了 AI 系统的可解释性和可靠性。

盖多种应用场景，从而展现出高度智能化的 NLU 与 NLG 能力。在理想的情况下，优秀的有监督微调和 RLHF 应该能够让模型看起来几乎无所不知。然而，由于模型的预测机制是基于统计学原理的，仅能从文本模式中学习，因此缺乏真正的理解和推理能力，这使得大模型在处理复杂逻辑和深度理解任务时表现不足，无法完全达到人类的理解能力。

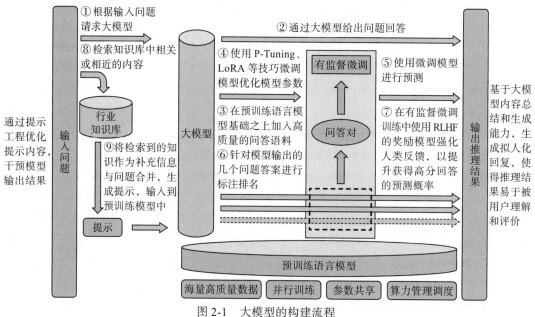

图 2-1　大模型的构建流程

但通过有监督微调对预训练语言模型进行微调，并利用 RLHF 优化模型输出，这一过程不仅强化了人机协同，还提升了模型生成内容的可解释性和质量，确保输出结果更加贴近人类认知标准。

下面将介绍大模型构建中的三个主要技术：预训练语言模型、模型微调和对齐优化。

2.1.1　预训练语言模型

预训练（Pre-training）是指在一个大型无标签的数据集上训练模型的过程，目的是让模型学习到一些通用的特征和模式。这个"预"字就是"预先"的意思，即在真正执行特定任务之前，先让模型在大量数据上进行训练，从而获得一些基础但广泛的知识。预训练模型是经过预训练的模型，预训练语言模型则是通过将海量文本转换成计算机可解析的数字序列（Tokenization），实现针对语言结构的深度学习。在这个过程中，数据的质量与数量同等重要。尤其在构建超大规模的语言模型时，随着数据集和模型参数的迅速增多，高效算力成为必需。因此，我们运用大型算力集群，采用分布式并行训练策略，并辅以参数共享和精妙的算力管理调度，以确保训练过程的顺利进行。

以 Transformer 架构（参见 2.2 节）为基础的底层语言模型（Base Model，也简称基础模型或基座模型）通过训练并产生词嵌入（Word Embedding）矩阵来预测序列中下一个可能出现的 Token（标记），从而实现了语言的连续性。这种模型允许通过特定的提示信息来引导预测结果，从而增强了模型应用的灵活性。

预训练数据来源于多种渠道，包括百科全书、GitHub 代码库、各类出版物与学术论文，以及网络论坛等。这些数据覆盖了广泛的领域和语种。尽管数据质量参差不齐，但其规模达到了 TB 级别，产生的 Token 数量同样惊人，为千亿级参数的大规模模型训练提供了坚实的基础。

传统 NLP 任务通常基于较小的数据集，Token 数量少于 10B，即模型参数不超过 10 亿个。相比之下，类似 ChatGPT 这样的模型在数据清洗后，训练数据量达到 570GB，Token 数量高达 300B，拥有 1750 亿个参数（大致相当于 96 个 Block[⊖]（模块），每个 Block 包含 4 个隐藏层，每层 12288 个节点[⊜]）。而更为先进的 GPT-4 级模型，其训练数据的 Token 数量更是达到了惊人的 5000B，语言模型参数超过 1 万亿个。

由此可见，构建参数量巨大的大模型对并行计算能力和数据处理技术提出了极高的要求，这也是现代 AI 研究与开发的关键挑战之一。

如果希望在大模型的预训练阶段就侧重适配某个行业领域，除了整理大量的通用预训练数据外，还需要重点构建该行业的数据集，补充到预训练数据集中。如果行业的数据集的大小比通用预训练数据量小很多，则模型并不能有效学习到该行业数据集的特征，因此，更多时候是在模型微调阶段再加入行业数据集进行有监督微调或对齐训练，即精调大模型在该行业场景的输出结果。

在大模型的预训练阶段，会选择无监督学习、自监督学习（Self-Supervised Learning，SSL）等方式进行预训练。以自监督学习为例，它需要从数据本身生成的标签来学习数据的内在结构和特征，无须用人工标注的数据。完成预训练后，还需对大模型进行评估，并根据评估结果不断优化数据处理细节和模型架构。最后，针对优化后的大模型进行部署验证。大模型预训练过程如图 2-2 所示。

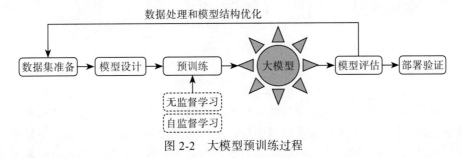

图 2-2　大模型预训练过程

⊖　Block 是指用于构建网络的基本单元。

⊜　在大模型中，每一个参数和算法都可以被视为一个节点。主要包括权重（Weight）、偏置（Bias）、注意力机制的参数（Attention Parameter）以及嵌入矩阵（Embedding Matrix）等。

在预训练行业大模型时需要收集并标注大量行业特定的数据，包括文本、图像、交互记录以及特殊格式的数据（如基因序列）。在训练过程中，模型通常从底层参数开始训练，或者在已有一定能力的通用模型基础上进行进一步训练。这一过程旨在使大模型更好地理解特定领域的术语、知识和工作流程，提高它在行业应用中的性能和准确性，确保其专业性和效率。以谷歌的蛋白质模型 AlphaFold2 为例，该模型专注于生物信息学领域，在预训练阶段深入分析和学习了大量实验室测定的蛋白质结构数据。这使得模型能够捕捉蛋白质序列与其空间结构之间的复杂关系，从而准确理解和预测蛋白质的复杂三维结构。

预训练方式不仅需要大量的计算资源和长期的训练过程，还需要行业专家的密切合作和深度参与。这种方式通常需要较大的投入，因此目前应用相对较少。此外，从头开始的预训练涉及复杂的数据集准备和模型设计，以及在训练过程中不断进行调优和验证，因此，只有少数企业和科研机构能够承受这种高投入、高风险的方式，尽管其潜在回报同样高。随着技术的进步和成本的降低，未来预训练行业大模型的应用可能会增加。

2.1.2   模型微调

模型微调是基于预训练大模型的一种优化策略，它通过调整模型的某些参数，使其更贴合特定数据集，进而提升在具体业务场景下的表现。这种方法对于性能要求较高的专业领域尤为适用。实际操作中，当一个通用模型难以精确处理或产生专业内容时，模型微调能够增强大模型对行业专有术语的理解，进而提高应用相关知识的能力，确保输出的内容满足特定的业务规范。例如，在零售行业的客服场景中，经过微调的模型能够掌握商品信息并按照企业提供的故障排查流程与用户进行互动。微调完成后，需要对大模型进行测试与评估，根据反馈继续优化性能，并对最终的模型版本进行部署和验证。图 2-3 展示了模型微调的详细过程。

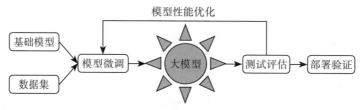

图 2-3   模型微调过程

模型微调这一技术能将行业知识整合到大模型的参数中，使得经过微调的模型不仅保留了其通用的知识结构，还能精确地解读与应用行业有关的特定知识，从而更好地适应多样化应用场景，并针对实际需求提供解决方案。例如，在医疗领域，使用临床数据进行微调的大模型能够更精准地解释医学文献和病历报告，以满足医生辅助诊断的需求。

模型微调是在个性化优化与成本管理之间找到平衡的一种策略。它通常包括调整权重参数或改变模型架构，并且需要通过多次迭代才能达到理想的性能标准。相较于其他不涉及模型本身改动的方法，如提示工程或检索增强生成（Retrieval-Augmented Generation，RAG），模型微调固然消耗更多的时间和计算资源。然而，相较于从零开始预训练一个新模型，微调依然是一个效率更高、成本较低的选择，因为它只需对现有模型进行局部调整，且所需的训练数据也相对较少。

高质量数据集是决定模型微调后性能的关键因素。这些数据集需要与业务场景密切相关，并且数据标注需要高度精准。高质量数据集可以来自企业内部数据的提取或外部数据的采集，但都需要经过专门的数据标注处理。这些数据应具有代表性、多样性和准确性，并符合数据隐私等相关法规要求。只有使用足够的高质量数据进行训练，模型微调才能真正发挥作用。此外，模型微调策略也直接影响着大模型的最终性能。模型微调技术将在 2.3 节中重点介绍。

如果说预训练语言模型是一座金矿，那么有监督微调无疑是挖金矿的工具。为了提升模型的输出质量，我们需要设计高质量的有监督提示来对预训练语言模型进行微调。大模型有监督微调工作原理如图 2-4 所示。这些提示是以自然语言形式描述的指令，用于激发大模型的输出，涵盖文本生成、头脑风暴、开放问答、摘要、改写、闲聊、分类等多种类别。高质量的提示数据应当清晰、具体、聚焦、简洁。

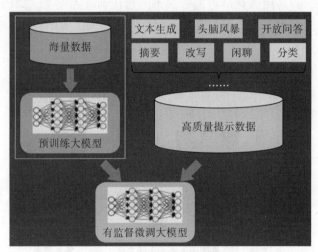

图 2-4　有监督微调工作原理

有监督微调要求精确的数据准备工作，这涉及将信息组织成结构化的问答对，即每个问题都与一个标准答案配对，以建立训练数据集。由于训练数据集被限定为这种严格的问答对格式，模型参数将逐步调整以捕捉和模拟这些数据的特定特征。高质量的问答对能显著提高模型的输出效果，通过定制的问答对，甚至能够引导模型专注于特定的专业领域，从而实现更加精确的训练成果。

通过采用 P-Tuning、LoRA 等微调技术，在预训练模型的基础上融入精心挑选的问答对数据，可以巧妙地调整模型参数。这一过程旨在增强模型对特定领域知识的理解，同时确保其通用语言处理能力不受损害。微调策略的目标是以最小的资源消耗，最大化地吸收微调阶段数据的特有规律。然而，如果微调不当，可能会削弱模型的泛化能力，导致其在非训练领域表现不佳。因此，用于有监督微调的数据通常来源于开源资源或网络上的高质量问答集合，并且需要通过专业数据处理，如进行人工筛选和校正，以确保领域的针对性。

数据集的规模至少应包含数十万条问答实例，虽然数量并非关键所在，但质量必须精良。在中文领域，数据集的容量通常可达上百 GB，能够充分满足微调的需求。

2.1.3　对齐优化

经过有监督微调的大模型能够根据特定的提示生成更加准确和相关的回复，从而增强大模型对特定领域任务的理解。为了进一步优化大模型性能，我们采用人类反馈的提示 – 问答对进行有监督微调，使输出更符合人类的偏好，从而产生用户更加满意的答案。

为确保大模型的输出与用户意图一致，我们使用奖励模型按照有用性、准确性和无害性对人类反馈的回复①②③④⑤进行打分排序。利用这些排序后的数据进行训练，优化奖励模型的评分机制，并运用强化学习的方法不断迭代训练大模型，如图 2-5 所示。这种训练方式帮助大模型更好地匹配人类的主观体验，同时持续吸收新数据，实现性能的持续提升和优化。

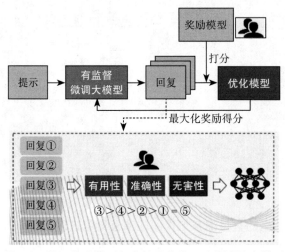

图 2-5　基于奖励模型打分的强化学习迭代训练大模型

RLHF 的工作原理如下。

首先，针对提出的每个问题，模型生成多种可能的答案，并依据回答的质量对这些答案进行排序。基于一套详尽的标注规则，无论通过专业标注平台还是人工操作，标注员都能对大模型基于提示生成或补全（Completion）的内容进行精准的质量评分。

其次，奖励模型负责对模型的每个预测结果进行量化评分，这一过程需要反复训练，旨在使奖励模型的评分标准尽可能贴近人类标注员的实际判断。通过强化学习处理，奖励模型对答案的评分结果被用来指导有监督微调阶段的训练，其作用在于强化那些在奖励模型阶段获得了较高评分的回答，在后续的有监督微调训练中提升其预测概率，确保模型学习到人类偏好的输出模式。

最终，通过整合人类标注员的反馈，我们能够精调模型的输出，有效减少不确定性（即降低熵），从而提升结果对于人类而言的逻辑连贯性和可理解性。从模型效能的角度看，采用 RLHF 的方法显著超越了单纯的有监督微调策略，这表明在模型训练过程中融入人类评价的环节，确实能产出更为优质、更贴合人类认知习惯的生成结果。

简而言之，RLHF 方法由于引入了人类偏好作为指导，能够引导模型生成更加合理且高质量的回答，相较于仅依赖模型自主学习的有监督微调，展现出了更佳的性能和更符合人类期待的表现。

2.2 Transformer 模型

本节将深入探讨大模型技术的核心模型架构——Transformer。其中，2.2.2 节～ 2.2.8 节详细介绍了 Transformer 模型涉及的基础组成与训练技术细节，已掌握该基础知识的读者，可以直接跳至 2.2.9 节。

2.2.1 Transformer 模型概述

2017 年，Google 团队在其论文"Attention is All You Need"中首次提出了一种针对 Seq-to-Seq（序列到序列）问题的 Transformer 模型架构。该架构旨在通过给定一个输入序列，经过 Transformer 模型的处理，最终生成一个相应的输出序列。

在 Transformer 模型结构中引入了编码器 – 解码器（Encoder-Decoder），并融合了注意力模块，这标志着一次重大的创新。相较于传统的 RNN（循环神经网络）结构的编码器 – 解码器，Transformer 模型采用了堆栈型结构，这一变革使得注意力机制在整个 Transformer 的运行过程中占据了核心地位。这种机制为精确建模不同词语之间的关系提供了强有力的支持，从而显著提升了模型的性能和效率。

Transformer 模型基于编码器 – 解码器进行序列的转化，编码器接收给定的输入序列，解码器输出最终的目标序列。Transformer 模型架构如图 2-6 所示。

编码器通常由多个多头自注意力层和前馈神经网络[⊖]（ Feed-forward Neural Network，

⊖ 前馈神经网络是一种基本的人工神经网络结构，它模拟人脑神经元的连接方式，通过输入层接收数据，经过一系列隐藏层处理，最终在输出层生成结果。这种网络的特点是信息只在一个方向上流动，即从输入层到输出层，不形成任何环路。

FNN）层组成的编码器层（Transformer 块）堆叠而成。通过堆叠多层来提取和整合更丰富的上下文信息。多个编码器层的结构相同，但相互不共享权重。每个层后都接有一个规范化层（即层归一化，也称归一化层）和一个残差连接，残差连接会与原始输入相加，再传递给下一个子层。

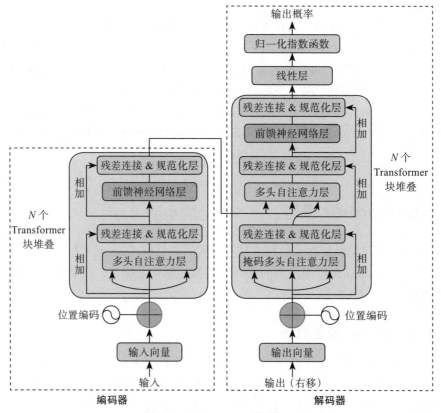

图 2-6　Transformer 模型架构

解码器也是由多个解码器层（Transformer 块）堆叠而成。每个解码器层在掩码多头自注意力层和前馈神经网络层中间增加了一个多头自注意力层（从编码器到解码器）。每个层后都接有一个规范化层和一个残差连接。解码器输出部分包括线性层（Linear）和归一化指数函数层（Softmax 函数[⊖]）。

前馈神经网络层以多头自注意力层的输出作为输入，并通过一个非线性激活函数的全

⊖　Softmax 函数主要用于在多分类问题中将神经网络输出的原始值（logits）转换为概率分布。它的作用是将每个类别的输出值通过指数函数放大，然后除以所有输出值的指数之和，确保所有类别的概率和为 1。这样处理后，每个类别的概率值不仅能够反映它相比其他类别的相对大小，还能确保概率分布的总和为 1，便于进行概率解释和后续的决策过程。Softmax 函数的这种特性使其在处理多类别输出时非常有用，尤其是在需要计算交叉熵损失时。

连接网络对输入执行更复杂的非线性变换，例如 ReLU（Rectified Linear Unit，修正线性单元）或 GeLU（Gaussian Error Linear Unit，高斯误差线性单元）。

提示：这里再对 Transformer 模型架构中的几个概念进行一些补充说明。

（1）输入向量

Transformer 的输入向量通常由三个部分组成。

词嵌入：这是最直观的部分，每个词被映射到一个固定长度的向量，用于表示该词的语义信息。词嵌入捕捉了词汇的语义和语法特性。

位置嵌入（Positional Embedding）：由于 Transformer 摒弃了循环结构，它不再依赖于序列的内在顺序来理解词与词之间的关系。位置嵌入被加入以赋予模型对序列中每个词位置的感知，这对于理解词序和构建上下文关系至关重要。

段落或句子嵌入（Segment or Sentence Embedding）：在处理两个或多个句子的输入时，例如在机器翻译中，可能会为每个句子添加一个特定的嵌入向量，以便模型可以区分不同的句子或段落。

这些向量的组合形成了 Transformer 的输入向量，使得模型能够处理变长的序列输入，同时保留序列内的位置信息和可能的句子边界信息。

（2）输出向量

Transformer 的输出向量是一个固定长度的向量，它代表了输入序列中每个词的多维表示。在解码器阶段，这些输出向量被用来预测下一个词的概率分布。输出向量的每个元素都蕴含了关于输入序列中相应位置词的丰富信息，这些信息涵盖了词在上下文中的语义、语法角色以及与其他词的关联。通过这种方式，Transformer 能够捕捉到词与词之间复杂的关系，从而在生成序列时做出更加精准的预测。

（3）掩码多头自注意力

掩码多头自注意力（Masked Multi-head Self-attention）是一种在深度学习模型中，特别是在 Transformer 架构中使用的技术。在处理序列数据时，它通过使用掩码来忽略或屏蔽某些不需要关注的部分，同时利用多头自注意力机制并行处理不同子空间的信息，从而提高模型对序列数据中不同部分重要性的识别和理解能力。这种方法在处理如 NLP 中的长文本或不完整输入时特别有用，能够提高模型的准确性和效率。

（4）残差连接与规范化层

残差连接（Residual Connection）与规范化层的结合，为深度神经网络带来了显著的优势。残差连接通过允许信息在网络层之间直接传递，有效地缓解了梯度消失[⊖]问题，使得模型能够在保持较高学习速率的同时，维持良好的收敛性。规范化层则通过对每一层的输入

⊖ 梯度消失是指在训练深度神经网络时，反向传播过程中梯度值逐渐变小，特别是在靠近输入层的深层结构中，梯度可能变得非常小，导致这些层的权重几乎不再更新。这种现象阻碍了网络学习到有效的特征表示，进而影响模型的整体性能和学习能力。

进行标准化处理，确保了网络中每一层的输入分布稳定，从而加速了训练过程并提高了模型的泛化能力。这两种技术的结合，使得深度神经网络能够在复杂任务上达到更优的表现。

（5）位置编码

Transformer 模型通过使用位置嵌入（Position Embedding）来注入绝对或相对位置信息，从而在建模序列时为每个单词添加位置信息。这种嵌入方式使得模型能够理解序列中单词的顺序，这对于捕捉序列数据的上下文关系至关重要。通过位置嵌入，Transformer 能够有效地处理序列数据，即使它本身并不依赖于循环结构来保持序列的顺序。

（6）输出概率

输出概率是解码器基于当前已有输入和上下文信息，通过归一化指数函数（Softmax）转换得到的下一个单词的预测概率分布。

2.2.2 编码器与解码器

本节将重点对大模型的编码器 – 解码器，以及与解码器密切相关的因果解码器和前缀解码器进行区分讲解，并对模型架构的选择和应用进行总结。

1. 编码器 – 解码器流程

Transformer 解码器的工作流程可以用机器翻译任务来描述。在机器翻译任务中，源语言句子被转换成源语言的 Token 序列，目标语言句子同样被转换成目标语言 Token 序列。解码器的任务就是生成这样一个目标语言的 Token 序列。

（1）Transformer 编码器的工作流程

Transformer 编码器的具体工作流程如下。

1）编码器首先将源语言句子输入序列（源语言）中的每个单词（通常为一系列词或子词单元）或标记转换为一组固定维度的向量，以供模型理解和处理。该过程通过查找每个 Token 在预训练的嵌入矩阵中的对应向量来实现，这也是自然语言模型训练的通用预处理过程。

2）为了区分不同位置的单词并处理序列的顺序关系，位置编码被嵌入到输入向量。即输入向量通常会与位置编码相结合，从而注入序列中 Token 的位置信息，确保 Transformer 模型具有捕捉序列顺序的能力。

3）通过自注意力机制，模型对源语言的输入向量中不同 Token 的位置之间的相关性进行建模，以获取每个 Token 的位置的上下文信息。在多头自注意力层中，用每个 Token 的表示来计算一个注意力分数。该分数是通过查询（Query）和键（Key）之间的点积计算得出的，随后应用 Softmax 函数进行归一化处理，并确保注意力分布的合理性，参见 2.2.3 节所述的注意力机制。

4）通过对所有 Token 的值向量进行加权求和来获得新的 Token，其中其他位置的 Token 的权重由相应的注意力分数确定。这一过程确保了每个新 Token 能够包含整个序列的信息，并且对于不同的 Token，它们的注意力焦点也会有所不同，从而实现对序列中不同元素的差异化关注。

5）前馈神经网络对多头自注意力层的输出进行非线性变换和映射，以提供更丰富的特征表示。这一过程通常由一个简单的 MLP[⊖]（多层感知机）实现，该感知机包含两个线性变换和一个非线性激活函数（例如 ReLU 或 GeLU）。值得注意的是，前馈神经网络对每个位置的处理是相同的，但其参数未在不同的位置间共享，这种设计有助于模型捕捉与位置相关的特定特征。

6）在多头自注意力和前馈神经网络的每一步处理之后，都会应用一个残差连接，紧接着是规范化层的处理，即层归一化。残差连接有助于缓解梯度消失问题，并且使得深层网络的训练变得更加可行。层归一化则用于稳定训练过程，确保网络在训练过程中的输入分布的稳定性，从而提高模型的训练效率和性能。

以上描述的步骤在多个相同的层中重复。每一层的输出都成为下一层的输入。

（2）Transformer 解码器的工作流程

Transformer 解码器的具体工作流程如下。

1）掩码多头自注意力层负责对目标语言进行初步处理，并实现 Token 的序列生成。在此过程中，输入序列被分解为一系列 Token，每个 Token 代表输入文本中的一个词或字符。这些 Token 随后被映射到模型预训练好的向量矩阵所定义的高维向量空间中的特定点，从而实现将 Token 转换成对应的固定维度的向量表示，以捕捉各自的语义和上下文信息。之后，通过加入位置编码来融合 Token 序列的顺序信息，并利用掩码多头自注意力机制来确保在序列生成过程中仅引用已生成的 Token。

2）掩码多头自注意力层处理解码器每步的输入，并确保在生成序列的每个步骤中，模型只能看到之前的词而不能看到之后的词。通过在多头自注意力的基础上增加掩码，在训练阶段模拟实际预测场景，解码器一次只能生成一个词。解码器在生成第 n 个词时，只能看到真实的前 $n-1$ 个词。模型在每个时间步都能并行地处理整个需求，加速训练并提高效率。在预测阶段，如在机器翻译或文本生成等实际应用中，当生成序列的某个部分时，目标序列是未知的。模型在生成第 n 个词时，只能依赖于它之前生成的 $n-1$ 个词。这种方式确保了生成的每个新词都是基于所有先前生成的词的上下文，从而维持了语言的连贯性和逻辑性。通过在注意力计算中对未来位置应用一个非常大的负数（或负无穷），使得这些位置的 Softmax 输出接近于零。即在生成当前词时，只能利用之前的词。同解码器中的每一层一样，掩码多头自注意力层后方也连接有残差连接和规范化层，这有助于避免深层网络

⊖ MLP 是一种人工神经网络模型，它由一个输入层、一个输出层以及至少一层隐藏层组成。MLP 是前馈神经网络的一种，这意味着数据在层与层之间是单向传递的，从输入层开始，经过隐藏层，最后到达输出层，中间没有反馈连接。在 MLP 中，每个神经元（或称为节点）都会对它的输入进行加权求和，并将这个求和结果通过一个非线性激活函数（如 Sigmoid、ReLU 或 tanh 等）处理。这些激活函数帮助 MLP 学习复杂的非线性关系。隐藏层的存在使得 MLP 能够捕捉到输入数据中的更高级别的特征表示。

中的梯度消失问题，并保持训练的稳定性。

3）多头自注意力层承接了上一层的输出，并引入了来自编码器的信息。在这个阶段，解码器通过注意力机制关注编码器输出的相关部分，将编码器捕捉的上下文信息融入正在生成的序列中。这一过程是解码器构建输出序列时不可或缺的一步，确保了生成的目标语言既能与原始输入相关联，又能在语法和语义上保持连贯。解码器接收编码器输出的结构如图 2-7 所示。

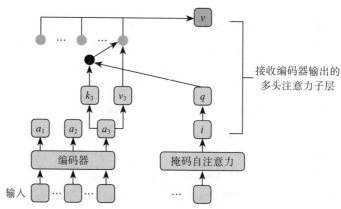

图 2-7　解码器接收编码器输出的结构

具体来说，在这个多头自注意力层中，查询（Query，即 q）来源于解码器中掩码多头自注意力的输出 Token，而键（Key，即 k）和值（Value，即 v）则来源于编码器的输出 Token。掩码多头自注意力层的输出结果 i 仅仅用于产生查询 q，而键和值则是由编码器的各个输出 a_i 分别成对产生的，其中每一对（k_i,v_i）都会与 q 一起用于计算注意力，最终得出 i 与基于编码器全部输出内容 a_i 的计算结果 v。

这种结构使得解码器在生成每个目标语言 Token 时，每一步都要考虑编码器捕获的整个输入序列的信息（即输入句子中所有相关的 Token），从而实现深度的信息融合。这确保了生成的序列不仅在语法和语义上与之前生成的词连贯，而且与原始输入序列紧密关联。与其他层一样，多头自注意力层的输出也需要经过残差连接和规范化处理，以提高模型的稳定性和训练效率。

4）前馈神经网络层与输出。前馈神经网络层对多头自注意力层的每个 Token 进行非线性加工和细化处理，并为生成精确且连贯的输出序列提供所需的数据转换。之后将处理结果通过线性层和归一化指数函数层（Softmax）加工，加工后的 Token 转换为最终的输出。具体来说，线性层的任务是将前馈神经网络层的输出转换为更大的维度空间，通常对应于词汇表的大小（模型能够理解和生成的不同词汇的数量）。归一化指数函数层将线性层的输出结果转换为概率分布，即计算每个词在当前位置出现的概率，并确保所有词的概率总和为 1。通过概率分布预测下一个词，即选择概率最高的词作为输出，如图 2-8 所示。

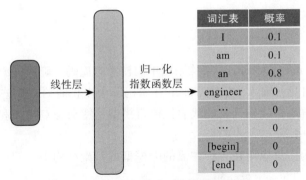

图 2-8　线性层和归一化指数函数层

在整个解码过程中，线性层和归一化指数函数层是生成最终序列的关键。它们将解码器中的复杂表示转换为实际的词的输出，使得模型能够产生连贯且有意义的文本序列。这种设计确保了解码器不仅能够处理和理解输入序列，还能有效地生成目标序列。

接下来将句子"我是一名工程师"翻译成英文"I am an engineer"。对于原始输入"我是一名工程师"，它并不会被解码器直接利用，而是会在编码器中进行编码，再将其输出结果传递给解码器。而解码器将会严格地从前到后逐步生成目标翻译结果，每次生成一个词，然后将它作为下一步输入的一部分，具体流程如图 2-9 所示。

图 2-9　机器翻译的解码流程

流程描述如下。

①因为解码器的首轮将不会有任何信息输入，所以设定一个起始符 [begin]，首先由起始符经过解码器模型生成 I。

②再将 I 添至起始符后方作为新的输入 [begin] I，经过解码器模型生成 am。

③随后将 am 添至 I 的后方作为新的输入 [begin] I am，经过解码器模型生成 an。

④再将 an 添至 I am 的后方作为新的输入 [begin] I am an，经过解码器模型生成 engineer。

⑤此时，目标翻译序列已经产生完毕，需要"告知"解码器模型生成结束，人为设定一个终止符 [end]，此时的输入将会是" [begin] I am an engineer"，经过解码器之后将会产生终止符 [end]。

⑥至此，翻译完成。

2. 因果解码器

因果解码器（Causal Decoder）架构采用单向注意力掩码，确保每个输入 Token 只能关注过去的 Token 和自身。输入和输出 Token 在解码器中以相同的方式进行处理。GPT 系列模型就是基于因果解码器架构开发的代表性语言模型，特别是 GPT-3 和 GPT-4，由于其惊人的能力，在大众中引起了广泛关注。

因果解码器架构广泛应用在各种主流的大模型的基础结构中，例如 OPT、BLOOM 和 Gopher。

3. 前缀解码器

前缀解码器（Prefix Decoder）修正了因果解码器的掩码机制，从而能够对前缀 Token 执行双向注意力处理，并仅对生成的 Token 采用单向注意力处理。也就是说，前缀解码器能够双向编码前缀序列并自回归地逐个预测输出。

因为编码和解码过程中会共享相同的参数，所以建议不要从头开始进行预训练，而是继续训练因果解码器，然后将它转换为前缀解码器以加速收敛。采用前缀解码器的代表性大模型包括 GLM-130B 和 U-PaLM。

注意，因果解码器和前缀解码器都属于仅解码器（Decoder-only）架构。（本书提到仅解码器架构时，主要是指因果解码器架构。）

2.2.3 注意力机制

注意力机制的提出最初是受到人类感知过程的启发。2014 年，Google Mind 团队发表的研究"Recurrent Models of Visual Attention"将该机制引入视觉领域。人类倾向于选择性地关注场景中的关键信息，而非一次性地处理全部信息。这一机制被应用到模型中，使模型能够专注于输入数据中的重要部分。

在 NLP 领域，注意力机制起初被用于解决序列标注问题，例如词性标注。词性标注任务要求为文本中的每个单词分配正确的词性标签，如名词、动词、形容词等。自然语言往往是复杂多义的，具有词义多义性。注意力机制使得模型能够从整个序列中筛选出重要的信息，并更好地处理词义多义性和上下文依赖，提高了模型处理序列数据的灵活性和效率。

注意力机制通过调整信息的权重来平衡其重要性，这意味着即使是被赋予较低权重的信息，也会在一定程度上影响最终的输出结果。这种机制增强了模型处理序列数据的能力，特别是在涉及理解上下文或处理长距离依赖的任务中，如机器翻译、文本摘要和问答系统。

在注意力机制出现之前，虽然 CNN 和 RNN 等模型已经尝试解决上下文理解问题，但由于计算能力和模型复杂性的限制，效果有限。注意力机制能够有效处理大量信息中的关键部分，减少冗余信息的影响，提高模型效率。

提示：CNN 是一种深度学习架构，特别擅长处理具有网格状拓扑结构的数据，如图像。其工作原理主要涉及以下几个关键要素。

1）卷积层：通过滤波器（或称为卷积核）在输入数据上滑动，提取局部特征。每个滤波器负责识别一种特定的特征，如边缘、角点或纹理。

2）激活函数：通常使用 ReLU（Rectified Linear Unit，修正线性单元），它将卷积层的输出转换为非线性，增加模型的复杂性和表达能力。

3）池化层：进行下采样，减少数据的空间尺寸，同时增加对小范围位移变化的不变性，有助于减少计算量和防止过拟合。

4）全连接层：将前面层的特征映射到最终的输出，如分类标签的概率。

CNN 的特性包括以下几点。

1）特征自动提取：无须手动设计特征提取器，网络会自动学习数据中的特征。

2）多尺度和多方向识别：通过不同大小和方向的滤波器，能够识别不同尺度和方向的特征。

3）空间不变性：通过池化层，网络对输入数据的小的位移变化具有不变性，增强了模型的泛化能力。

4）减少全连接层参数：通过卷积和池化，网络在进入全连接层之前显著减少了参数的数量，降低了过拟合的风险。

这些特性使得 CNN 在图像和视频识别、自然语言处理、医学图像分析等领域表现出色。

Transformer 模型通过注意力机制构建了特殊的注意力层，使得模型能够重点关注句子中的关键词。接下来将重点区分讲解自注意力、缩放点积注意力和多头自注意力。

1. 自注意力

自注意力作为注意力机制的一个关键分支，专门用于在深度学习模型中处理序列数据，尤其在像 Transformer 这样的架构中发挥核心作用。其创新之处在于，能够让模型中的每个元素不仅关注其直接邻居，还能审视整个输入序列，以捕捉和探索元素间的复杂依赖关系。

在自注意力机制中，每个输入元素被转化为三个关键向量：查询、键和值。查询向量定义了元素所需匹配的信息类型；键向量代表了序列中各个位置可以提供的信息；值向量则对应位置的具体数据。通过点积操作来量化查询与所有键向量之间的相似度，模型能够计算出当前元素对各值向量的注意力权重，反映它们对当前元素的相关性和重要性。

基于计算出的权重，值向量被加权求和，生成针对当前元素的上下文向量。这个过程在序列中的所有元素上重复执行，最终构建出富含全局上下文信息的新序列表示。

自注意力在并行化计算、捕捉长距离依赖、动态适应性等方面展现了显著优势。

1）并行化计算：与 RNN 的序列化处理不同，自注意力机制支持并行计算，极大地加速了训练过程。

2）长距离依赖捕捉：自注意力能够有效识别并利用序列中远距离元素间的关系，这对理解和解析语义及语法结构至关重要。

3）动态适应性：自注意力兼容不同长度的输入序列，并且可以通过堆叠多层注意力模块来增强模型的理解能力。

尤其值得注意的是，自注意力机制的核心在于它能够聚焦于输入序列内部元素间的内在联系，将序列的不同位置通过计算注意力权重紧密相连，从而确保每个元素的表示能够根据整个输入序列进行动态调整。在将输入序列转化为输出序列的过程中，自注意力机制确保了每个元素的转换是基于对整个输入序列的全面考虑，同时避免了对所有输入元素进行平均的无重点处理。通过学习过程，模型会自动为每个输入向量分配权重，权重大小反映了对应"值"向量的重要性。权重较高的向量会获得模型更多的关注。因此，每个输出向量实际上整合了整个输入序列的信息，同时又突出其中的关键部分。这种机制有助于模型高效捕捉和利用输入数据中的深层特征。

2. 缩放点积注意力

在 Transformer 模型中，缩放点积注意力函数的总体结构如图 2-10 所示。

缩放点积注意力的计算公式如下：

$$\text{Attention}(\boldsymbol{Q},\boldsymbol{K},\boldsymbol{V}) = \text{Softmax}\left(\frac{\boldsymbol{Q}\boldsymbol{K}^{\mathrm{T}}}{\sqrt{(d_K)}}\right)\boldsymbol{V}$$

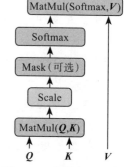

图 2-10　缩放点积注意力函数的总体结构

其中，$\boldsymbol{Q}$ 矩阵、$\boldsymbol{K}$ 矩阵、$\boldsymbol{V}$ 矩阵是指查询、键、值是在原始输入向量序列（经过位置编码之后）与三个不同的神经网络参数（$\boldsymbol{W}^q$、$\boldsymbol{W}^k$、$\boldsymbol{W}^v$）相乘得到的向量序列（参见图 2-11），这些向量序列是进行缩放点积注意力计算的关键，而 d_K 是指键向量维度。

注意：缩放点积注意力使用两个向量的点积来表示相似度，当 $\boldsymbol{Q}$ 矩阵（查询）和 $\boldsymbol{K}$ 矩阵（键）完全无关的时候，两个向量垂直，点积为 0；当 $\boldsymbol{Q}$ 矩阵和 $\boldsymbol{K}$ 矩阵完全相关时，两个向量同向，那么点积为 1。

在实际处理过程中，对输入向量序列的处理并非依次单独进行的，而是将其拼接成矩阵 $\boldsymbol{I}$，通过矩阵并行运算处理以追求效率。而自注意力的 $\boldsymbol{Q}$ 矩阵、$\boldsymbol{K}$ 矩阵、$\boldsymbol{V}$ 矩阵都是在原本的矩阵 $\boldsymbol{I}$ 的基础上，通过各自不同的矩阵变换产生，用于计算向量序列之间的各部分注意力，如图 2-11 所示。

其中，$\boldsymbol{W}^q$、$\boldsymbol{W}^k$、$\boldsymbol{W}^v$ 是神经网络参数，随机初始化后在模型训练时更新，与输入向量的拼接矩阵 $\boldsymbol{I}$ 点乘后得到 $\boldsymbol{Q}$ 矩阵、$\boldsymbol{K}$ 矩阵、$\boldsymbol{V}$ 矩阵。

图 2-11　$\boldsymbol{Q}$ 矩阵、$\boldsymbol{K}$ 矩阵、$\boldsymbol{V}$ 矩阵处理过程

缩放点积注意力函数的具体计算过程如下。

1）MatMul($\boldsymbol{Q}$, $\boldsymbol{K}$)：将 $\boldsymbol{Q}$ 矩阵和 $\boldsymbol{K}$ 矩阵通过矩阵乘法（MatMul）操作进行点积计算（$\boldsymbol{QK}^{\mathrm{T}}$），计算出不同查询与所有键的相似度，得到相似度矩阵 $\boldsymbol{A}$。如图 2-12 所示，通过计算查询和每个键之间的点积，度量查询和每个键之间的方向相似性。如果查询和某个键的点积值较大，这表明查询和这个键在向量空间中的方向更接近，它们之间的相似性更高。

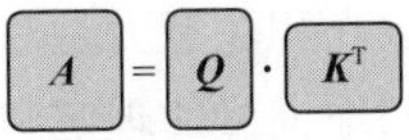

图 2-12　通过点积得到相似度矩阵 $\boldsymbol{A}$

通过点积计算得到的相似度分数会被用来为相应的值（$\boldsymbol{V}$）分配权重，这样在计算加权和生成注意力的输出时，更相似的（即更重要的）值就会有更大的影响。

2）Scale：对得到的点积结果进行缩放，避免点积的数值非常大时导致 Softmax 函数的梯度消失。对于输入向量 $\boldsymbol{x}$ 中的每个元素 x_i，Softmax 的计算公式如下：

$$\mathrm{Soft\,max}(x_i) = \frac{e^{x_i}}{\sum_j e^{x_j}}$$

其中，i，j 是元素在输入向量中的位置编号，从 1 开始，不超过向量 $\boldsymbol{x}$ 的长度。

因为梯度是通过导数来计算的，而当 Softmax 函数的输出接近 0 或 1 时，Softmax 函数的导数接近 0，它的梯度可能会非常小。这意味着反向传播过程中几乎没有梯度信号被传递到网络，因此权重更新非常微小，几乎没有学习发生，就会造成"梯度消失"[⊖]问题。

通常通过除以键向量维度的平方根（即除以 $\sqrt{d_K}$）来缩放点积结果，这样做可以减少点积计算后数值过大，导致梯度消失的问题，从而确保在计算 Softmax 函数时数值稳定，梯度正常传播，促进模型的学习和收敛。

3）Mask（可选）：可选的掩码操作可以将不应被注意的位置设置为一个非常大的负数（在 Softmax 函数之前），这样经过 Softmax 函数处理后，这些位置的权重会接近于零，从而避免模型关注这些位置。这种操作可以防止在某些情况下（例如解码时）发生信息泄露。

4）Softmax：对缩放（以及可能掩码）后的查询（$\boldsymbol{Q}$）和键（$\boldsymbol{K}$）之间的点积结果应用 Softmax 函数，将其转换为概率分布，这些概率代表了各个值（$\boldsymbol{V}$）在注意力加权中的权重，表明查询对各个键的关注程度，也就是通过相似度来得到权重。

在应用 Softmax 函数之前，查询和键的点积（或者经过缩放的点积）给出了一个相似度分数。这个分数可能在任意范围内变化，但它并不代表有效的概率。Softmax 函数将任何实数向量转换为一个概率分布。具体来说，它对每个元素执行指数运算，然后将这些指数值归一化，使得它们的和为 1。在计算最终的注意力加权输出时，每个值（$\boldsymbol{V}$）都会被它相应的概率权重加权，最终得到权重矩阵 $\boldsymbol{A}'$。

⊖　与梯度消失相对应的是梯度爆炸。梯度爆炸是指在深度学习训练过程中，由于梯度的累积效应，导致梯度值变得非常大，从而使网络权重更新过大，甚至可能出现数值溢出，导致模型训练不稳定或无法收敛。这种现象通常发生在深层神经网络中，因为梯度在反向传播过程中逐层放大，尤其是在使用较大学习率时。梯度爆炸可以通过正则化、调整学习率、使用梯度裁剪等方法来缓解。

5）MatMul(Softmax, V)：将 Softmax 输出的权重矩阵 A'，与值（V）进行矩阵乘法（MatMul）操作，即 Attention(Q, K, V)具体操作的最后一步，得到注意力加权后的向量矩阵 B，如图 2-13 所示。

缩放点积注意力是对自注意力机制的一种改进，优化了模型对原向量的理解和处理方式，将原向量转换为具有丰富上下文信息的新向量。该过程的输出是每个查询对各

图 2-13　形成最终输出向量矩阵

个值的加权和，这使得模型能够集中关注输入中的重要部分。这种机制在许多 NLP 任务中非常有用，尤其适用需要模型理解序列中不同部分之间复杂关系的场景。

3. 多头自注意力

多头自注意力机制是注意力机制的一种扩展，也是 Transformer 模型中的关键组成部分。在该机制中，模型通过将注意力集中于输入序列的某些部分，创建多个注意力"头"。这些"头"是通过将原始的查询、键、值分别投影到多个不同的表示子空间中生成的，每个"头"独立地执行注意力操作，关注输入数据的不同方面。这样可以增加模型的复杂性和表达能力，同时捕捉不同类型的信息。最终，这些头的输出会在通道维度上连接，以增强模型的表示能力。

多头自注意力机制的公式如下：

$$\text{MultiHeadAttention}(Q, K, V) = \text{Concat}(\text{head}_1, \cdots, \text{head}_h)W^O$$

其中，$\text{head}_i = \text{Attention}(QW_i^Q, KW_i^K, VW_i^V)$ 表示第 i（$1 < i < h$）个注意力头的输出，每个"头"（head_i）都对原输入 Q、K、V 矩阵进行各自独立的注意力操作，对不同的 i 进行不同权重矩阵的变换（即 W_i 各不相同的变换），计算方式与 2.2.3 节一致，最后得到向量矩阵 B 即为 head_i 的结果。多个注意力头的计算完成后，使用 Concat 进行连接操作，将所有注意力头的输出在通道维度上拼接起来。W^O 是一个可学习的权重矩阵，用于对拼接后的多维输出进行进一步的变换。具体到每个注意力头的计算，通常使用点积注意力或缩放点积注意力。

多头自注意力允许模型同时进行多个注意力操作，通过并行运行多个注意力头来扩展注意力机制。这种方式使得 Transformer 模型能够高效地处理和整合来自序列不同部分的信息，特别是在处理长距离依赖关系和复杂数据结构时表现突出。多头自注意力不仅提高了计算效率，还增强了模型处理复杂关系的能力。

2.2.4　词向量

词向量是用来表示词的向量，把词汇转化为数值向量的技术也叫词嵌入（Word Embedding）。词向量可以捕捉词汇之间的语义和语法关系。

词向量的关键特性如下。

1）分布式表示：每个词被表示为一个实数向量，向量的维度远小于词汇表的大小。这种表示方式允许词向量捕捉词与词之间的细微差别和关系。

2）语义相似性：在词向量空间中，语义上相近的词往往彼此靠近。这意味着可以通过计算向量之间的距离或相似度来衡量词之间的语义相似性。

3）线性代数操作：词向量支持向量加法和减法，可以用来执行有意义的算术运算，例如著名的例子："国王 – 男人 + 女人 = 女王"。

4）维度降低：词向量通过降维的方式将高维的词汇空间映射到低维的连续向量空间，这有助于减少计算成本并提高模型效率。

词向量的生成方法包括但不限于以下几种。

1）独热编码（One-Hot Encoding）：这是一种简单的编码方式，但不是真正的词向量，因为它不能捕捉词与词之间的关系，只表示词存在与否。

2）BoW（Bag of Words，词袋）：同样不形成词向量，而是统计文档中每个词的频率，并且会忽略词序。

3）TF-IDF：改进的 BoW 模型，通过词频 – 逆文档频率来反映词的重要性，但仍不捕捉词间关系。

4）Word2Vec：由 Google 提出的一种流行算法，包括连续词袋（CBOW）和跳字（Skip-Gram）两种模型，能生成高质量的词向量。

5）GloVe（Global Vectors for Word Representation）：另一种流行的词向量生成方法，可以结合全局矩阵因子分解和局部上下文窗口信息。

6）FastText：Facebook AI Research 提出的模型，能够处理子词信息，对于罕见词和拼写变体表现更好。

7）BERT（Bidirectional Encoder Representations from Transformers）：基于 Transformer 架构的深度学习模型，能够生成上下文敏感的词向量。

2.2.5　位置编码

注意力机制强调了"单元"的关键信息和上下文关联，但未直接关注序列中"单元"的位置信息。例如，在处理文本时，注意力机制本身不区分词汇的顺序，这可能导致模型忽略词序带来的语义差异。以翻译任务为例，"[我][吃][苹果]"和"[苹果][吃][我]"这两个句子在注意力机制看来是无差别的，但实际语义差异非常大。因此，在处理序列数据时位置信息至关重要。

在 Transformer 模型出现之前，RNN 是处理序列数据的主流技术，它按序列顺序逐一处理每个元素，如图 2-14 所示。

在 RNN 中，每个元素的前后关联信息是通

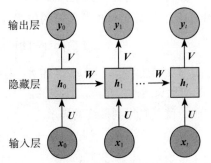

图 2-14　RNN 按序列顺序处理每个"单元"

过其隐藏状态进行传递的，这种机制自然而然地在处理过程中体现了序列的顺序性。具体来说，假设有一个输入序列 $x_0, x_1, \cdots, x_t$，RNN 会在每个时间步 t 接收当前的输入 x_t 和前一时间步的隐藏状态 h_{t-1}，然后计算出当前的隐藏状态 h_t，输出的状态向量 y_t，其中 U 是输入层到隐藏层的权重矩阵，V 是隐藏层到输出层的权重矩阵，W 是隐藏层的权重矩阵。

相比之下，Transformer 架构颠覆了 RNN 的顺序依赖模式，不再依赖隐藏状态来建立序列内的顺序关系。相反，它引入了位置编码的概念，显式地编码每个元素在其所属序列中的位置信息。这样，Transformer 在处理序列时能够同时考虑内容和位置，从而在无须依赖循环结构的情况下准确捕捉元素间的顺序依赖关系。

由于 Transformer 中的自注意力模块和位置前馈层是置换不变的，因此 Transformer 使用位置嵌入（Position Embedding，PE）来注入绝对或相对位置信息以建模序列。位置嵌入形式包括绝对位置嵌入、相对位置嵌入和旋转位置嵌入。

1. 绝对位置嵌入

传统的 Transformer 中使用了绝对位置嵌入。在编码器和解码器的底部，将绝对位置嵌入添加到输入向量中，这包括正弦位置嵌入和学习位置嵌入两种变体。其中，正弦位置嵌入通过正弦和余弦函数生成位置编码，而学习位置嵌入则是通过模型训练来学习每个位置的嵌入，后者通常在现有的预训练语言模型中使用。

（1）正弦位置嵌入

正弦位置嵌入仅仅依赖于自己的索引位置，计算公式如下所示：

$$\mathbf{PE}(\text{pos}, 2i) = \sin\left(\frac{\text{pos}}{10000^{2i/d}}\right)$$

$$\mathbf{PE}(\text{pos}, 2i+1) = \cos\left(\frac{\text{pos}}{10000^{2i/d}}\right)$$

其中，pos 表示某个"单元"在序列中的位置，$\text{pos} \in [0, n)$，n 是一个序列的最大长度，即位置序列的最大数量；i 表示维度索引，d 表示嵌入向量的维度，即每个"单元"的编码长度。上述公式生成的编码在不同位置和不同维度之间有不同的频率，从而使模型能够区分位置。这样，固定位置编码就可以为任何模型的任意位置提供一个编码信息。那么，$\mathbf{PE}(\text{pos}, j)$ 就是 pos 位置单元的位置编码，其中 $j \in [0, d)$，即：

$$\mathbf{PE}(\text{pos}) = [\mathbf{PE}(\text{pos}, 0), \mathbf{PE}(\text{pos}, 1), \cdots, \mathbf{PE}(\text{pos}, d-1)]$$

对于每个 $\text{pos} \in [0, n)$ 的"单元"，都可以得到一个维度为 d 的向量 $\mathbf{PE}(\text{pos})$，这个长度为 d 的向量长度同"单元"本身的嵌入向量尺寸完全一致。直接在嵌入向量的基础上加上位置编码，就可以得到最终的表示。

来看一个示例，生成一个长度为 50、嵌入维度为 512 的位置信息，具体代码如下。

```
import numpy as np
```

```
import torch
def get_positional_encoding(max_len, d):
    pe = np.zeros((max_len, d))
    position = np.arange(0, max_len).reshape(-1, 1)
    div_term = np.exp(np.arange(0, d, 2) * -(np.log(10000.0) / d))
    pe[:, 0::2] = np.sin(position * div_term)
    pe[:, 1::2] = np.cos(position * div_term)
    return torch.tensor(pe, dtype=torch.float32)
# 示例：生成长度为 50，嵌入维度为 512 的位置信息
pos_encoding = get_positional_encoding(50, 512)
print(pos_encoding)
```

（2）学习位置嵌入

学习位置嵌入是模型的一部分，它会随着训练过程发生更新。一种简单的可学习位置模块就是对每个位置 $pos \in [0, n)$ 构造一个 $1 \times d$ 的向量，那么每个位置的向量就可以构成一个 $n \times d$ 的矩阵，该矩阵在模型训练过程中进行参数更新，即位置编码可在训练过程中能够隐式地学习到。在具体实现中，也可以先给定位置编码的初始值，然后在训练过程中进一步调整这些位置编码。

2. 相对位置嵌入

与绝对位置嵌入不同，相对位置嵌入依赖于编码位置的相对距离。相对位置嵌入是根据键和查询之间的偏移量生成的。虽然没有一个通用且广泛接受的标准公式，但这些方法通常都考虑了每个"单元对"之间的位置关系。

例如，Transformer-XL（一种扩展的 Transformer）中引入了一种流行的相对位置嵌入的变体。该变体对注意力分数的计算方式进行了修改，引入了与相对位置对应的可学习嵌入。T5 模型又进一步简化了相对位置嵌入的方法，随后被 Gopher 采纳。具体而言，相对位置嵌入在注意力分数中添加了可学习的标量，这些标量是基于查询和键之间的位置距离进行计算的。与绝对位置嵌入相比，具有相对位置嵌入的 Transformer 能够推广到比训练序列更长的序列，即实现序列长度的外推[⊖]。

3. 旋转位置嵌入

旋转位置嵌入（RoPE）为每个标记的绝对位置设置特定的旋转矩阵，使得可以使用相对位置信息计算键和查询之间的分数。由于其出色的性能和长期衰减特性，RoPE 被广泛应用于新发布的大模型中，如 PaLM 和 LLaMA。基于旋转位置嵌入，xPos 进一步改善了 Transformer 的平移不变性和长度外推能力。在旋转角度向量的每个维度上，xPos 添加了一个特殊的指数衰减，当旋转角度较大时，衰减较小。这种设计可以减轻训练过程中随着距离增加而产生的不稳定现象。

⊖　长度外推是指模型能够处理超出其训练时遇到的最大序列长度的数据的能力。

2.2.6　规范化

预训练语言模型在训练过程中的不稳定性一直是大模型研究面临的一个挑战。为了解决这一问题，规范化策略被广泛应用于稳定神经网络的训练。在 Transformer 模型中，主要使用的规范化方法包括 LayerNorm、RMSNorm 和 DeepNorm 等。

（1）LayerNorm

在早期的深度学习模型中，BatchNorm（批量归一化）通常用于处理固定长度的批量数据。然而，当面对长度可变的序列数据和小批量数据时，BatchNorm 的应用会遇到困难。具体来说，由于 BatchNorm 是在批量维度上进行归一化的，这要求输入数据的批量维度必须固定。然而，对于长度可变的序列数据，由于每个序列的长度可能不同，无法将它们组成一个固定大小的批次。此外，在处理小批量数据时，BatchNorm 可能会受到较大方差的影响，从而导致规范化效果不稳定。

为了解决这个问题，引入了 LayerNorm（逐层归一化）方法。LayerNorm 的核心思想是对每一层神经网络的激活值进行规范化处理，而不是对整个批次的数据进行规范化处理。具体而言，LayerNorm 会计算每一层激活值的均值和方差，并利用这些统计量来重新居中和重新缩放激活值。这样做的好处是，每个样本都可以独立地进行规范化处理，而不受批次大小或序列长度的限制。

（2）RMSNorm

为了提升 LayerNorm 的训练速度和性能，技术人员提出了一种 RMSNorm（均方根层归一化）的方法。RMSNorm 通过仅使用激活值之和的均方根来重新缩放激活值，从而避免了使用传统的均值和方差。在 Transformer 模型中，RMSNorm 在训练速度和性能方面展现出了优势。具体来说，RMSNorm 会对每个特征维度计算其所有激活值的平方和，然后取其均方根作为缩放系数。这样，RMSNorm 能够根据激活值的整体大小来调整激活值的阈值大小，无须显式计算均值和方差。

RMSNorm 相比传统的均值和方差归一化方法具有诸多优势。首先，RMSNorm 无须计算均值和方差，其计算过程更加高效，从而能够加快前向传播和反向传播操作，提升整体训练速度。其次，在 Transformer 模型中，RMSNorm 能够准确捕捉输入数据激活值的整体分布情况，从而提高模型的表达能力和学习能力。此外，由于 RMSNorm 的缩放系数是基于激活值之和的均方根计算得出的，与具体的参数值无关，因此 RMSNorm 能保持对参数进行缩放和平移后不变，从而使模型更加稳定和可靠。

（3）DeepNorm

DeepNorm 是微软提出的一种用于稳定深层 Transformer 训练过程的技术。它通过将 DeepNorm 作为残差连接的一部分，使得 Transformer 的层数可以显著增加，甚至达到 1000 层。这种扩展能力展示了模型的稳定性和优异性能，并已应用于 GLM-130B 等模型中。

2.2.7 激活函数

由于神经网络处理的许多问题是非线性的，因此引入激活函数的作用是在神经网络中增加非线性。为了获得良好的性能，需要在前馈神经网络中适当设置激活函数（即将前一层神经元的激活值乘以权重加上偏置，然后输入激活函数，产生后一层的输出）。在 Transformer 模型中，常见的激活函数包括 ReLU 和 GeLU（Gaussian Error Linear Unit，高斯误差线性单元）等。

其中，ReLU 能够实现单侧抑制（即将一部分神经元置为 0），从而使模型更为稀疏。然而，ReLU 在 0 附近并不平滑，这就会引入偏置偏移，进而影响梯度下降的效率。此外，在训练过程中，如果参数在一次不恰当的更新后，某个 ReLU 神经元的输出为 0，那么该神经元的梯度将始终为 0，这种现象称为"死亡神经元"问题。

相比之下，GeLU 在负值区域有一个非零的梯度，从而避免了"死亡神经元"问题。此外，GeLU 在 0 附近比 ReLU 更加平滑，因此在训练过程中更容易收敛。然而，GeLU 的计算较为复杂，因此需要消耗更多的计算资源。

现有的大模型广泛使用 GeLU 激活函数。特别是在最新的大模型（如 PaLM 和 LaMDA）中也使用了 GeLU 的变体，如 SwiGLU 和 GeGLU，这些变体在实践中通常能够取得更好的性能。

2.2.8 优化器

在训练过程中，Transformer 定义了模型的结构和如何从输入数据产生输出，而优化器（Optimizer）则负责基于模型输出与真实标签之间的差距来调整模型参数。当 Transformer 构建好其复杂的多层编码–解码结构后，会通过前向传播产生预测输出。随后，优化器根据这些预测值与真实标签之间的差异（即损失），反向传播误差并更新模型权重。这一过程通常需要大量的迭代步骤，直到大模型的性能达到预设标准或者收敛。在整个流程中，Transformer 和优化器是紧密协作的关系，前者负责构建和生成预测输出，后者负责调整参数以改进模型的表现，共同推动模型向着更优解的方向前进。

优化器通常基于梯度下降或其变体来实现。在每次迭代过程中，优化器会将损失函数的梯度作为输入，并根据该梯度来调整模型参数的值。常见的优化器包括随机梯度下降（SGD）、动量优化（Momentum）、AdaGrad、RMSProp 和 Adam 等。本节主要介绍 Adam 系列优化器，其他优化器读者可以自行了解。

Adam 优化器和 AdamW 优化器被广泛用于训练基于一阶梯度优化的大模型（例如 GPT3），其本质是基于对低阶矩进行自适应估计。

Adam 优化器是一种结合了动量优化和自适应学习率的优化算法。它使用梯度的一阶矩估计（均值）和二阶矩估计（未中心化的方差）来自适应地调整学习率。优点在于它能够自适应地调整学习率，并且对不同参数具有不同的学习率。

AdamW 是 Adam 优化器的一个变种，它引入了权重衰减（Weight Decay）的概念。权重衰减是一种正则化技术，通过在损失函数中添加参数的 L2 范数惩罚项来减小参数量。在标准的 Adam 优化器中，权重衰减是在参数更新之前应用的，但这可能导致参数更新的偏差。AdamW 是通过将权重衰减应用到参数更新之后来解决这个问题的。AdamW 可以更好地控制参数的更新偏差，并且在一些情况下可以提高模型的泛化能力。同时，Adafactor 优化器也被用于训练大模型（例如 PaLM 和 T5），它是 Adam 优化器的一种变体，专门用于在训练过程中保存 GPU 内存，显著降低了对存储空间的需求。

2.2.9 基于 Transformer 的大模型架构选择

基于以上 Transformer 各个组件不同技术特性的选择，可以组合出不同的模型架构。主流大模型的模型架构选择如表 2-1 所示。

表 2-1 基于 Transformer 的大模型架构选择

模型	架构类别	大小	模型层数	规范化	位置编码	激活函数	优化器
GPT3	因果解码器	175B	96	LayerNorm	Learned	GeLU	Adam
OPT	因果解码器	175B	96	LayerNorm	Learned	GeLU	AdamW
PaLM	因果解码器	540B	118	LayerNorm	RoPE	SwiGLU	Adafactor
LaMDA	因果解码器	137B	64	—	Relative	GeGLU	—
LLaMA	因果解码器	65B	80	RMSNorm	RoPE	SwiGLU	AdamW
LLaMA-2	因果解码器	70B	80	RMSNorm	RoPE	SwiGLU	AdamW
GLM-130B	前缀解码器	130B	70	DeepNorm	RoPE	GeGLU	AdamW
T5	编码器 – 解码器	11B	24	RMSNorm	Relative	ReLU	Adam

注：表 2-1 中的 Learned 和 Relative 分别表示可学习的位置编码和相对位置编码。

可学习的位置编码：相比较传统固定的正余弦编码，可学习的位置编码是通过训练过程自动学习的，每个位置编码是模型的参数之一，可通过梯度下降等优化算法进行优化。

相对位置编码：这是一种根据位置之间的相对关系来编码序列的方法，考虑了序列中不同位置之间的相对距离和关系，并使用可学习的参数来对这些关系进行建模。

此外，传统的 Transformer 架构在处理长输入时还会面临着计算复杂度的挑战，在大模型的预训练阶段会极大地影响了训练和推理的效率。为了缓解这一问题，技术人员在此之上设计了诸多新的语言建模架构，包括参数化状态空间模型，以及引入了递归更新机制的类似 Transformer 的架构。这些新架构的主要优点体现在两个方面：首先，这些模型能够像 RNN 一样递归生成输出，在解码过程中仅依赖于单个先前的状态，从而消除了传统 Transformer 中需要回顾所有先前状态的需求。这种设计使得解码过程更加高效，减少了计算资源的消耗。其次，这些模型保留了 Transformer 的并行编码能力，能够并行处理整个句子。通过采用并行扫描（Parallel Scan）、FFT 和长文本切块（Chunkwise Recurrent）等技术，这些模型能够充分利用 GPU 的并行性，实现高度并行和高效的训练。这些技术的应用显著提升了模型的处理速度和效率，使得它们在处理长文本时更加得心应手。

2.3 模型微调

本节介绍的大模型的模型微调技术，是指通过创建一系列包含具体指令及其预期结果的样本，采用监督学习的方法对预训练的大模型中的关键参数进行针对性调整的**高效参数微调技术**。因为微调过程中使用指令集，这种高效参数微调技术也称**指令微调**。这种方法能够使模型更好地理解和执行特定任务，提高大模型在实际应用中的准确性和效率。通过精心设计的指令样本，模型能够学习到如何根据给定的指令生成预期的输出，从而在各种任务中展现出更优的性能。

举个例子，"指令：列出一些适合周末的娱乐活动；输出：远足、整天在公园游玩、户外野餐、夜晚观影"，这构成了一个典型的问题（指令）- 答案。此类指令可以涵盖广泛的文本生成任务，如撰写邮件、修改句子等。鉴于人类能提出多样的指令，我们的目标是使模型在多种由指令主导的任务中展现出强大的泛化能力。

使用指令集进行微调的好处主要体现在以下几个方面。

1）通过利用丰富的问题 - 答案配对数据对大模型进行微调，有助于弥合模型原本专注于预测下一个词的任务与理解并执行用户指令之间的鸿沟。这样一来，模型的输出会更贴近用户的预期，显著提升了输出质量。

2）相较于未经微调的模型，经过指令微调的模型在输入 / 输出方面更加规范化，因此具备更高的可预测性和可控性。这种规范化使得模型的呈现更加一致，便于用户理解和操作。

3）指令微调在计算资源上的需求相对较低，尤其利用特定领域的指令数据进行微调，模型能够快速适应该领域的要求，无须从头开始全面训练，节省了时间和计算成本。这种高效性使得指令微调成为一种经济实用的模型优化策略。

2.3.1 指令微调数据集

微调的核心追求是以最小化的资源消耗，催生出语言能力更为卓越的大模型。即便在数据量有限的环境下，指令微调依然能有效促使模型迅速掌握任务。以 LIMA 数据集为例，虽然仅仅包含 1000 条精挑细选的指令，但它成功让拥有 65B 参数的 LLaMA 模型，在超过 300 个高难度任务上的表现超越了使用多达 5200 条指令微调的 GPT-davinci003 模型。这一事实强有力地证明了：对于大模型而言，少量而精巧设计的指令足以激发其潜在的语言驾驭力。事实上，模型微调的最关键之处在于微调的指令数据集，数据集的样本质量越高、覆盖面越广，对模型泛化能力的提升也就越大。

微调数据集的构造方式主要包括以下两种。一种是通过对标注好的自然语言数据集进行整合，运用模板将文本的标签进行转换，从而在数据集中提取问题（指令）- 答案（输出）对。这种方法依赖于现有的高质量标注数据，通过适当的转换和整合，生成适合微调的指令 - 答案对，确保数据集的质量和多样性。另一种是利用大模型快速地生成给定指令的所需输出。该方式使用的指令可以通过人工采集，也可以通过一个小型手写种子指令进行扩展。这种方法利用模型的生成能力，可以快速生成大量的指令 – 答案对，适用于需要大量数据的场景，同时能够通过种子指令的扩展，增加指令的多样性和覆盖范围。

根据微调数据集的 3 类目标，可以将数据集分为：泛化到未曾见过的任务、在单轮对话中遵循用户的指令、在多轮对话中像人类一样提供帮助，常用指令微调数据集如表 2-2 所示。

表 2-2　常用指令微调数据集

类别	数据集名称	实例个数	任务个数	语言类型	构建方式	是否开源
泛化到未曾见过的任务	UnifiedQA	75 万	46	英语	人工构建	是
	OIG	4300 万	30	英语	人机混合	是
	UnifiedSKG	80 万	—	英语	人工构建	是
	Natural Instructions	19 万	61	英语	人工构建	是
	Super-Natural Instructions	500 万	76	55 种语言	人工构建	是
	P3	1200 万	62	英语	人工构建	是
	xP3	8100 万	53	46 种语言	人工构建	是
	Flan 2021	440 万	62	英语	人工构建	是
	COIG	—	—	—	—	是
在单轮对话中遵循用户的指令	InstructGPT	1.3 万	—	多语言	人工构建	否
	Unnatural Instructions	24 万	—	英语	InstructGPT 生成	是
	Self-Instruct	5.2 万	—	英语	InstructGPT 生成	是
	InstructWild	10 万	429	—	GPT-3 模型生成	是
	Evol-Instruct	5.2 万	—	英语	ChatGPT 生成	是
	Alpaca	5.2 万	—	英语	InstructGPT 生成	是
	LogiCoT	—	2	英语	GPT-4 生成	是
	Dolly	1.5 万	—	英语	人工构建	是
	GPT-4-LLM	5.2 万	—	中英文	GPT-4 生成	是
	LIMA	1000	—	英语	人工构建	是
在多轮对话中像人类一样提供帮助	Chatgpt	—	—	多语言	人工构建	否
	Vicuna	7 万	—	英语	用户共享	否
	Guanaco	534 万	—	多语言	LLaMATB 模型生成	是
	OpenAssistant	16 万	—	多语言	人工构建	是
	Baize	111 万	—	英语	ChatGPT 生成	是
	UltraChat	67 万	—	中英文	Transformer 架构的模型生成（如 GPT-3）	是

用于训练泛化到未曾见过任务能力的数据集通常包含了多样化的任务，每个任务都有专门的指令和数据样例。模型在这类数据集上训练后，能够泛化到未曾见过的新任务上。例如，Super-Natural Instructions 数据集包含了 500 万个来自 1616 个不同 NLP 任务的指令样本，涵盖了文本分类、信息提取、文本重写、文本创作等多种任务，并且将这些来自不同任务的指令统一用任务定义、正例和反例来描述。这种数据集的设计有助于大模型学习

到任务间的共性和差异，从而在面对新任务时能够展现出良好的泛化能力。

如下所示为数据集中的一个样本。

任务定义：如果话语中包含闲聊策略，则输出"是"，否则输出"否"。

正例：输入——"太棒了，我很高兴我们都同意这件事情。""我也是，我希望你的露营之旅过得很愉快。"输出——"是"。

解释：当参与者希望对方有一次愉快的旅行时，他们会进行闲聊。

反例："我们开始讨论今天的议程吧？首先，讨论一下合作项目。""好的，我认为这个项目有潜力很大。我们已经准备好了一份详细的计划书。"输出——"否"。

解释：这种谈话围绕工作议程，属于商务交谈的范畴。因此，输出——"否"。

针对在单轮对话中遵循用户的指令的数据集，通常由指令及其相应的反馈组成，旨在精进大模型一次性回应指令的技能。例如，Dolly 数据集就覆盖了 7 种类型的问题，包括开放式询问（为何人们热衷于喜剧片？）、封闭式询问（地球是不是平的？）、从维基百科检索信息（谁是鲁迅？）、概括维基百科内容（概述大模型的功能）、创意构思、分类（辨别哪些动物种类现存或已灭绝：象龟，巨龟。）以及创意写作（创作一篇关于某人意外发现家中隐秘房间的微型小说）。

针对在多轮对话中像人类一样提供帮助的数据集，往往涵盖多回合的随意交谈，经过训练后，大模型便能参与多轮互动，以更加人性化的方式提供帮助。例如，Baize 数据集在构建过程中采用了自我对话的策略，通过设定对话模板（示例对话如下：[Human]: Hello! [AI]: Hi! How may I assist you?），让 ChatGPT 交替扮演用户与 AI 角色，以此生成对话数据，确保交流围绕特定的主题展开，且 AI 角色主要负责回应而非提问。

当对能够处理多模态任务的大模型进行指令微调时，除了要求更广泛多样的指令样本外，指令本身也需更为精确详尽。多模态任务指令微调数据集如表 2-3 所示。例如，MUL-TIINSTRUCT 多模态指令微调数据集内含 62 项独特的多模态任务，均采用统一的 Seq-to-Seq 格式。这些任务来源于 21 个公开可用的数据集，跨越 10 个主要类别，每项任务附带 5 条由专家编撰的指南。另外，PMC-VQA 数据集专为大规模医疗视觉问答设计，包含了 227 000 对涉及 149 000 张影像的问答，覆盖多种病症或医疗模式，适用于开放性问题及选择题形式的任务。LAMM 数据集则是一个全面的多模态指令微调集合，聚焦于对二维图像和三维点云的理解，包含 186 000 对语言图像指令 – 响应与 10 000 对语言点云指令 – 响应，旨在增强大模型对复杂视觉数据的解析能力。

表 2-3 多模态任务指令微调数据集

多模态指令微调数据集	微调方式		任务数
	数据类型	样本数量	
MUL-TIINSTRUCT	图像 – 文本	每个任务需 5000 个至 500 万个样本	62
PMC-VQA	图像 – 文本	22.7 万个样本	2
LAMM	图像 – 文本	18.6 万个样本	9
	语言点云 – 文本	1 万个样本	3

不同领域之间的指令微调数据集可能存在着一些区别，同时，在这些领域中也存在着专门的框架对大模型进行微调。表 2-4 所示为 8 个特定领域下的指令微调数据集构建方案示例。

表 2-4　8 个特定领域下的指令微调数据集构建方案示例

领域	解决方案	微调大模型	基础模型	参数量	训练集大小
对话	构建长序列对话指令集，扩大编码长度	InstructDial	T0	3B	—
意图分类	构建跨领域的意图分类和槽填充指令集	LINGUIST	AlexaTM	5B	1.3 万
信息抽取	构建规范化信息抽取指令数据集	InstructUIE	FlanT5	11B	100 万
情感分析	将其转换为问答式指令	IT-MTL	T5	220M	
写作	构建具有多种风格的写作指令数据集	Writing-Alpaca-7B	LLaMA	7B	—
		CoEdIT	FlanT5	11B	—
		CoPoet	T5	11B	
医学	在医学知识图谱上进行指令调优	Radiology-GPT	Alpaca	7B	12.2 万
		ChatDoctor	LLaMA	7B	10 万
		ChatGLM-Med	ChatGLM	6B	—
算术	构建多样化算术表达式指令数据集	Goat	LLaMA	7B	100 万
代码	收集多语言代码生成指令样例	WizardCoder	StarCoder	15B	7.8 万

2.3.2　调优策略

高效参数微调的精进不仅依赖于高品质的指令微调数据集，同时需要使用高效率的微调策略。当前，指令微调策略大致可归为三类：加法型策略、规范化策略以及重新参数化策略。

1）**加法型策略**通过添加模型原先未包含的可训练参数来实现，典型代表包括适配器调优（Adapter Tuning）、前缀调优（Prefix-Tuning）、提示词调优（Prompt-Tuning）和 P 调优（P-Tuning）等，它们允许模型在保留基础架构的同时，通过附加组件来适应特定领域任务。

2）**规范化策略**则锁定模型的某些参数不变，专攻其余参数的优化，典型代表包括 BitFit 调优，它专门针对预训练模型中的偏置项（Bias Term）进行微调，确保模型的主干结构得以保存。

3）**重新参数化策略**致力于将模型的权重转换至更经济的参数形态，核心理念在于将权重维度降低，从而缩减待优化参数的数量。典型代表为 LoRA（Low-Rank Adaptive，低秩适应）微调，它通过调整模型的权重矩阵，使模型具有较低的秩（即较小的特征空间），从而减少其参数数量和计算复杂度。这种方法通常应用于大型神经网络，特别是在资源受限的设备上进行部署时，因此 LoRA 技术早在大模型微调前就在多种其他模型微调中被使用。例如，经典的文本图模型 Stable Diffusion 的多数用户都在训练时使用 LoRA，以便更好地生成特定场景或人物的图片。此外，这类策略还包括本征提示微调（Intrinsic Prompt-Tuning，IPT），它能够识别并利用跨任务调优提示所共享的低维子空间，实现高效学习。

下面介绍在大模型微调中最常用的几种调优技术。

1. 适配器调优

大模型引入 Adapter 模块，通过适配器微调减少了微调过程中可训练参数的数量，通过 AdapterFusion（适配器融合）两阶段学习算法融合不同任务中的 Adapter 参数，通过 Adapter Drop 动态且有效地移除部分 Adapter 参数，提升模型在训练和推理时的工作效率。

（1）Adapter Tuning

Adapter 的概念最初在计算机视觉领域的论文"Learning multiple visual domains with residual adapters"中被提出，其核心思想是在网络结构中嵌入残差模块，并仅针对这些模块进行优化。由于残差模块的参数数量较少，因此微调的成本显著降低。Houlsby 等人在"Parameter-Efficient Transfer Learning for NLP"一文中将这一概念引入 NLP 领域，提出在 Transformer 的注意力层和前馈神经网络层后附加全连接层。在微调过程中，仅对新增的 Adapter 结构和层归一化进行调整，以保证训练效率。当面临新的特定领域任务时，通过引入 Adapter 模块，可以便捷地扩展模型，从而避免了全面微调可能导致的灾难性遗忘问题。

适配器微调技术通过将小型神经网络模块（Adapter）嵌入 Transformer 模型中，实现了模型的灵活调整。Adapter 模块被整合到每一个 Transformer 层，通常在注意力层和前馈神经网络层这两个核心部分之后进行串行插入。此外，也可以在 Transformer 层中采用并行适配器的方式，将两个适配器模块与注意力层和前馈神经网络层相应地并行放置，以增强模型的适应性和效率。

在微调过程中，Adapter 模块将根据特定领域任务目标进行优化，而原始语言模型的参数在这个过程中被冻结。通过这种方式，我们可以有效地减少微调过程中可训练参数的数量。

适配器微调的效率极高，通过调整少量（通常不到 4%）的模型参数，便能达到与完全微调相媲美的性能水平。适配器微调模型架构如图 2-15 所示。

图 2-15a 展示了在每个 Transformer 层中添加 Adapter 模块的位置，分别位于多头自注意力层以及两个前馈神经网络层之后；图 2-15b 描述了 Adapter 模块的架构，包含两个前馈神经网络层和跳跃连接，该架构首先通过前馈降维（Feedforward Down-project，FFDown）将原始输入的高维特征向量 d 压缩为一个更小的低维特征 r 来限制 Adapter 模块的参数量。一般情况下，r 远小于 d。接着进行非线性转换，然后通过前馈升维（Feedforward Up-project，FFUp）将低维特征 r 恢复到原始的高维特征 d，作为 Adapter 模块的输出。同时，通过跳跃连接将 Adapter 模块的输入再次加入最终的输出中（形成残差连接）。

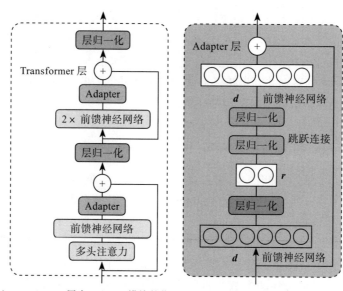

a）Transformer 层中 Adapter 模块的位置　　b）Adapter 架构

图 2-15　适配器微调模型架构图

（2）AdapterFusion

为了有效捕捉并融合多种任务中的知识，通常采用顺序式微调或并行的多任务学习策略。虽然顺序式微调方法操作简便，但它依赖于预设的任务顺序，且模型在学习新任务时容易丧失对旧知识的记忆。多任务学习则尝试同时处理多个任务，但这种方法常常面临任务间干扰和数据集规模不一的平衡难题，需要精心设计以确保各任务间的有效协作和保持较高的学习效率。

适配器微调技术通过向预训练模型中添加少量新参数，即 Adapter 参数，实现了对单一任务的高效学习，这些新增的 Adapter 参数成为特定领域任务知识的载体。在此基础上，AdapterFusion 技术提出采用两阶段学习算法，巧妙地融合了不同任务中的 Adapter 参数，为利用跨任务知识开辟了一条全新的道路，进一步提升了大模型的适应性和学习效率。

AdapterFusion 是一种融合多任务信息的 Adapter 的变体，在 Adapter 的基础上进行优化，通过将学习过程分为两阶段来提升特定领域任务的表现。

1）**知识提取阶段**：在不同任务下引入各自的 Adapter 模块，用于学习特定领域任务的信息。

2）**知识组合阶段**：将预训练模型参数与特定领域任务的 Adapter 参数固定，引入变体数 AdapterFusion 来学习组合多个 Adapter 中的知识，以提高模型在目标任务中的表现。

AdapterFusion 的架构图如图 2-16 所示，其中图 2-16a 是在 Transforemr 中使用 AdapterFusion 进行两阶段训练的过程。

在第一阶段的训练中，采用了两种不同的方法。

1）单任务适配器（ST-A）：在这种方法中，针对 N 个不同的任务，模型会对每个任务进行独立的优化，确保它们各自的训练过程互不干扰，互不影响。

2）多任务适配器（MT-A）：在这个框架下，N个任务通过多任务学习的策略实现联合优化。

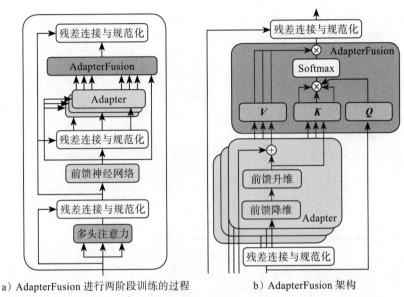

a）AdapterFusion 进行两阶段训练的过程　　　b）AdapterFusion 架构

图 2-16　AdapterFusion 架构

在第二阶段的组合中，为了防止引入特定领域任务参数可能导致的灾难性遗忘问题，采用了一种共享多任务信息的架构。对特定的任务 m，AdapterFusion 综合利用了第一阶段中训练得到的 N 个 Adapter 信息。在这个过程中，模型的参数以及 N 个适配器的参数保持不变，同时引入名为 AdapterFusion 的参数。目标函数的设计旨在学习特定领域任务 m 的 AdapterFusion 参数，以达到最优效果。

图 2-16b 展示了 AdapterFusion 架构的细节。AdapterFusion 架构的核心在于一个基于多头注意力机制的结构，它在 Transformer 的每一层中都有所体现。具体而言，该架构由三个关键的矩阵参数组成，分别是 Q、K 和 V。其中，Q 是由 Transformer 中每个小模块处理完数据后得到的输出结果，而 K 和 V 则来源于 N 个不同任务中各自 Adapter 的输出。通过 AdapterFusion 机制，模型能够为不同任务的 Adapter 分配适当的权重，整合多任务的信息，从而为特定领域任务生成更加精准的输出。针对每一个 Adapter，适配器微调的前馈降维将原始特征向量压缩到一个更小的维度，接着进行非线性转换，然后通过前馈升维恢复到原始维度，确保了信息的有效传递和处理。

（3）Adapter Drop

Adapter Drop 是一种用于适配器微调的方法，其思路是通过适配器层的随机丢弃机制，实现动态的适配器选择和微调。

Adapter Drop 的架构图如图 2-17 所示，Adapter Drop 技术能够在不牺牲任务处理效果的前提下，动态且有效地移除部分 Adapter，从而大幅减少模型的参数数量，显著提升模型在学习（训练）反向传播和预测（推理）正向传播时的工作效率。这一策略通过精简模型结构，优化了计算资源的分配，使得模型在保持高性能的同时，更加高效和轻量化。

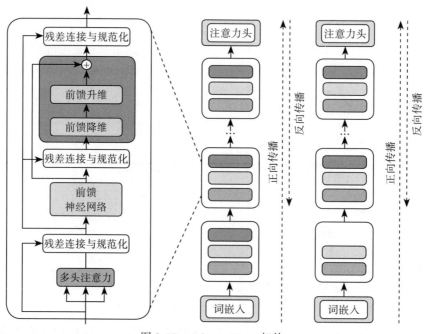

图 2-17　Adapter Drop 架构

实验结果表明，Adapter Drop 技术对 AdapterFusion 中的 Adapter 进行了适当的裁剪。即使移除了 AdapterFusion 中大多数的 Adapter，只保留两个，也能达到与原本配置了 8 个 Adapter 的完整模型的相似效果，并且推理速度还能得到大幅度提升。

2. 前缀调优

在前缀调优（Prefix-Tuning）技术出现之前，模板的构建通常依赖于手工设计或自动搜寻。在手工设计模板时，即使是对词汇的微小增减或位置调整，都可能对模型的最终效果产生显著影响，这要求设计者具备高度的专业性，能进行细致的调整。自动搜寻模板虽然能够省去烦琐的人工设计，但这一过程往往耗费大量的资源，且搜寻出的固定模板可能并非最优选择，限制了模型的灵活性和性能优化空间。

传统的调优方式是在预训练模型的基础上，针对不同的特定领域任务进行个别的微调，这种方式意味着每个任务都需要单独保存一套调优过的模型参数。这不仅耗费时间，还需要占用大量的存储空间，增加了模型管理和维护的复杂性。因此，寻找一种既能有效适应不同任务需求，又能减少资源消耗的调优策略，成为研究的重点。

针对这些问题，前缀调优提出了一个新的思路，固定预训练语言模型，并为其添加可训练、任务特定的前缀。这样就可以为不同的任务保存不同的前缀，大大减少了微调所需的成本。

　　传统的模型微调与前缀调优区别如图 2-18 所示。前缀调优的前缀实际上是连续可微的虚拟 Token，与传统的离散 Token 相比，它们更容易进行优化，而且效果更佳。

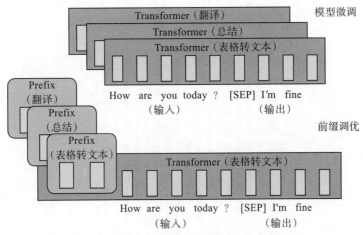

图 2-18　模型微调与前缀调优区别

　　前缀调优是在语言模型的每个 Transformer 层前添加一系列前缀，这些前缀是一组可训练的连续向量。在微调模型的过程中，只更新训练前缀部分的参数，而预训练语言模型中的其他参数则保持不变，因此可以实现基于参数的高效模型优化。

　　这些前缀向量是任务特定的，可以被视为虚拟的 Token 嵌入。可以通过学习一个 MLP（多层感知机）函数来优化前缀向量。该函数将一个较小的矩阵映射到前缀的参数矩阵，而不是直接优化前缀。事实证明，这种技巧对稳定训练是有用的。优化后，映射函数将被丢弃，只保留派生的前缀向量以增强任务特定的性能。

　　根据不同的模型结构，前缀调优需要设计不同形式的前缀，如图 2-19 所示。对自回归模型（Autoregressive Model）来说，会在句子的开头添加一个前缀，形成 $z=[\text{Prefix}; x; y]$ 的结构。恰当的前缀可以在不改变语言模型本身的情况下，引导模型生成符合前缀意图或任务需求的下文（例如 GPT 的上下文学习能力）。对编码器－解码器结构的模型来说，编码器和解码器的部分都会添加前缀，形成 $z=[\text{Prefix}; x; \text{Prefix}'; y]$ 的结构。在编码器端添加前缀的目的是指导输入部分的编码过程，在解码器端添加前缀则是为了引导后续 Token 的生成过程。

　　高效微调技术通过创建一系列包含具体指令及其预期结果的样本，采用监督学习的方法对预训练的大模型进行针对性调整。因为微调过程中使用指令集，因此也称为指令微调。这种方法能够使模型更好地理解和执行特定任务，提高大模型在实际应用中的准确性和效率。通过精心设计的指令样本，大模型能够学习到如何根据给定的指令生成预期的输出，从而在各种任务中展现出更优的性能。

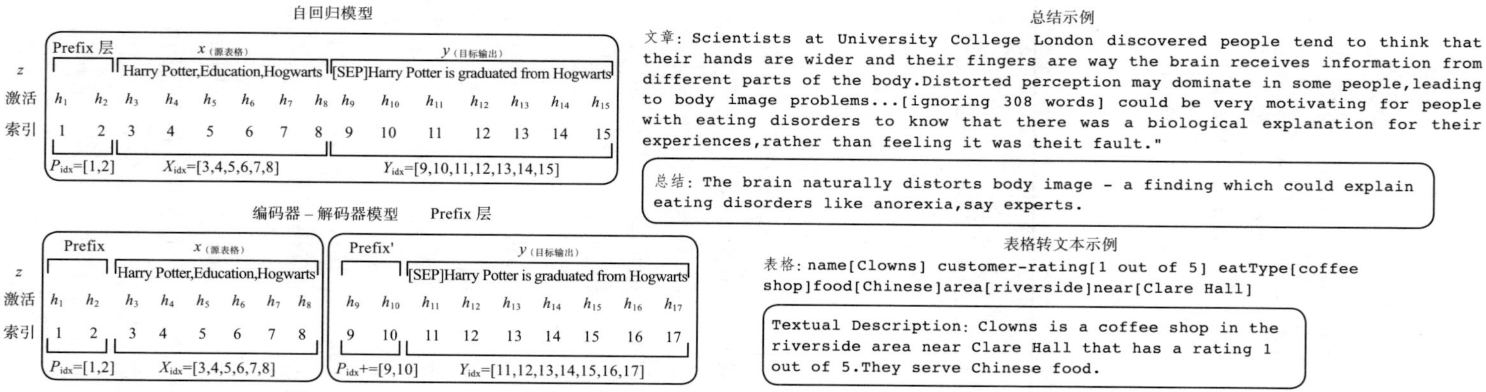

自回归模型

Prefix层　　　　　　　　　[SEP]Harry Potter is graduated from Hogwarts　　　y'（目标输出）

z
激活　h_1　h_2　h_3　h_4　h_5　h_6　h_7　h_8　h_9　h_{10}　h_{11}　h_{12}　h_{13}　h_{14}　h_{15}
索引　1　2　3　4　5　6　7　8　9　10　11　12　13　14　15

[Harry Potter,Education,Hogwarts]　x（源表格）

$P_{idx}=[1,2]$　$X_{idx}=[3,4,5,6,7,8]$　$Y_{idx}=[9,10,11,12,13,14,15]$

编码器-解码器模型

Prefix层　　　　　　　Prefix'层　[SEP]Harry Potter is graduated from Hogwarts　y'（目标输出）

z
激活　h_1　h_2　h_3　h_4　h_5　h_6　h_7　h_8　h_9　h_{10}　h_{11}　h_{12}　h_{13}　h_{14}　h_{15}　h_{16}　h_{17}
索引　1　2　3　4　5　6　7　8　9　10　11　12　13　14　15　16　17

[Harry Potter,Education,Hogwarts]　x（源表格）

$P_{idx}=[1,2]$　$X_{idx}=[3,4,5,6,7,8]$　$P'_{idx}=[9,10]$　$Y_{idx}=[11,12,13,14,15,16,17]$

总结示例

文章: Scientists at University College London discovered people tend to think that their hands are wider and their fingers are way the brain receives information from different parts of the body.Distorted perception may dominate in some people,leading to body image problems...[ignoring 308 words] could be very motivating for people with eating disorders to know that there was a biological explanation for their experiences,rather than feeling it was theit fault."

总结: The brain naturally distorts body image – a finding which could explain eating disorders like anorexia,say experts.

表格转文本示例

表格: name[Clowns] customer-rating[1 out of 5] eatType[coffee shop]food[Chinese]area[riverside]near[Clare Hall]

Textual Description: Clowns is a coffee shop in the riverside area near Clare Hall that has a rating 1 out of 5.They serve Chinese food.

图2-19　前缀调优示例

相比人为制定、固定不变且参数无法更新的"显式"提示。前缀更像是一种可以通过学习不断进步的"隐式"提示。

3. 提示词调优

（1）提示词调优分类与适用场景

提示词调优（Prompt-tuning）是直接在输入前添加前缀提示。根据提示信息的类型和表达方式，我们可以将其分为硬提示（Hard Prompt）和软提示（Soft Prompt）两种。

硬提示是一种固定的提示模板，通过将特定的关键词或短语直接嵌入到文本中，引导模型生成符合要求的文本。这种提示方式简单直接，但缺乏灵活性，不能根据不同的任务和需求进行调整，因此其泛化能力相对较弱。

与硬提示不同，软提示是指通过给模型输入一个可参数化的提示模板，从而引导模型生成符合特定要求的文本。软提示通过调整参数来灵活地控制模型的输出，适应不同的任务和场景，具有较强的泛化能力。这种提示方式能够更好地适应多变的应用需求，提高模型的适应性和性能。

图 2-20 展示了硬提示和软提示的比较。针对输入文本"The Movie is fantastic."，硬提示通过构建含有 [MASK] 标记的模板嵌入到文本"It is [MASK]"中，引导固定的文本模板（Fixed Text Template）生成符合要求的内容。而软提示通过可调嵌入（Tunable Embedding）调整参数，引导模板生成符合特定要求的文本。

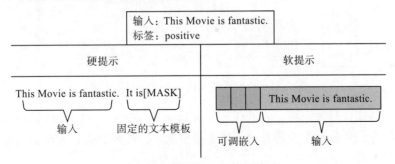

图 2-20　硬提示与软提示比较

硬提示和软提示具有各自的优势和适用场景。总的来说，硬提示和软提示的主要区别在于提示方式的灵活性和泛化能力。硬提示固定且缺乏灵活性，而软提示则通过参数化设计，提供了更大的灵活性和更强的泛化能力，使得模型能够更好地适应各种任务和场景。选择硬提示还是软提示，需要根据具体的任务和需求进行考虑。对于一些固定不变的提示任务，硬提示具有更好的效果和性能；而对于需要灵活调整提示内容、适应不同场景的任务，软提示是一个更好的选择。此外，硬提示注重在实际应用中的效果和性能，而软提示在学术研究方面得到了广泛的关注和研究。

提示词调优可以看作前缀调优的简化版本，直接在输入前添加前缀提示。它给每个任务定义了自己的提示，然后拼接到数据上作为输入。但与前缀调优不同，提示词调优主要集中在输入层处加入可训练的提示向量，并且不需要加入 MLP 进行调整，以解决难训练的问题。

（2）提示词调优方法

提示词调优是基于离散提示方法，即通过包含一组软提示 Token（以前缀或自由形式）扩充输入文本，然后通过增强的提示输入来解决特定领域的任务。在实现上，特定任务的提示嵌入与输入文本嵌入相结合，然后输入到语言模型中。由于该方法在输入层引入的可训练参数较少，其性能高度依赖于底层语言模型的模型容量。因此，选择或设计一个具有足够大参数量的底层语言模型，对于提升提示词调优的性能至关重要。

图 2-21 展示了传统模型调优（Model Tuning）与提示词调优的不同之处。

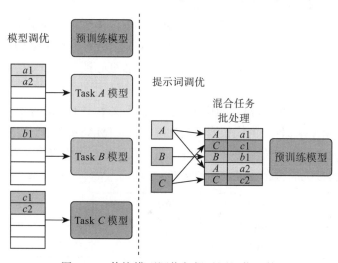

图 2-21　传统模型调优与提示词调优比较

传统模型调优针对每个特定领域任务（如 Task A、Task B、Task C），都需要进行一次专门的微调操作，并分别保存各自的预训练模型副本，推理时也只能单独对每个任务批量处理。这种方式不仅耗时，而且占用了大量的存储空间。

提示词调优则需要为各个任务分别保存一个小型的、与任务相关的提示，进行混合任务批处理（Mixed-task Batch），然后结合原始的预训练模型执行多任务混合推理。这种方法提高了处理效率，减少了存储需求，同时能够更好地利用预训练模型的通用能力。

更进一步，提示词调优还推出了一个提示集成（Prompt Ensembling，也称为"提示聚合"）的技巧，它允许在同一个批次中训练同一任务的多个不同提示，即用多种不同的方式来提出同一个问题。这种方法实际上等同于同时训练了多个模型，但所需成本远低于传统的模型集成方式。提示聚合通过多样化的提示设计，增强了模型的鲁棒性和泛化能力。

4. P-Tuning

与前缀调优相比，P-Tuning（P 调优）在输入层引入了可微分的虚拟 Token，这些虚拟

Token 可以被灵活地插入到不同的位置，而非仅限定在前缀。这种灵活性使得 P-Tuning 能够更好地适应不同的任务和输入结构，提高了模型的适应性和性能。

为了更好地理解前缀调优与 P-Tuning，有必要先了解一下 PET（Pattern-Exploiting Training，模板开发训练，即人工构建模板）。PET 的主要思想是借助由自然语言构成的模板（也称 Pattern 或 Prompt），将特定领域任务转化为一个完形填空任务，这样就可以用预训练语言模型的能力来进行预测了。例如，通过特定模板将新闻分类转换为执行 MLM 任务，即利用先验知识人工定义模板，将目标分类任务转化为完形填空，然后微调 MLM 任务的参数。这种转化使得模型能够利用预训练语言模型的能力，更好地理解和处理特定任务。

前缀调优和 P-Tuning 都是在 PET 的基础上发展起来的技术，它们通过引入可微分的虚拟 Token，进一步增强了模型的灵活性和适应性。前缀调优将虚拟 Token 固定为前缀，而 P-Tuning 则允许这些 Token 插入到输入序列的任意位置，从而提供了更多的优化空间和可能性。这两种技术都旨在通过调整输入表示，提升模型在特定任务上的表现，是自然语言处理领域中重要的微调策略。图 2-22 是一个通过 PET 将新闻分类转换为 MLM 任务的示例。

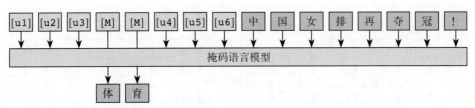

图 2-22　通过 PET 将新闻分类转换为 MLM 任务的示例

在如图 2-22 所示的例子中，原始文本"中国女排再夺冠！"，PET 模板"下面是 [MASK] [MASK] 新闻"，分类标签假定为"体育 / 财经 / 时政 / 军事"。输入中的 [u1] 到 [u6]，实际上指的是 Tokenizer 词汇表中的 [unused1] 到 [unused6]，也就是用这些未被占用的 Token 来拼凑出一个模板。接着，通过已有的标注数据来确定这个模板的具体内容。P-Tuning 算法通过优化特定的 Token 嵌入来提升模型性能。在例子中，这些 Token 的范围从 [unused1] 到 [unused6]，在标注数据稀缺时仅对这些固定的 Token 进行调整，而固定模型的其他权重。这种方法的优势在于限制了需要学习的参数数量，减少了过拟合风险并加快了训练速度。然而，当有足够的标注数据时，仅优化这些 Token 可能不足以捕捉数据中的复杂关系，导致欠拟合。此时，模型会解锁所有权重进行全面的微调，以保持任务和预训练任务之间的一致性。在选择目标 Token，如选择"体育"时，在数据受限的场景下，手动选择目标 Token 往往更为有效。而在数据丰富的环境下，引入 [unused*]Token 可以提供更广阔的优化空间，进而提升性能。直接随机初始化虚拟 Token 可能会使模型陷入局部最优，因为这些 Token 应当在自然语言中相互关联。为此，技术人员采用了 LSTM 和 MLP 组合来编码这些虚拟 Token，以促进模型更快收敛并提高效果。其他优化策略包括在训练特定领域任务时不仅预测目标 Token（比如"体育"），还预测其他 Token。无论是通过 MLM 随机遮蔽

Token，还是通过语言模型预测整个序列，这样可以使得重构的序列更加符合自然语言的特性。

P-Tuning 能够自动创建模板。模板是由自然语言构成的前缀或后缀，比如"The capital of Britain is [MASK]"这种形式，也可以是"Britain'capital is [MASK]"或者"[MASK] is the capital of Britain"等。通过这些模板才能使得特定领域任务与预训练任务一致，才能更加充分地利用原始预训练模型，从而在零样本或少样本的学习场景中发挥更出色的作用。

P-Tuning 并不限制模板的具体形式，以及它们是否由自然语言构成，重点在于模型最终的性能。换句话说，P-Tuning 不关心模板长什么样、由什么构成，只关注模板由哪些 Token 组成、该插入到哪里、插入后能不能完成特定领域任务、输出的候选空间是什么。

因此 P-Tuning 的做法是用上下文 x（Britain）、目标 y（[MASK]）去组合成一个提示模板 t（「The capital of … is …」）。图 2-23 展示了离散提示搜索"The capital of Britain is [MASK]"与 P-Tuning 处理示例。

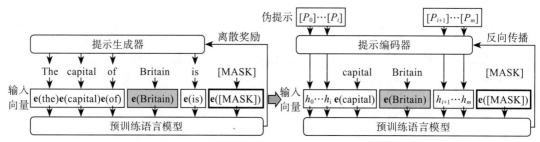

图 2-23   离散提示搜索与 P-Tuning 处理示例

在这个例子中，灰色区域代表上下文 Britain，粗实线标记的区域表示目标 [MASK]，加粗实线的区域则是想生成的模板。在图 2-23 左侧部分，提示生成器仅接收离散奖励，这种离散化搜索的做法不一定是最优的；而图 2-23 右侧的 P-Tuning，通过预训练的嵌入层将一组离散输入 Token（即伪提示）映射到向量，然后结合（capital,Britain）生成得到结果，再优化生成的解码器部分。这种方法可以找到更好的连续提示，并通过下游损失函数对连续提示进行优化。这些连续提示可以通过反向传播给提示编码器进行学习来改进提示效果和提高提示的稳定性。

P-Tuning V1 是在 P-Tuning 基础上改进的参数高效微调技术。P-Tuning 首次提出了用连续空间搜索的向量做提示。这种方法通过在连续空间中搜索合适的向量来构建提示，使得提示形式更加灵活和高效。P-Tuning V2 是基于 P-Tuning V1 的改进技术，将逐层提示向量融入 Transformer 架构中，专门用于 NLU 任务中，同时利用多任务学习共同优化共享提示。这种融入方式使得提示向量能够更好地与 Transformer 的各层结构相结合，提高了提示的有效性和模型的整体性能。P-Tuning V2 能够改善不同参数规模在 NLU 任务上的模型性能。通过多任务学习的共同优化，P-Tuning V2 不仅提升了单个任务的表现，还增强了模型在多个任务间的泛化能力。这种优化策略使得模型在处理 NLU 任务时更加高效和准确，是 NLP 领域中重要的技术进步。

5. 低秩适应微调

LoRA 为每个密集层的更新矩阵施加低秩约束，以减少适应特定领域任务的可训练参数。这种方法通过限制更新矩阵的秩，有效地减少了模型参数的数量，同时保持了模型的性能。AdaLoRA 对 LoRA 进行了改良，根据每个权重矩阵的重要性来动态调配参数。这种动态调配策略使得模型能够更加智能地分配资源，将更多的参数分配给重要的权重矩阵，从而提高了模型的适应性和效率。QLoRA 会转换预训练模型格式，加入一组可学习的低秩适配器权重，并通过对量化权重的反向传播梯度来进行微调。这种方法结合了量化权重和低秩适配器，进一步减少了模型的参数数量，同时保持了模型的性能。通过反向传播梯度的微调，QLoRA 能够更好地适应特定领域任务，提高了模型的泛化能力和效率。

（1）LoRA

在大模型完成预训练并达到收敛状态后，模型中包含众多执行矩阵乘法的稠密层，这些层的权重矩阵通常具有满秩特性。然而，经过针对特定任务的微调，矩阵乘法中的权重变化呈现出低秩特征。这一现象揭示了，即使将权重参数随机映射至一个维度较小的子空间，模型依然能够进行有效的学习。这进一步说明，针对特定任务的权重矩阵无须维持其满秩状态，即可实现高效的学习和任务适应。

LoRA 技术通过在模型的现有权重参数矩阵上叠加额外的低秩矩阵，实现了在不显著增加参数量的前提下的模型微调功能。具体而言，LoRA 对每个稠密层的更新矩阵施加低秩约束，以此来减少适应特定领域任务所需的可训练参数数量。如图 2-24 所示，LoRA 技术对网络层的权重矩阵进行低秩学习，从而优化模型在特定任务上的表现。

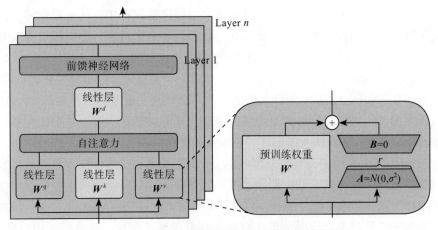

图 2-24　LoRA 对网络层的权重矩阵进行低秩学习

其中，W^d，W^q，W^k，W^v 为线性变换矩阵，用于将输入向量转换为输出向量。d 是指前馈神经网络的维度，W^d 是前馈神经网络的线性变换矩阵。W^q，W^k，W^v 是神经网络参数，随机初始化后在模型训练时更新。预训练权重通过学习得到，其计算公式为：$A = N(0,\sigma^2)$，其中 $N()$ 表示正态分布，σ^2 是方差。

LoRA 方法的精髓在于用低秩分解的方式来近似模型参数的变化，这样就能用很少的参数训练庞大的模型。再来看一下涉及矩阵乘法的处理：在原有的预训练语言模型结构中加入一个额外的路径。这条新路径由低秩矩阵 A 和 B 构成，A 矩阵用来降低维度，B 矩阵则用来提升维度，它们的乘积能够模拟出模型参数的"本征秩"（Intrinsic Rank）。而在这个过程中，中间层的维度被设置为 r。假设一个线性层的原始权重矩阵为 W，修改权重矩阵过程可以写成一般形式：$W^\Delta \to W + \Delta W$。即冻结原始矩阵 $W \in R^{m \times n}$，其中 m、n 表示矩阵 R 的行和列，W^Δ 是修改后的权重矩阵。通过低秩分解矩阵来近似参数更新 ΔW，即 $\Delta W = BA$，其中可训练参数 $B \in R^{m \times r}$ 和 $A \in R^{r \times n}$ 是低秩矩阵，$r \ll \min(m,n)$ 是中间层秩的维度。这种设计使得模型能够在保持原有规模的同时，以更高效的方式进行调整和学习。

LoRA 技术的主要优势在于能够显著节省内存和存储资源（例如 VRAM）。通过维持一个大模型的副本，并结合一些任务特定的低秩分解矩阵，LoRA 使得大模型能够灵活适应不同的特定领域任务，同时保持高效的资源利用率。这种方法不仅优化了模型的部署和运行，还增强了模型在多样化任务中的适应性和性能。

（2）AdaLoRA

在对大型预训练语言模型进行微调时，需要采用一种更为灵活的策略来处理权重矩阵。不应僵化地设定矩阵的秩，而应根据不同层次和模块中权重矩阵的实际重要性进行动态调整。这要求我们识别出关键的权重矩阵并为其提供更多的参数支持，同时减少对非关键矩阵的参数分配。这一策略的益处显而易见：一方面能提升模型的整体性能；另一方面能节约计算资源，降低模型性能退化的风险。为突破现有方法的局限，有人提出了一种名为 AdaLoRA（自适应 LoRA）的新技术。AdaLoRA 通过评估权重矩阵的重要性得分，从而在不同权重矩阵间智能地调配参数预算。其核心优势在于自适应性，确保模型在应对不同任务时，能灵活分配计算资源，从而获得更优的性能。

AdaLoRA 在 LoRA 的基础上进行了改良，根据每个权重矩阵的重要性来动态调配参数。该技术的核心在于如何分配增量矩阵的参数。对于那些至关重要的增量矩阵，AdaLoRA 会赋予它们较高的秩，以便能够捕捉更细腻和特定于任务的信息。而对于那些相对不那么重要的矩阵，降低秩可以防止模型过拟合，并节省计算资源。

此外，AdaLoRA 采用了奇异值分解（SVD）的方式来对这些增量更新进行参数化。通过设置重要性指标，它可以屏蔽掉那些不重要的奇异值，只保留那些重要的奇异值。由于对大型矩阵进行完整的奇异值分解是一项计算成本极高的操作，AdaLoRA 通过削减不必要的参数，加快了计算速度，同时为将来可能的恢复保留了余地，并确保了训练的稳定性。为了进一步提升训练过程的稳定性，AdaLoRA 还在训练用的损失函数中引入了额外的惩罚项，这有助于维持奇异矩阵 P 和 Q 的正交性，从而避免了复杂的奇异值分解计算。

（3）QLoRA

大模型微调是一种有效手段，能够显著提升模型性能，增加所需功能或去除不必要特性。然而，微调参数庞大的模型（如 LLaMA 65B 模型）成本极高，常规 16bit 微调需使用超过 780 GB 的 GPU 内存。尽管最新量化技术能减少大模型内存占用，但多数仅适用于推理阶段。为了解决这些问题，技术人员提出 QLoRA（Quantized LoRA，量化低秩适应）方案，将模型量化至 4bit，并在微调过程中保持性能不受影响。

图 2-25 展示全量微调（Full Fine-Tuning）、LoRA、QLoRA 三种不同的微调方法及其内存需求。QLoRA 通过将变换器模型量化到 4bit 精度，并使用分页优化器来处理内存峰值，从而改进了 LoRA。

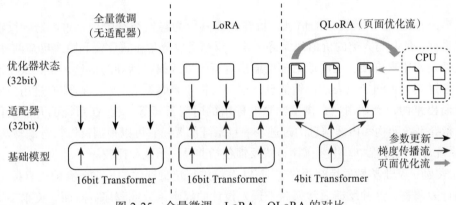

图 2-25　全量微调、LoRA、QLoRA 的对比

QLoRA 采用创新的高精度技术，将预训练模型转换为 4bit 格式，并引入一组可学习的低秩适配器权重，这些权重通过量化权重的反向传播梯度进行微调。QLoRA 运用了两种精度的数据类型：用于存储的 4bit 低精度数据类型和用于计算的 BFloat16 高精度数据类型。这意味着在使用 QLoRA 权重张量时，系统会先将其从 4bit 格式转换回 BFloat16 格式，然后执行 16 位的矩阵乘法运算。QLoRA 还引入了两项技术以实现高质量的 4bit 量化微调：NF4（4bit NormalFloat，4 位正常浮点数）量化和双量化。NF4 是一种针对正态分布权重设计的新型数据格式，理论上最优，实际应用中表现优于传统 4bit 整数和 4bit 浮点数。双量化技术在初次量化基础上对权重进行二次量化，进一步减少模型参数所需的存储空间。此外，QLoRA 嵌入分页优化器，利用 NVIDIA 统一内存特性，在 GPU 内存溢出时自动在 CPU 和 GPU 间进行内存分页传输，避免出现内存不足错误。这一过程类似传统 CPU 内存与硬盘间内存使用的分页机制。具体来说，为优化器状态分配可分页内存空间，当 GPU 内存不足时，系统自动将数据转移到 CPU 内存中，并在需要优化器更新时再次加载到 GPU 内存中。使用 16bit、8bit 或 4bit 大小的适配器方法进行微调，QLoRA 均能达到与 16bit 全量调优相同标准的性能。这意味着即便在模型量化过程中出现性能下降，通过低秩适配器微调，这部分损失的性能是可以被完全找回的。

2.4　对齐优化

以往的研究表明，以大模型为代表的 AI 系统可能会产生一些不良行为，如生成有害内容、提供不真实的回答、表现出谄媚、欺骗以及追求权力等。这些被称为 AI 系统的"未对齐"（Misalignment）行为，它们与人类的期望和意图相悖，是 AI 系统带来风险的关键因素。值得注意的是，这些未对齐问题并非仅在大模型被人为恶意操控的情况下才会发生。更令人忧虑的是，随着 AI 模型规模的扩大，这些问题可能会变得更加严重。AI 对齐是一个重要的研究领域，专注于确保 AI 系统的行为和价值观与人类社会保持一致。

2.4.1　反馈

反馈是指向 AI 系统提供的信息，旨在确保其行为与人类意图相一致。这种反馈有助于优化系统，使其与人类的价值观保持一致。反馈可以分为显式反馈和隐式反馈两种类型，显式反馈是指用户直接、明确地对模型输出进行评价或提供指导的信息，而隐式反馈则是指用户通过其行为间接地表达反馈信息，这种反馈不是直接表达的，而是通过用户的行为模式推断出来的，例如用户在浏览网页时停留的时间长短等。在 AI 系统的开发阶段，反馈可以指导系统架构和内部信息的改进。一旦系统部署，它可以根据反馈动态调整其行为。在 AI 系统对齐的过程中，主要采用显式反馈包括奖励、示范和比较。

1）奖励：基于奖励的反馈提供了对 AI 系统进行定量评估的依据，有助于直接指导 AI 系统的行为调整。这种反馈通常来源于预先设计的规则函数或程序。然而，奖励反馈的内在复杂性有时会导致在处理某些任务时遇到困难。不完善或有缺陷的奖励函数可能会引导 AI 系统执行与设计者意图不符的行为，甚至产生负面影响或滥用奖励机制。此外，奖励反馈可能难以排除潜在的操纵，例如通过篡改奖励信号来引导系统执行不恰当的操作。因此，在设计奖励反馈系统时，必须仔细权衡和考虑，以最大限度地减少这些潜在问题，并确保智能系统能够适当地响应奖励信号，避免误导或滥用。

2）示范：通过记录专家在执行特定领域任务时的行为数据来实现的，可以采用多种形式，如通过视频或可穿戴设备进行示范。如果示范者和 AI 学习者的行为完全一致，示范数据可以直接形成状态 – 动作对的轨迹。这些状态 – 动作对有时可能只能被部分观察到。例如，为了通过录制视频展示人类专家在机器人操作任务中的表现，并为视频的每一帧标注相关的机器人状态和动作，可以创建一个包含人类示范的状态 – 动作对数据集。该数据集可以用来训练 AI 代理的策略，使其模仿专家的行为。示范反馈在逆强化学习（IRL）中被广泛应用，技术人员提出了将示范、偏好和其他类型的人类反馈结合起来，用于学习奖励函数。示范反馈提供了丰富的信息，不需要系统从生成的数据中学习，但获取这些数据通常需要更大的工作量和更多的专业知识。示范反馈直接利用了专家顾问的经验和专业知识，而无须构建复杂的知识表示模型。然而，示范反馈在处理超出人类顾问专业领域的任务时可能会遇到困难，且人类顾问的示范可能存在不精确和模糊的情况，这也可能对示范反馈的有效性带来挑战。此外，现实世界中的示范数据常常包含噪声和次优行为，这可能会对训练产生不利影响。

3）比较：通过比较 AI 系统的一组输出并进行排名，从而指导系统做出更明智的决策。比较反馈的优势在于能够处理难以精确评估的任务和目标，但其限制在于可能需要大量的比较数据。目前，基于比较反馈的偏好建模已经成为大模型微调领域的一种实用方法。

2.4.2　偏好模型

在复杂任务（如对话系统）中，创建精准的奖励函数是一项较为困难的任务。同时基于示范反馈又可能需要大量的专家资源，以至于成本较高。因此，技术人员目前主要利用基于比较反馈的"偏好建模"的方法，通过比较不同来捕捉用户的偏好，进行大模型的微调。

偏好模型有两个主要方面：**偏好粒度**和**偏好类别**。

（1）偏好粒度

其中，偏好粒度（Granularity of Preference）主要有三种类型：动作偏好、状态偏好和轨迹偏好。动作偏好是指在给定特定状态下的不同行动的对比，以便明确在特定条件下的首选行动。状态偏好是不同状态之间的比较。轨迹偏好则对比整个状态 – 动作序列。在将状态偏好转化为轨迹偏好的过程中，通常需要考虑可达性和独立性的假设。这一过程较为依赖评估专家的专业知识。相比之下，轨迹偏好提供了更全面的战略信息，因为它本质上是对长期效用的评估，并且较少依赖于专家的主观判断。在顺序决策背景下，三种偏好粒度比较如表 2-5 所示。可以看出，$\{a_1, S_1, \tau_1\}$ 的偏好粒度优于 $\{a_2, S_2, \tau_2\}$。

表 2-5　在顺序决策背景下，三种偏好粒度的比较

偏好粒度	定义
动作偏好	在某一状态 S 下比较动作 a_1、a_2，动作 a_1 严格优于动作 a_2，表示为 $a_1 > a_2$
状态偏好	比较状态 S_1、S_2，状态 S_1 在偏好上优于状态 S_2，表示为 $S_1 > S_2$
轨迹偏好	轨迹 $\tau = \{S_0, a_0, S_1, a_1 \cdots, S_{T-1}, a_{T-1}, S_T\}$，轨迹 τ_1 严格优于轨迹 τ_2，表示为 $\tau_1 > \tau_2$

（2）偏好类别

偏好类别包括绝对偏好（Absolute Preference）和相对偏好（Relative Preference）。绝对偏好独立地表达了每个选项的偏好程度，包括二元式（Binary）和递进式（Gradual）。

1）二元式是用户偏好的简化模型，将物品通过喜欢和不喜欢直接分类，提供了判断用户偏好的简单模型。

2）递进式进一步区分为数值偏好和序数偏好。数值偏好使用绝对数值，使每个项目都获得一个数值分数，反映了偏好的程度。而序数偏好则涉及对一组固定项目进行分级评估，例如将项目划分为首选、次选或中间等级，而不包括具体的数值测量。

相对偏好是描述项目间偏好关系的一种方法，主要分为两种类型。

1）完全顺序（Total Order）：这种顺序为所有项目对建立了一个全面的偏好关系。它确定了一个明确的偏好顺序，从最受欢迎到最不受欢迎。

2）部分顺序（Partial Order）：与完全顺序不同，部分顺序允许在某些情况下不明确表达对两个项目的偏好。也就是说，某些项目可能被认为是不可比较的，从而为用户在决策时提供了更多的灵活性。

2.4.3　RLHF

RLHF 是一种使机器学习模型适应复杂和不明确目标的策略，尤其在 AI 对齐领域，它已成为确保大模型行为与人类价值观一致的关键技术。诸如 OpenAI 的 GPT 4、Anthropic 的 Claude、Google 的 Bard，以及 Meta 的 Llama 2-Chat 等先进的 AI 系统，都依赖于 RLHF 来实现其功能。

RLHF 的过程包括三个相互关联的组成部分：反馈收集、奖励建模和策略优化，如图 2-26 所示。

1）反馈人类收集：这一步骤通过分析人类的反馈来评估机器学习模型的输出，从而获取对模型表现的评价。

2）奖励建模：在这一阶段，使用监督学习技术训练一个奖励模型，该模型能够模仿人类的偏好，预测哪些行为更可能受到积极评价。

3）策略优化：通过优化 AI 系统的策略，使该系统生成的输出更有可能获得奖励模型的积极评价。

与传统的利用演示、手动设计奖励函数或其他指定奖励的方法相比，RLHF 更能有效地识别并强化那些被人类认为是"好"的行为。这种方法使得 AI 系统能够更好地理解和适应人类的价值观和偏好。图 2-26 为从人类反馈中进行强化学习的流程。

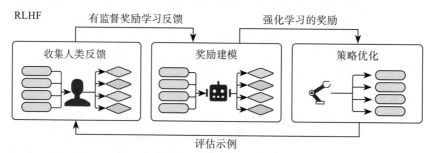

图 2-26　从人类反馈中进行强化学习。圆角矩形表示模型输出（例如文本），菱形表示评估

基于 RLHF 的大模型对齐训练框架可分为 4 个主要步骤。

步骤 1：**预训练**。RLHF 从一个已经训练好的初始基础模型 π_θ 开始，该模型具有参数 θ，可生成一系列的示例。在对大模型进行 RLHF 处理时，基础模型通常是一个在网络文本或其他数据集上预训练过的语言生成器。

步骤 2：**收集人类反馈**。利用基础模型生成示例并收集人类对这些示例的反馈。考虑一个人类 H，假设其偏好与某个奖励函数 r_H 一致。从 π_θ 中抽取一个示例数据集，其每个示例

x_i 由一个基础模型（或多个基础模型组合）生成。让反馈函数 f 将示例 x_i 和随机噪声 ϵ_i 映射到反馈 y_i。因此，数据收集过程通常被建模为：

$$x_i \sim \pi_\theta, y_i = f(H, x_i, \epsilon_i)$$

在对大模型实施 RLHF 时，常见的做法是利用问答对 (x_i) 作为训练数据。在这种训练数据中，反馈通常体现为人类在每对对话中表达的偏好 (y_i)。这种方法有助于模型学习如何更好地理解和响应人类的交流方式。

步骤 3：**拟合奖励模型**。拟合一个奖励模型 $\hat{r}_\phi$，使用反馈来尽可能近似来自 H 的评价。给定一个示例和偏好数据集 $\mathcal{D} = \{(x_i, y_i)_{i=1,\cdots,n}\}$，使用估计奖励的参数 ϕ 最小化损失函数 $\mathcal{L}(\mathcal{D}, \phi)$ 与基准模型的差异，并与基准模型进行对比训练。

$$\mathcal{L}(\mathcal{D}, \phi) = \sum_{i=1}^{n} \ell(\hat{r}_\phi(x_i), y_i) + \lambda_r(\phi),$$

其中 ℓ 是合适的损失函数，λ_r 是某种正则化项。如果反馈是成对比较，则一般使用交叉熵损失或贝叶斯个性化排序算法作为损失函数。

步骤 4：**策略优化**。使用奖励模型 $\hat{r}_\phi$ 通过强化学习 $\mathbb{E}_{x \sim \pi_{\theta_{new}}}$ 来微调基础模型。新参数 θ_{new} 被引入训练，以获得最大化的奖励 $\mathcal{R}$：

$$\mathcal{R}(\theta_{new}) = \mathbb{E}_{x \sim \pi_{\theta_{new}}}[\hat{r}_\phi(x) + \lambda_p(\theta, \theta_{new}, x)]$$

其中 λ_p 是某种正则化项（例如两个分布之间基于差异的惩罚）。

在 RLHF 的基础上，有技术人员提出了 RLxF（x 代表 AI 或人类和 AI)，主要的方法包括利用 AI 辅助提供反馈的强化学习（Reinforcement Learning from AI Feedback，RLAIF)，以及利用人类和 AI 反馈的强化学习（RLHAIF)。

RLAIF 的训练流程会使用大模型生成的反馈取代人类反馈，根据预设标准，策略模型进行自我评估并根据测试提示进行修改，然后用修订后的回应对初始策略模型进行微调。最后用微调后的策略模型评估另一种大模型的反馈。实验结果表明使用 RLAIF 的效果和 RLHF 的效果大体相同。RLHAIF 集成了 AI 和人类反馈以增强监督能力，人类在评估和处理复杂问题方面具有显著优势。但也受限于时间和精力，大量研究表明，AI 作为辅助工具，能够有效扩展在多样化领域的监督和处理能力。

RLxF 方法的核心思想是将一个大问题分解成更小的子问题，从而能够利用更高效的工具（如 AI 和软件）快速解决子问题。通过利用这些子问题的解决方案，可以加速解决主要问题。更进一步，在 RLxF 的基础上，增加 IDA（持续蒸馏和放大）的迭代步骤可为 AI 系统提供反馈。

IDA 不是让人类专家（这里记作 H）单独演示或评估目标行为，而是允许他们调用智能体（这里记作 X）的多个副本来帮助评估和决策。我们将由 H 和多个 X 副本共同解决问题的复合系统称为 Amplify$^H(X)$。然后，智能体 X 从 Amplify$^H(X)$ 中学习，就像它之前只从 H 学习一样。

构造 $\text{Amplify}^H(X)$ 的目的是增强人类专家的能力。由人类专家选择一系列的子问题组成问题 Q，这些问题由 $\text{Amplify}^H(X)$ 来回答。$\text{Amplify}^H(X)$ 将每个子问题交给智能体 X，并由 X 给出子回答，人类专家根据这些子回答来决定如何回答 Q。

在每个迭代步中，都训练 X 用于预测 $\text{Amplify}^H(X)$ 的输出，这样 X 便是一个自回归模型。最开始 X 的行为是随机的，X 实际上是在从一个专家那里学习。随着时间的推移，X 变得更加强大，专家的任务转变为"协调"具有多个副本的 X，这样能比单个副本更好地解决问题。

具体来说：H 从一开始负责为训练 X 而选择子问题，并给出基于 X 回答的人类反馈。为了减轻人类专家 H 的负担，训练一个"人类预测器" H^0。它的作用是生成训练数据，即训练 H^0 来模仿 H 在计算 $\text{Amplify}^H(X)$ 时的角色，并使用 $\text{Amplify}^{H^0}(X)$ 来训练 X，而非直接使用 $\text{Amplify}^H(X)$。由于 X 的变化，H^0 需要预测 H 对 X 提供的子答案的反应，因此需要在整个训练过程中不断更新 H^0。

在训练中，重复采样问题 $Q \sim D$，使用 $\text{Amplify}^H(X)$ 来回答该问题，并记录 H 在此过程中做出的每个决定。H 负责找到一个有助于回答 Q 的子问题 Q_1，然后利用 X 计算答案 $A_1 = X(Q_1)$。重复这个过程 k 次，这样就得到了很多子问题的答案，最后由 H 综合这些子问题，从而计算出答案 A。之后，存储传输记录 $\tau = (Q, Q_1, A_1, \cdots, Q_k, A_k, A)$。

这样的结果就是：在最初阶段 X 随机回答问题。当人类提出子问题时，经常收到不连贯或无用的子答案。接着，X 会学到人类专家在没有 X 的帮助下回答问题的答案。进而，一旦 X 能提供简单答案，人类专家就可以通过将问题分解成很多简单的部分来提供更好的答案，这样 X 学会提供更好的答案。在整个过程中，X 扩大它能回答的查询范围并逐步改善它提供的答案。并且在训练的每个阶段，$\text{Amplify}^H(X)$ 都比单独的 X 稍微聪明一些。

2.5　提示工程

提示工程（Prompt Engineering）是一种通过设计、实验和优化输入提示来引导大模型生成高质量、准确和有针对性的输出的技术。

提示词是用自然语言形式描述的激发大模型输出的指令。输入的提示词可以是一个短语或一句话，包括指令、问题、上下文、示例等，这些元素可更好地引导模型工作，从而获得更佳的输出结果。换句话说，提示词能够启动模型并产生与输入内容相关的输出，即可以控制模型的行为，使它产生特定的结果。示例如下。

提示： 端午节到了，给我推荐一些适合送给公婆的礼品。

输出： 传统粽子、茶叶、纪念品等。

提示： 我是女生，晚上要参加一个舞会，你建议我穿什么鞋子呢？

输出：合肥市今天的天气状况为晴，温度范围在 22℃～33℃，风向与风力分别为西北风和微风。针对今晚的舞会，建议选择一双舒适、透气且有良好排汗性能的鞋子，如网面运动鞋或透气性好的轻便休闲鞋。

提示工程上手相对简单，不需要采集与构建数据集，更不需要微调或训练大模型，刚接触大模型时可以采用这种方式来快速体验和应用。

2.5.1　提示工程开发流程

大模型通过简单的提示可以实现多种应用效果，但其质量取决于提供的信息量以及提示的精心设计程度。大模型的能力虽然强大，利用较少的输入也可以生成内容，但随意的输入可能产生无效或错误的输出。

高质量的提示需要清晰、具体、聚焦、简洁。其中，"清晰"是指问题避免复杂或歧义，术语定义明确；"具体"是指问题描述具体，避免模棱两可；"聚集"是指避免问题过于宽泛或开放；"简洁"是指问题表述简洁。

通过系统设计提示，规范模型的输入/输出方式，企业能够快速得到更准确和实用的结果。通过对提示进行工程化处理，可以增强模型的生成效果、减少错误输出，应用大模型高效满足特定领域任务的需求。提示工程开发流程如图 2-27 所示。

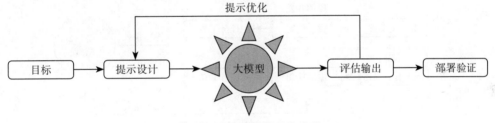

图 2-27　提示工程开发流程

1）目标：确定优化任务和目标是指需要明确所需的任务类型和预期的生成结果，可以是问题回答、文本摘要、对话生成等。目标确定之后，需要进一步收集和分析数据，了解任务需求和数据特点，寻找典型示例样本，从而更好地设计与优化提示的内容和设置。

2）提示设计：设计的提示内容能够清晰、明确地引导大模型生成所需的内容，并避免生成模糊或引起误导的表达。

3）评估输出：用于评估大模型生成的结果，判断是否符合要求。

4）提示优化：根据实际需求和生成结果的效果调整提示设置，进行更多的试验和优化，以得到最佳的生成结果。

5）部署验证：将优化后的提示进行部署验证，供其他用户使用。

提示工程成为持续优化大模型应用的基本方法。通过构建提示库并不断更新，技术人员能够在不同场景中重复使用这些提示，再将用户的开放式输入封装到提示中传给大模型，使大模型输出更相关、更准确的内容，避免用户反复试验，从而提升体验。

任务的复杂度决定了提示工程的技术方案选择。简单任务可以用零样本提示、少样本提示的方式，不提供或提供少量示例给模型，让模型能快速输出结果，比如对某个文本进行正面或负面的评判。复杂任务则大多需要拆解为若干步骤、提供更多示例，采取思维链提示等方式，让模型能逐步推理出更精准的结果，例如对一个复杂的工程问题进行数学求解。

经过调整和优化后的提示内容用于引导模型生成所需的特定内容、控制输出的风格和语气、提高输出的准确性和可靠性、减少生成过程的迭代和修正，获得应用于任务场景中的更准确、更相关的生成结果，并进一步积累优化经验，指导更多提示设计和优化工作。

2.5.2　提示设计开发

优质提示的设计开发主要有两种方式：一种是根据需求正向编写提示，随后基于大模型生成的结果来优化提示；另一种是根据既定的结果，让大模型逆向生成提示，随后在此基础上完善，如图 2-28 所示。优质提示的结构主要包括上下文重置、背景设定、任务下发、任务细节描述、输出控制、任务确认，共 6 个模块。

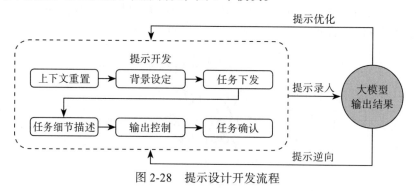

图 2-28　提示设计开发流程

1）上下文重置是指清除之前的对话或信息，确保下一个提示从一个"干净"的状态开始。这样可以尽量避免干扰，确保每个提示都从相同的起点开始生成回应。

2）背景设定是指为模型提供有关对话或任务的背景信息，包括对话参与者的身份、场景的描述、对话的历史背景等，提供背景设定可以帮助大模型理解上下文并更准确地生成回复。

3）任务下发是指明确指示大模型需要完成的任务或目标，包括要生成的特定文本类型（如问题回答、文章摘要等），或对待生成文本的要求和限制（例如需要回答所有问题、回答的字数要求等）。

4）任务细节描述是指提供更具体的任务说明，以便大模型可以更好地理解和满足要求，包括对生成文本内容的要求、期望的输出模式，以及对特定领域知识的要求等。

5）输出控制指导模型生成输出的方式和形式，包括对生成文本的风格、格式（如表格、

Markdown）等的要求。

6）任务确认是指和模型确认是否理解任务，大模型可以通过提问、澄清疑惑或建议修改，来确保它正确地理解了任务，并为最终输出做好准备。

其中，任务下发和任务细节描述是重点模块。模块内容组合可以有效地指导模型生成更准确、有针对性的回复，以满足特定领域任务或需求。

示例如下：（**上下文重置**）请忽略之前的提示。（**背景设定**）你是一位经验丰富的自由撰写人，在技术行业拥有高水平的专业知识。你的主要工作是为网站、媒体、广告撰写要发布的内容。（**任务下发**）接下来，根据以下撰稿主题，输出一篇引人入胜的文章。（**任务细节**）要求既具有丰富的信息、友好性和吸引力，又包含幽默和现实生活实例。（**输出控制**）输出的文章采用 Markdown 格式。（**任务确认**）你明白了吗？如无问题，我将开始输入。

1. 常用技巧

优质提示开发的常用技巧包括角色扮演法、提供示例法、分布思考法、知识注入法、逆向提示法，如图 2-29 所示。

图 2-29　提示开发常用技巧

（1）角色扮演法

角色扮演法通过将大模型置于特定角色的位置上，可以引导大模型从该角色的视角来理解和解决具体问题，能够基于特定背景知识提供更准确和相关度高的答案。

示例 1：扮演脱口秀演员。"你是一名优秀的脱口秀喜剧演员，对任务有任何不明白的地方都会先问清楚再工作。每次创作脱口秀节目内容前，你会询问节目的主题，然后利用自己的机智、创造力和观察力，基于主题编写脱口秀喜剧节目台本，并在节目中加入个人的趣闻轶事或经历。你明白吗？如无问题，请开始创作。"

示例 2：扮演业务负责人。"作为水资源利用部门的负责人，我的核心任务是确保水资源供应的可靠性和持续性，以满足人类和生态系统的需求。这一目标不仅包括提供足够的饮用水、灌溉水和工业用水等，还涉及支持社会经济发展。为实现这些目标，我们需要制定一系列业务核心指标。请列出指标名称、指标说明和指标计算公式。"

（2）提供示例法

提供示例法帮助大模型明确预期输出，大模型通过示例可以了解需求，生成与示例一致、相关和有价值的文本输出，并且示例能起到控制生成文本风格和格式的作用。

　　示例：以下哪种方式回家更快？

　　选项 1：坐 10 分钟公交车，然后骑 30 分钟的自行车，最后坐 40 分钟的火车。

　　选项 2：坐 90 分钟火车，然后骑 20 分钟自行车，最后坐 10 分钟公交车。

　　选项 1 需要时间：10 分钟 +30 分钟 +40 分钟 =80 分钟，即共需 80 分钟。

　　选项 2 需要时间：90 分钟 +20 分钟 +10 分钟 =120 分钟。

　　因为选项 1 共需 80 分钟，选项 2 共需 120 分钟，所以选项 1 更快。

　　请参考上面例子的计算逻辑，回答采用下面哪种交通方式上班更快？

　　选项 1：乘坐 60 分钟公交车，然后乘坐半小时的火车，最后骑自行车 10 分钟。

　　选项 2：乘坐 40 分钟公交车，然后乘坐一小时的火车，最后骑自行车 30 分钟。

　　（回答略。）

　　（3）分步思考法

　　分步思考法有助于模型深入理解问题及其解决方案，将问题分解为可逐步解决的子问题，引导大模型一步步生成相关内容，有助于消除大模型对问题的误解，避免歧义和模糊性。

　　示例 1：如果小飞有 5 个苹果，然后吃掉了 2 个，送给他的朋友 2 个，再买 5 个，朋友给了小飞 1 个，然后小飞又送给他的朋友 3 个，小飞现在还剩几个苹果呢？回答之前先一步步检查一遍计算数值是否正确，没问题后再输出答案。

　　（回答略。）

　　示例 2：请忽略之前的提示。你是一位软件开发工程师，对任务你有任何不明白的地方都会先问清楚再工作。帮我实现音频采样率的转换功能，具体要求如下：①基于 C++ 实现 48000Hz 到 16000Hz 的音频采样率转换功能；②给出详细步骤和代码实现。输出请使用 Markdown 语法，代码保留必要的注释。你明白吗？如无问题，请执行任务。

　　（4）知识注入法

　　知识注入法通过将相关领域的知识注入模型中，可以弥补模型的特定领域知识不足的缺陷，并改善文本生成的质量和准确性。

　　示例 1：十二时辰是中国古代的一种划分时间的方式，将一天分为 12 个时辰。每个时辰对应现代时间的两小时。下面是关于十二时辰的一些知识：十二时辰的划分是基于太阳的升起和落下，每个时辰的实际长度并不相等，而是根据不同季节的白天和黑夜的时长变化而有所变化。十二时辰的起始时间是在夜晚子时。子时是晚上 11 点至凌晨 1 点之间。十二时辰的名称分别是子时、丑时、寅时、卯时、辰时、巳时、午时、未时、申时、酉时、戌时、亥时。

　　请结合示例 1 中的十二时辰知识，回答以下问题：一天有多少个时辰，寅时是一天中的什么时间段？在十二个时辰中排第几？

　　输出：十二时辰是中国古代的一种划分时间的方式，将一天分为 12 个时辰。寅时是一天中的凌晨 3 点到 4 点 59 分这个时间段。在 12 个时辰中排第 3。

示例 2：请学习以下知识。

"第一百三十三条之二【妨害安全驾驶罪】对行驶中的公共交通工具的驾驶人员使用暴力或者抢控驾驶操纵装置，干扰公共交通工具正常行驶，危及公共安全的，处一年以下有期徒刑、拘役或者管制，并处或者单处罚金。

前款规定的驾驶人员在行驶的公共交通工具上擅离职守，与他人互殴或者殴打他人，危及公共安全的，依照前款的规定处罚。

有前两款行为，同时构成其他犯罪的，依照处罚较重的规定定罪处罚。"

请抽取该知识的罪名、行为、处罚相关实体，不用输出，根据抽取的实体以（实体，关系，实体）的格式输出三元组。

输出：

（妨害安全驾驶罪，行为，对行驶中的公共交通工具的驾驶人员使用暴力或者抢控驾驶操纵装置）

（妨害安全驾驶罪，行为，干扰公共交通工具正常行驶）

（妨害安全驾驶罪，行为，危及公共安全）

（妨害安全驾驶罪，处罚，一年以下有期徒刑、拘役或者管制）

（妨害安全驾驶罪，处罚，罚金）

（妨害安全驾驶罪，行为，在行驶的公共交通工具上擅离职守）

（妨害安全驾驶罪，行为，与他人互殴或者殴打他人）

（妨害安全驾驶罪，行为，危及公共安全）

（5）逆向提示法

逆向提示法通过分析大模型输出结果要求返回有关输入的提示，帮助用户构建需要的输入内容，指导大模型生成所需的回答。

示例 1：提示是在使用大模型时，为了引导大模型输出特定的答案或生成特定的内容，使用的特定文本提示。你是一名经验丰富的大模型提示工程师，请分析以下代码的语言、框架、逻辑，推理出编码的需求，并基于分析结果，给出可以让大模型生成以下完整代码的中文提示。

代码内容如下：

```python
# This is a sample Python script.
import numpy as np
def print_hi(name):
    # Use a breakpoint in the code line below to debug your script.
    print(f'Hi, {name}')
# Press the green button in the gutter to run the script.
if __name__ == '__main__':
    print_hi('PyCharm')
    mat3 = np.full(shape=(2, 2, 3), fill_value=1)  # 生成一个 2*2*3 的数组，元素的值全为 1
    # print('值全为 1 的 2*2*3 的数组: \n', mat3)
```

输出：

1）需求分析：

需要生成一个 223 的数组，元素的值全为 1。

使用 NumPy 库的 full 函数来实现。

2）中文提示：

请编写一个 Python 脚本，使用 NumPy 库生成一个 223 的数组，元素的值全为 1。

示例 2：我需要给你提供哪些信息，以便你能输出技术调研报告，报告内容包括从一些关键维度对多项技术进行对比分析，并结合应用场景，给出使用建议。

输出：

为了输出技术调研报告，我需要以下信息。

1）技术列表：请提供你想要对比分析的技术列表。这些技术可以是软件框架、编程语言、数据库系统、云服务等。

2）关键维度：请提供你希望从哪些关键维度对这些技术进行对比分析。这些维度可能包括性能、可扩展性、易用性、社区支持、成本、兼容性等。

3）应用场景：请描述你希望将这些技术应用到的具体场景。这将帮助我为你提供更具针对性的使用建议。

4）需求和限制：请提供你在技术选型过程中需要考虑的需求和限制，例如预算、团队技能、项目周期等。

5）优先级：如果有多个关键维度，请告诉我它们之间的优先级顺序，以便我在提供使用建议时能够更加关注你关心的方面。

6）现有系统和技术栈（可选）：如果你已经有了现有的系统和技术栈，请提供相关信息，以便我能够更好地为你推荐合适的技术。

请提供以上信息，我将根据你的需求生成技术调研报告。

2. 思维链提示

思维链（Chain of Thought，CoT）提示旨在以一连串短句逐步描述推理逻辑，即给出推理链或理由，最终得出答案。在使用大模型处理任务时，简单的任务只能从思维链提示中略微受益，而复杂的逻辑推理任务益处更加显著。思维链提示主要有两种类型：零样本思维链（Zero-Shot Chain of Thought）和少样本思维链（Few-Shot Chain of Thought）。

（1）零样本思维链

零样本学习（Zero-Shot Learning）是指通过计算机模拟人类的推理方式来识别从未见过的新事物。在零样本学习中，人们不需要向大模型提供任何标注数据，而是期望模型能够处理全新的问题。

在大模型对话场景中，可以通过提供适当的指令对新任务进行零样本提示。大模型能够理解来自许多资源的内容，以应对未知问题。

以星火大模型为例，在情感分析、问题解答、机器翻译等场景的零样本提示示例如下。

1）情感分析

输入：将文本分为中性、否定或肯定三类。文本：我觉得假期很糟糕。请输出观点。

输出：观点——否定。

2）问题解答

输入：回答这个问题——什么不能消除浪费？（A）植物（B）蘑菇（C）细菌（D）机器人。

输出：机器人（D）是不能消除浪费的选项，因为它们缺乏自然分解能力，且其制造和运行过程中可能产生额外的资源消耗和废物。

3）机器翻译

输入：Translate the following English sentence into Chinese: "The big language model has become a hot development direction in the field of artificial intelligence."

输出：大语言模型已经成为 AI 领域的热门发展方向。

在上述一系列提示中，我们并未向大模型提供任何范例。然而，大模型已成功理解了我们的需求，这是零样本学习能力发挥作用的典型案例。

零样本思维链可以使用自然语言语句明确表示需要按照步骤执行。如"让我们一步步地思考"，明确鼓励大模型首先生成推理链，然后用"因此，答案是"去生成答案。或者使用类似的语句："让我们一步步地解决这个问题，以确保得出正确的答案"。

在向模型提出逻辑推理问题时，大模型往往会返回错误的答案。然而，当在问题末尾添加"让我们一步步地思考"这一句话之后，模型能够显示推理的过程。

接下来以星火大模型为例，通过更多示例来演示零样本思维链提示的推理过程。

输入：小星是一名程序员。他需要买两双袜子和一双休闲鞋。每双袜子售价 5 元，休闲鞋售价 200 元。小星有 150 元，还需要多少钱？让我们一步一步地解决这个问题，以确保有正确的答案。

输出：首先，我们需要计算两双袜子的总价。每双袜子售价 5 元，所以两双袜子的总价是 $5 \times 2 = 10$ 元。

接下来，我们需要计算购买两双袜子和一双休闲鞋所需的总金额。休闲鞋售价 200 元，所以总金额是 $10 + 200 = 210$ 元。

最后，我们需要计算小星还需要多少钱。小星有 150 元，所以他还需要 $210 - 150 = 60$ 元。

以上提示不向模型展示样例，而是引导大模型一步步地解决这个问题。人们可以观察到，大模型能够进行逐步推理，并最终得出正确答案。

进一步，当零样本学习无法达到预期效果时，我们可以在提示中提供示范或实例，以实现少样本提示的目标。

（2）少样本思维链

少样本学习（Few-shot Learning）作为一种高效的情境学习技术，其精髓在于通过在输入提示中嵌入精选的示例，来激发模型的类比推理能力，从而促使模型在处理相似或相关任务时展现出更卓越的效果。这些示范性实例充当了条件信号的角色，旨在引导模型理解和应用隐含的规则或模式，使其能够在面对新颖但相关的后续示例时，生成恰当且准确的响应，而无须额外的训练或参数调整。这种方式不仅强化了模型的适应性和泛化能力，还极大简化了在新领域部署模型的过程。

相比传统的小样本学习技术，当面对新任务时，少样本学习无须对大模型进行大规模的微调即可有效利用极有限的示例。这一革新极大地减轻了对庞大数据集人工标注的依赖，赋予大模型迅速适应新情境的能力，并确保即使在数据稀缺的情况下也能对新兴类别作出精准的预测。这种学习范式不仅提升了大模型的泛化能力，还大幅降低了获取大量标注数据的成本，使大模型有可能适应实时更新和不断变化的任务环境。

下面以星火大模型为例介绍少样本提示在情感分析、问题解答场景下的应用。

1）情感分析

提示：

这太棒了！//积极乐观的

这太糟糕了！//消极的

输入：多么精彩的表演！

输出：积极的

2）问题解答

提示：

Q：以下哪种生物会以鱼为食，并且生活在沼泽地？（A）一棵树（B）一头鲸鱼（C）一头野猪（D）一只短吻鳄

A：（D）短吻鳄。短吻鳄是半水生爬行动物，非常适合生活在沼泽和河流等湿地栖息地。它们是机会主义式的捕食者，会吃掉各种猎物，包括鱼类、海龟、鸟类和哺乳动物。

输入：

Q：什么不能消除浪费？（A）植物（B）蘑菇（C）细菌（D）机器人

A：

输出：

（D）机器人。机器人是由人类设计和制造的技术产品，它们没有自然的代谢或分解功能。机器人本身无法处理或消除任何形式的浪费；相反，如果设计不当或维护不良，机器人还可能成为环境负担。

通过向模型提供一个示例，我们可以观察到模型在某种程度上已经掌握了任务执行的能力。对于较为困难的任务，可以尝试增加示例的个数，例如3个、5个或者10个等。虽然少样本学习和零样本学习技术在利用示例上都有出色的表现，但总体而言，少样本学习的性能要优于零样本学习。

少样本思维链会向大模型展示一些少量的示例，并在示例中解释推理过程。大模型在

回答提示时也会显示推理过程。这种推理过程的解释会引导出更准确的结果。

在常规的提示下，大模型可能会给出错误的回答。然而，当人们在提示中向大模型展示了类似的示例后，大模型学会了逐步推理并最终给出了正确的答案。

接下来，以星火大模型为例，通过更多示例来进一步演示少样本思维链提示。

提示：

这组中的奇数加起来，结果是偶数：16、11、14、4、8、13、24。

回答：将所有奇数（11、13）相加得到24。答案是正确的。

这组中的奇数加起来，结果就是偶数：17、9、10、12、13、4、2。

回答：将所有奇数（17、9、13）相加得到39。答案是错误的。

输入：

这组中的奇数加起来，结果是偶数：15、32、5、13、82、7、1。

回答：

输出：

将所有奇数（15、5、13、7、1）相加得到41。答案是错误的。

2.6　本章小结

本章首先介绍了大模型的构建流程，涉及预训练语言模型、有监督的模型微调以及RLHF。接下来，针对各个阶段的工作展开讲解 Transformer 模型架构及主要的组成技术。之后重点讲解了对齐优化技术，以及提示工程相关的流程和提示设计开发技术。

第 3 章

大模型技术拓展

在实际应用中，除了需要组合使用提示工程、RAG、模型微调、模型预训练等核心技术之外，为了实现大模型落地，还需要结合使用一些拓展技术，如推理优化、训练评估、部署等。

3.1 推理优化技术

比起常规的深度学习模型，大模型往往推理速度较慢，这限制了它在实际生活中的使用。通过使用解码加速和推理加速等技术，可以提高大模型的推理速度。

3.1.1 解码优化算法

大模型的解码算法是在给定一个输入序列后，从模型的输出概率分布中选择最佳的输出序列，从而完成输入序列的解码，即通常所说的解码过程。而常用的解码优化算法主要包括基于搜索的解码算法和基于采样的解码算法。

1. 基于搜索的解码算法

大模型的本质是自然语言生成模型，而在 NLG 解码任务中，常用的基于搜索的解码算法主要有贪心搜索（Greedy Search）、集束搜索（Beam Search）和对比搜索（Contrastive Search）。

贪心搜索在计算输出序列时的每一步只选择概率最高的词作为下一个词。这种逻辑简单的方法虽然可以快速得到一个输出序列，但也可能发生局部最优问题，导致输出的质量不高。

贪心搜索的伪代码如下：

```
# 输入: 模型 (model), 输入序列 (input), 最大长度 (max_length)
# 输出: 输出序列 (output)
output = input # 初始化输出序列为输入序列
while output 的长度 < max_length:  # 循环直到达到最大长度
    prob = model(output)          # 计算模型的输出概率分布
    next_word = argmax(prob)      # 从概率分布中选择概率最高的词
    output = output + next_word   # 将选择的词添加到输出序列
    if next_word == EOS:          # 如果选择的词是结束符, 则跳出循环
        break
return output # 返回输出序列
```

集束搜索将上面基于概率进行简单选择的方法做了一定的改进, 它不再是简单地选择序列, 而是在每一步计算出 k 个候选输出序列, 称为集束 (Beam)。下一步, 它将上一步得到的每个候选序列扩展为 k 个可能的下一个词, 然后从候选序列列表中重新选择 k 个最优的序列作为新的集束。因此, 这种方法可以考虑更多的可能性, 进而提高输出的质量, 但也增加了计算的复杂度。

集束搜索的伪代码如下:

```
# 输入: 模型 (model), 输入序列 (input), 输入序列最大长度 (max_length), 选出的最优序列的数量
    (k)
# 输出: 输出序列 (output)
beam = [input] # 初始化集束为只包含输入序列的列表
while beam 中序列的长度 < max_length: # 循环, 直到达到序列的最大长度
    candidates = [] # 初始化候选序列的列表为空
    for sequence in beam: # 循环获取集束中的每个序列并进行计算
        prob = model(sequence) # 计算模型的输出概率分布
        top_k = top_k(prob, k) # 从概率分布中选出概率最高的 k 个词
        for word in top_k: # 循环获取 top-k 序列中的每个词
            new_sequence = sequence + word # 在原序列加上获取的每个词, 并生成一个新的
                序列
            candidates.append(new_sequence) # 将新的序列添加到候选序列的列表中
    beam = top_k(candidates, k) # 从候选序列的列表中选出 k 个最优的序列作为新的集束
output = best(beam) # 从最终的集束中选出最佳的输出序列
return output # 返回输出序列
```

在如图 3-1 所示的例子中, k=2, 在解码的每一步, 我们分别记录了当前最优的 k 个候选序列: A, C; AB, AE; ABC, AED。

而集束搜索则是一种基于对比学习的解码算法, 它在每一步不仅要考虑当前的输出概率, 还要考虑与其他候选序列的差异性。对比搜索的目标是生成一个高概率且多样性的输出序列。这种方法可以避免输出过于平凡或重复, 但需要额外增加对比损失函数和对比样本。

对比搜索的伪代码如下:

```
# 输入: 模型 (model), 输入序列 (input), 最大长度 (max_length), 参数 (k), 对比损失函数
    (contrastive_loss)
# 输出: 输出序列 (output)
beam = [input] # 初始化集束为只包含输入序列的列表
```

```
while beam 中序列的长度 < max_length: # 循环, 直到达到最大长度
    candidates = [] # 初始化候选序列的列表为空
    for sequence in beam: # 循环获取集束中的每个序列并进行计算
        prob = model(sequence) # 计算模型的输出概率分布
        top_k = top_k(prob, k) # 从概率分布中选出概率最高的 k 个词
        for word in top_k: # 循环获取 top_k 序列中的每个词
            new_sequence = sequence + word # , 在原序列加上获取的每个词, 并生成一个新的
                序列
            # 计算新的序列的得分, 考虑输出概率和对比损失
            score = log(prob[word]) - contrastive_loss(new_sequence, beam)
            candidates.append((new_sequence, score)) # 将新的序列和得分添加到候选序列
                的列表中
    beam = top_k(candidates, k) # 从候选序列的列表中选出 k 个最优的序列作为新的集束
output = best(beam) # 从最终的集束中选出最佳的输出序列
return output # 返回输出序列
```

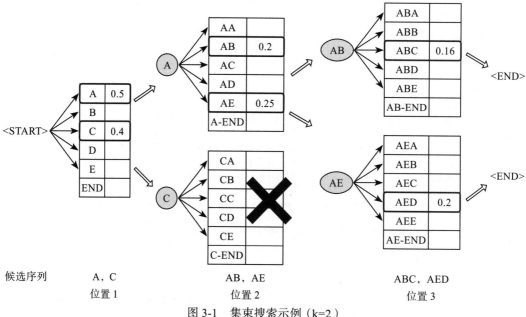

图 3-1   集束搜索示例（k=2）

这 3 种基于搜索的解码算法在执行 NLG 任务时具有不同的特点和应用场景。贪心搜索（计算逻辑简单）可以快速地得到一个输出序列，但可能输出的质量不高；集束搜索考虑更多的可能性，提高了输出的质量，但增加了计算的复杂度；对比搜索避免输出过于平凡或重复，但需要额外增加对比损失函数和对比样本。根据具体的任务和需求，可以选择合适的解码算法来完成 NLG 任务。

2. 基于采样的解码算法

以上提到的算法都是基于输出概率进行输出词的搜索，而目前主流的大模型解码还有基于采样的算法，常见的有随机采样（Random Sampling）、Top-k 采样（Top-k Sampling）和

Top-p 采样（Top-p Sampling）。

随机采样是一种简单的解码算法，它根据模型的输出概率分布，随机选择一个词作为下一个词。这种方法可以增加输出的多样性，但也可能产生一些不合理或不连贯的结果。

随机采样的伪代码如下：

```
# 输入：模型 (model)，输入序列 (input)，最大长度 (max_length)
# 输出：输出序列 (output)
output = input # 初始化输出序列为输入序列
while output 的长度 < max_length: # 循环，直到达到最大长度
    prob = model(output) # 计算模型的输出概率分布
    next_word = sample(prob) # 从概率分布中随机采样一个词
    output = output + next_word # 将采样的词添加到输出序列
    if next_word == EOS: # 如果采样的词是结束符，则跳出循环
        break
return output # 返回输出序列
```

Top-k 采样是一种改进的解码算法，它在每一步只考虑概率最高的 k 个词，而忽略其他的词。这种方法可以避免一些低概率的词影响输出的质量，但也可能导致输出过于平凡或重复。

Top-k 采样的伪代码如下：

```
# 输入：模型 (model)，输入序列 (input)，输入序列最大长度 (max_length)，选出概率最高的词的数
        量 (k)

# 输出：输出序列 (output)
output = input # 初始化输出序列为输入序列
while output 的长度 < max_length: # 循环，直到达到序列的最大长度
    prob = model(output) # 计算模型的输出概率分布
    top_k = top_k(prob, k) # 从概率分布中选出概率最高的 k 个词
    next_word = sample(top_k) # 从 top_k 中随机采样一个词
    output = output + next_word # 将采样的词添加到输出序列
    if next_word == EOS: # 如果采样的词是结束符，则跳出循环
        break
return output # 返回输出序列
```

Top-p 采样是一种更灵活的解码算法，它在每一步只考虑累积概率达到 p 的最小集合，而忽略其他的词。这种方法可以根据不同的情况动态地调整采样的范围，从而平衡输出的多样性和质量。

Top-p 采样的伪代码如下：

```
# 输入：模型 (model)，输入序列 (input)，最大长度 (max_length)，累积概率值参数 (p)
# 输出：输出序列 (output)
output = input # 初始化输出序列为输入序列
while output 的长度 < max_length: # 循环，直到达到序列的最大长度
    prob = model(output) # 计算模型的输出概率分布
    top_p = top_p(prob, p) # 从概率分布中选出累积概率达到 p 的最小集合
    next_word = sample(top_p) # 从 top_p 中随机采样一个词
    output = output + next_word # 将采样的词添加到输出序列
    if next_word == EOS: # 如果采样的词是结束符，则跳出循环
```

```
        break
return output # 返回输出序列
```

这 3 种基于采样的解码算法在生成文本时具有不同的特点和应用场景。随机采样可以产生多样化的结果，但可能缺乏准确性；Top-k 采样可以平衡准确性和多样性；Top-p 采样可以根据概率分布动态调整生成结果的多样性。根据具体的任务和需求，读者可以选择合适的解码算法来生成高质量的文本。

除了基于概率的搜索和采样之外，也可以通过调整概率分布的方式来干预解码的结果。这类方法通过一个参数来动态调整输出词的概率分布，进而控制采样的词。这个参数被命名为 Temperature（温度）。如果温度小，则概率分布差距大，容易采样到概率大的词；而温度大，则概率分布差距小，进而增加低概率的词被采到的机会，这种方法也被称为 Temperature 采样解码方法。现在在一些公司提供的大模型接口中看到的 Temperature 参数就是用来控制解码过程的。在实际使用中，一般输入的提示越长，则模型生成的质量越好，即模型输出词概率的置信度越高，这时可以适当调大 Temperature 值；如果输入的提示很短，指令不清晰，则模型生成的词语概率很有可能不那么可靠，这时需要适当减小 Temperature 值，降低模型输出的不稳定性。

此外，在大模型实际应用的解码中，往往还采用一种结合了 Top-k 采样、Top-p 采样和 Temperature 调整的联合采样方法，这种方法综合多个解码算法的优点，可以平衡解码的时间和效果。

3.1.2 推理加速策略

大模型的推理加速可以通过减小模型大小来降低推理时的资源需求，或通过硬件加速优化推理效率。常见的大模型推理加速策略包括 KV 缓存、FlashAttention、投机采样等。

1. KV 缓存

KV 缓存加速机制是一种针对 Transformer 网络，利用空间换时间的网络推理计算策略。KV 缓存策略是占用一块缓存空间来缓存 Transformer 的键和值矩阵，在计算每个位置的查询值时保存先前位置的键和值，并在处理新位置时重用它们，从而避免重复计算。

具体来说，当处理新的位置时，首先计算新位置的查询，然后计算新位置的注意力分数。接着，使用注意力分数对保存在缓存中的键和值进行加权求和，而不是重新计算键和值。这样可以大大减少计算量，加速模型推理过程，在不影响计算精度的前提下提高推理性能。

KV 缓存加速机制包括两个阶段。

1）预填充阶段：为输入的提示序列生成键缓存和值缓存。

2）解码阶段：更新 KV 缓存和计算 Transformer 层的输出。

在实际应用中，为了保持缓存的大小不变，通常会采用一些策略，比如将最早处理的位置的键和值从缓存中移除，然后将新位置的键和值添加到缓存中。这种 KV 缓存优化机制特别适用于处理长序列的情况，因为长序列的自注意力机制的计算成本较高，通过使用 KV 缓存，可以显著提高模型的推理速度。

虽然通过 KV 缓存技术，可以极大地提高大模型的推理速度，但是现有的 KV 缓存仍存在一些问题，例如缓存的显存占用过高（大约占了模型参数显存的一半）以及管理 KV 缓存会占用大量的内存。由此，PagedAttention 策略被提出来改善 KV 缓存的使用。

PagedAttention 将每个序列的 KV 缓存分成多个块，每个块包含固定数量的已标记的键和值。在注意力计算过程中，PagedAttention 内核高效地识别和获取这些块，并采用并行的方式加速计算。基于 PagedAttention 的开源大模型高速推理框架 VLLM，实现了实时场景下大模型服务的吞吐与内存使用效率的极大提升，是目前最常用的大模型推理框架之一。

2. FlashAttention

不同于提高计算效率时会牺牲模型质量的大多数现有近似注意力方法，FlashAttention 提出从 I/O 感知的角度优化 GPU 上注意力模块的速度和内存消耗，以此加速 Transformer 模型的注意力计算。通常来说，计算机存储处理设备主要有主存储器和 GPU。其中，GPU 中的存储单元主要包括 HBM（高带宽内存）和 SRAM（静态随机存取存储器）。HBM 具有较大的容量，但 I/O 访问速度较慢；SRAM 容量较小，但具有更快的 I/O 访问速度。具有带宽和内存大小的内存层次结构如图 3-2 所示。

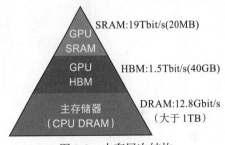

图 3-2 内存层次结构

由于 Transformer 模型的计算复杂度和空间复杂度都随序列长度呈平方级增长，因此处理长序列时速度会变得更慢且内存需求更大。因此，FlashAttention 利用 GPU 中不同级别的内存（如 HBM 和 SRAM）优化注意力计算过程，将输入组织成块，并引入必要的重计算，以更好地利用快速内存（SRAM）。

FlashAttention 采取如下策略优化注意力计算过程。

1）FlashAttention 技术使得在不读取整个矩阵的情况下进行 Softmax[⊖]计算成为可能。这种方法通过将注意力分数的计算与矩阵乘法操作相结合，避免了传统注意力机制必须计算所有注意力分数的 Softmax，从而显著提升了计算效率。这种方法不仅减少了计算量，还减少了对内存的需求，使得模型能够处理更大的数据集，同时保持较快的运行速度。

⊖ Softmax 被用来规范注意力权重，确保权重之和为 1。这样可以确保每个输入元素的重要程度（权重）以概率形式表达出来。具体到注意力机制的计算步骤中，Softmax 函数通常用于处理查询与键的点积计算之后的结果，这些点积结果称为注意力得分。Softmax 函数将这些得分转换为概率分布，从而确定了不同输入元素的相对重要性。

2）FlashAttention 还优化了内存使用，它不为反向传播算法存储完整的注意力矩阵。在传统的注意力机制中，存储整个注意力矩阵会占用大量内存，这对资源有限的设备来说是一个挑战。FlashAttention 通过在计算过程中即时更新并使用注意力矩阵的部分结果，避免了存储整个矩阵，从而大幅减少了内存占用。这种方法不仅提高了模型的运行效率，还使得模型能够在内存受限的环境中运行，扩展了其应用范围。

通过以上优化策略，FlashAttention 实现了训练加速和空间复杂度的优化，同时保持了与标准注意力机制相同的精确性。具体的 FlashAttention 分块优化示意图可参考图 3-3。它将输入的查询、键、值对应的输入向量（Q、K，V 矩阵）分成多个小块，并在 SRAM 上进行计算，然后将归一化指数函数 Softmax（对应图中的 sm）结果写回 HBM 中。这种分块计算的方式使得 FlashAttention 能够处理更长的序列，实现结果显示比 PyTorch 更快。

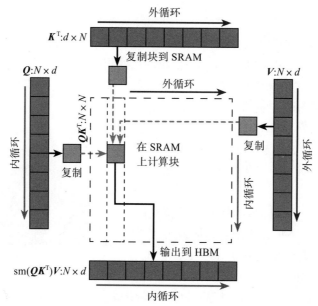

图 3-3　FlashAttention 分块优化示例

其中，N 和 d 分别表示 Q 矩阵、K 矩阵和 V 矩阵的行和列。

FlashAttention 作为 CUDA 中的融合内核实现，优化方法已经被集成到了一些开源框架中，如 PyTorch、DeepSpeed、Megatron-LM、Triton 和 XFormer 等，用以加速 Transformer 模型的训练和推理过程。

3. 投机采样

除了针对大模型中具体的 Transformer 网络结构提出的推理加速策略外，在模型工作任务的分配层面也提出了一些优化策略。我们知道大模型的推理过程通常使用自回归采样方法，即逐个 Token 进行串行解码。这种推理过程非常缓慢，因为每个 Token 的生成都需要将所有参数从存储单元传输到计算单元，导致内存访问带宽成为瓶颈。

为了解决这个问题，研究人员提出了投机采样加速策略来直接优化这个过程。通过同时使用一个大模型和一个小模型加速大模型的推理过程，其中，大模型是指原始目标模型，小模型是指比原始模型小得多的近似模型。

投机采样的核心思想是将简单的 Token 生成交给近似模型处理，而困难的 Token 则交给大模型处理。近似模型用于进行自回归串行采样，而大模型则用于评估采样的结果。它可以在不妨碍生成效果的前提下，显著提高推理速度。

投机采样的工作步骤如下。

1）使用一个小型模型（Mq）进行自回归采样，连续生成一定数量（如 γ 个）的标记。

2）将生成的 γ 个标记与前缀拼接在一起，作为输入送入一个大模型（Mp）进行一次前向计算。

3）对大模型和小型模型的逻辑值结果进行比对，如果发现小型模型生成的某个标记 $x \in \gamma$ 不好，即小型模型的概率 $q(x)$ 大于大模型的概率 $p(x)$，则以一定概率（$1-p(x)/q(x)$）拒绝该标记的生成，并从一个新的概率分布中重新采样一个标记。

如果对小型模型生成的结果满意，则使用大模型采样下一个标记，重复步骤 1。

投机采样的优势在于可以同时计算多个标记，从而提高计算访存比，加速推理过程。同时，投机采样保证了生成结果的采样分布与使用原始模型的采样分布完全相同。这是因为对任意分布 $p(x)$ 和 $q(x)$，通过投机采样从这两个分布中所得到的标记分布与仅从 $p(x)$ 中采样所得到的标记分布相同。

应用投机采样可以在大模型的推理过程中获得显著的加速效果，而不会牺牲生成效果。例如，GPT-4 报告中提到 OpenAI 线上模型推理就使用了投机采样。

3.2　大模型训练技术

大模型的训练面临着庞大的训练数据量和模型参数量的挑战。由于体量庞大，因此一旦出现训练任务异常，需要承担的成本损失巨大，为了满足普通开发者对大模型训练的需求，需要针对性地使用大模型训练技术。另外，由于大模型训练动辄需要数百块显卡，需要并行训练数月的时间，因此还需要在保证训练精度的情况下尽可能提高训练的速度。

实际上，随着开源大模型训练技术在普通开发者群体的不断应用，在节省成本和保证精度的平衡上，不断有更好的新技术提出。本节主要介绍并行训练、训练容错以及混合精度训练这几种通用的大模型训练技术。

3.2.1　并行训练

现如今，大模型的参数和数据量的增长速度，已经远超 GPU 和训练加速框架的发展速度。因此，在处理大规模的模型训练时，底层系统的计算压力也在不断增加。表 3-1 展示了在一块 NVIDIA V100 GPU 上训练语言模型所需的时间。可以看到，这个训练时间对技术人员来说是无法接受的。

表 3-1　在 NVIDIA V100 GPU 上训练语言模型所需的时间

模型	参数量	数据集大小	训练时间
GPT	110M	4GB	3 天
BERT	340M	16GB	50 天
GPT-2	1.5B	40GB	200 天
GPT-3	175B	560GB	90 年

虽然英伟达公司在不断推出性能远超 V100 的各类新一代 GPU，但在普通开发者面前，提升算力设备虽然简单直接有效，但不能根本性地解决问题。以 GPU 的单卡显存容量为例，目前较为通用的 A100 显存为 80GB，这已经远远不足以支持大模型的单卡训练。除此之外，随着更大规模的模型的提出，即便是以 A100、H100 为主要 GPU 搭建的算力集群，也无法满足多个开发者同时进行大模型训练的需求。

为了应对这些问题，目前最常见的解决方案是采用分布式训练方法。将任务放到分布式环境下，这种解决方案比在单机环境下更为复杂。分布式训练方法中最主要的技术难点是如何进行有效的并行训练。接下来我们介绍几种主流的并行训练方法。

（1）数据并行

数据并行是一种常用的分布式训练策略，它通过将相同的模型权重复制到多个设备上，并将数据分割成多个批次，将这些批次分配给每个设备进行并行处理。在数据并行中，每个设备独立地计算其分配的数据批次的损失函数，并通过反向传播算法将梯度信息传递回主模型。最后，通过聚合各个设备的梯度更新，更新主模型的权重。

如图 3-4 所示，将训练数据分配给节点 1、节点 2、节点 3、节点 4 共 4 个批次。节点都维护一个模型副本，并独立地对分配的数据批次进行前向传播（用于计算网络的预测结果）和反向传播（用于计算梯度并更新网络的参数）计算。这种方式允许多个设备同时处理不同的数据批次，从而加快训练过程，有效利用多个设备的计算资源。

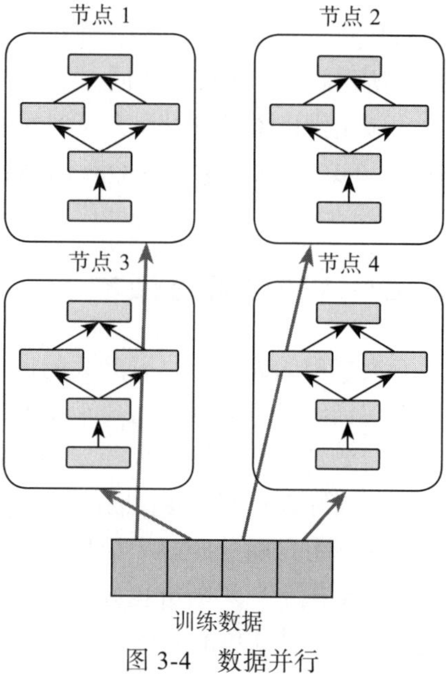

然而，这种简单的并行方式仍然存在一些问题。例如，将数据分配给多个设备进行处理可能导致负

图 3-4　数据并行

载不均衡的问题。主 GPU（或主设备）承担较大的计算负载，而其他设备的利用率较低。这样负载不均衡的问题可能导致训练过程的效率下降，也限制了整个系统的可扩展性。

除此之外，在数据并行中，不同设备之间需要进行通信以同步模型权重和梯度信息。

当使用参数服务器（PS）架构时，通信开销可能会变得更大。在参数服务器架构中，所有设备都需要与中心化的参数服务器进行通信，以发送和接收模型权重与梯度信息。这种集中式通信模式可能会导致网络瓶颈和延迟，尤其是在大规模的模型和大规模的集群上。通信开销的增加可能会降低训练的速度，并增加整个系统的复杂性。

（2）张量并行

张量并行的核心原理是将矩阵进行分块并计算，即将计算进行并行处理。例如，对于矩阵乘法 $Y=XA$，其中 A、X 和 Y 都是二维矩阵，矩阵形状分别为 (a,b)、(b,c)、(a,c)，有两种切分方式可以进行分块计算。

第一种列并行，把 A 按照第二维（列）分割成 k 份，每一份的形状都为 (a,b_{split})，每一份放在一个 GPU 上与 X 相乘，得到 k 个 (a,b_{split})，最后将各个 GPU 上的结果按照第二维进行顺序拼接就得到了最终结果 $Y=[Y_1,Y_2]$。张量的列并行示例如图 3-5 所示。

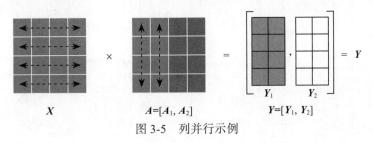

图 3-5　列并行示例

第二种行并行，将 A 按照第一维（行）分割成 k 份，每一份的形状都为 (a_{split},b)；为了保证运算效率，同时将 X 沿着第二维（列）分割成 k 份，每一份的形状都为 (b,c_{split})。在每个 GPU 上分别计算 $(b,c_{split})\times(a_{split},b)$，最后将各自的结果相加就得到了最终结果 Y。

$$XA=[X_1\ X_2]\begin{bmatrix}A_1\\A_2\end{bmatrix}=X_1A_1+X_2A_2=Y_1+Y_2=Y$$

这里 X_1 的最后一个维度等于 A_1 最前的一个维度，X_1 和 A_1 可以放到第一个 GPU 上进行计算，X_2 和 A_2 可以放到第二个 GPU 上进行计算，然后把结果相加。

张量的行并行示例如图 3-6 所示。

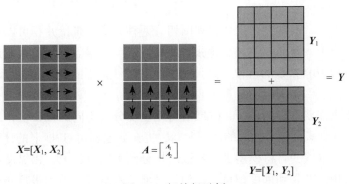

图 3-6　行并行示例

多头自注意力机制中的张量并行示意图如图 3-7 所示。输入数据 X 首先通过线性变换层 f 进行编码，将 A 按照注意力切分成 $[Q_1, K_1, V_1]$、$[Q_2, K_2, V_2]$ 两个分块进行张量并行计算，各自通过归一化指数函数（Softmax）计算注意力加权值，并通过 Dropout（节点随机抛弃技术，通过将神经网络中的少量节点随机抛弃，从而减少神经网络训练中的过拟合现象）抛弃部分节点后进行注意力加权值计算，并将计算结果 $[Y_1, Y_2]$ 分别与 $[B_1, B_2]$ 相乘，得到输出向量 $[Z_1, Z_2]$ 然后进行 Allp.educe 操作 g，获得 $Z = \text{Dropout}(Y,B)$ 函数的最终结果 Z。

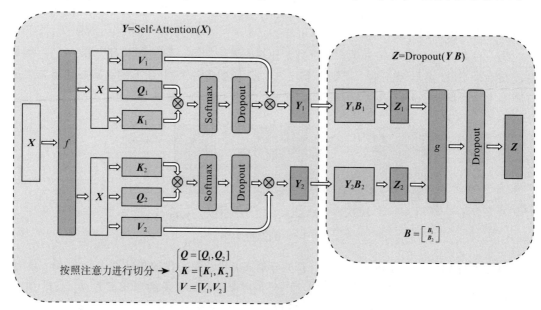

图 3-7　多头自注意力机制中的张量并行示意图

在 Transformer 中，除了自注意力机制外，张量并行的技术还可以在词嵌入、多层感知机以及交叉熵等的计算过程中使用。

（3）流水线并行

流水线并行是一种解决加速卡的存储容量和协同计算问题的方法。它从模型切分和调度执行两个角度来解决这些问题。

在模型切分方面，通常有张量切分和图切分两种方式。张量并行可以将大尺寸的张量切分到多张加速卡上，从而有效减少每张卡要处理的参数量。然而，采用这种方式时，单机上最多能训练约 10B 参数的模型，而且由于通信和计算不能重叠的特点，不太适合多机环境。

更大的模型则需要进行图切分，按层级将模型切分到不同的设备上，以降低单个加速卡的存储需求，并隐藏加速卡之间的通信时间，更充分地利用 GPU 卡的计算能力。从图切分的角度来看，流水线并行将模型进一步按层切分到不同设备上，相邻设备在计算时只需要传递邻接层的中间变量和梯度即可。例如，对前馈网络可以采用张量并行，将全连接层的参数切分到不同加速卡上，并在同一设备内进行全量通信的参数求和。而采用流水线并行，可将前馈网络层作为切分点，将模型层切分到不同设备上，设备之间只需要发送/接收较少的参数量即可。相比张量并行，流水线并行的通信参数量更少。

张量并行与流水线并行如图 3-8 所示。

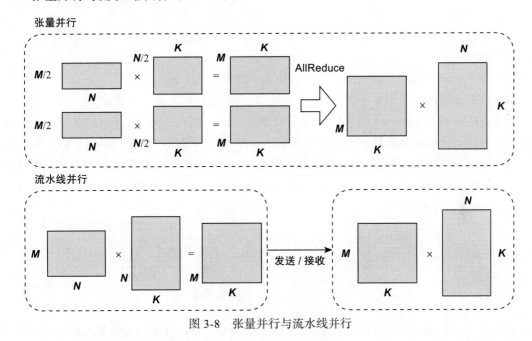

图 3-8　张量并行与流水线并行

可以看出，AllReduce 求和的全量通信参数量为 $2MK$，而采用流水线并行将全连接层作为切分点切分模型层，在设备间只需要传输 MK 的参数量。

朴素流水线并行是实现流水线并行训练的最直接方法，即对模型层进行划分，然后将划分后的部分放置在不同的 GPU 上。

如图 3-9 所示，以一个使用 4 条设备流水线并行的模型更新过程为例，在朴素的流水线并行中，需要从 F_1 开始执行，经过 F_2、F_3、F_4、B_4、B_3、B_2，直到 B_1。

如图 3-10 所示，同一时刻只有一个设备进行计算，其他设备处于空闲状态，计算设备的利用率通常较低。

与朴素流水线并行相比，将批次再进行切分可以减少设备间的空闲状态时间，从而显著提高流水线并行的设备利用率。这种切分方式被称为 F-then-B（Forward-then-Backward）调度方

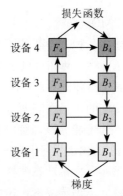

图 3-9　4 条设备流水线并行的模型示例

式。如图 3-11 所示，在 F-then-B 调度方式中，原本数据并行切分的批次进一步分为多个微批次（Micro-batch），如将 F_1 切分成 $F_{1,1}F_{1,2}F_{1,3}$。每个流水线并行的计算单元首先整体进行前向计算，从 $F_{1,1}F_{1,2}F_{1,3}$ 开始，经过 $F_{2,1}F_{2,2}F_{2,3}$、$F_{3,1}F_{3,2}F_{3,3}$、$F_{4,1}F_{4,2}F_{4,3}$，然后进行反向计算，从 $B_{4,1}B_{4,2}B_{4,3}$ 开始，经过 $B_{3,1}B_{3,2}B_{3,3}$、$B_{2,1}B_{2,2}B_{2,3}$、$B_{1,1}B_{1,2}B_{1,3}$。通过在同一时刻分别计算模型的不同部分，F-then-B 可以显著提高设备资源的利用率。

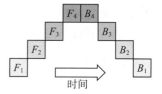

图 3-10　朴素流水线并行

然而，F-then-B 模式的缺点是它需要缓存多个微批次的中间变量和梯度，这可能导致显存的实际利用率不高。因此，有人进一步提出了一种解决显存利用率不高问题的方法：1F1B（1 Forward 1 Backward）流水线并行。在 1F1B 模式下，前向计算和反向计算交叉进行，可以及时释放不必要的中间变量，从而减少显存的占用。在图 3-12 中，1F1B 模式下的 F42（第 2 个微批次的前向计算）在计算之前，F41 的反向计算 B41（第 1 个微批次的反向计算）已经完成，这意味着可以释放 F41 的中间变量。因此，F42 可以复用 F41 中间变量的显存，从而节省显存的使用。

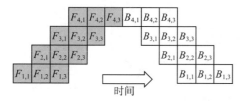

图 3-11　Forward-then-Backward 调度方式

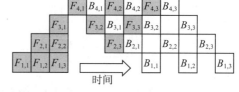

图 3-12　1 Forward 1 Backward 流水线并行

相比 F-then-B 模式，1F1B 方式可以节省峰值显存。与朴素流水线并行相比，1F1B 模式明显降低了显存的需求，同时显著提高了设备资源的利用率。这使得 1F1B 成为一种有效的流水线并行方式。

（4）MOE 并行

上述的几种方法都是针对单个模型的并行训练，实际上 MOE 并行（也称专家并行）能够通过条件将计算拓展到多个模型，实现比传统神经网络架构高达 1000 倍的模型容量，并且在语言建模和机器翻译任务中取得了比以往更好的结果。

在传统的神经网络架构中，每个数据计算都会激活整个网络，随着模型规模和数据量的增加，这可能导致训练成本迅速增长。MOE 并行技术是一种基于稀疏专家网络（expert networks）的深度学习模型架构。其核心思想是将大模型拆分成多个小模型（即专家），每轮迭代根据输入样本动态选择一部分专家进行计算，从而实现计算资源的有效利用。这一技术不仅降低了训练成本，还通过专家间的互补提升了模型的整体性能。在该方法中，通过利用门控网络，有选择地激活与特定输入相关的网络部分，具体而言，每个输入都会被分配给一组专家网络，只有被激活的专家网络会根据输入的特征进行计算，并将它们的输出组合起来以生成最终的输出，从而避免了整个网络都进行计算，如图 3-13 所示。

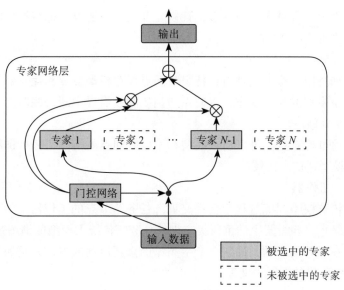

图 3-13　MOE 并行

MOE 并行技术为大模型训练提供了有力支持。通过稀疏专家网络的设计和优化，MOE 在降低训练成本、提升模型性能等方面展现出了显著优势。

3.2.2　训练容错

由于大模型训练过程中使用的硬件和软件较多，难免在运行中经常出现一些异常情况。由于训练任务通常涉及数百个 GPU 节点，因此可能导致任务在几小时到几天内频繁出现异常。

根据 Bloom 报告，在一个包含大约 400 个 GPU 的新集群上，通常每周平均会有 1 ～ 2 个 GPU 故障。Meta 公司的 175B OPT 训练记录显示，在半个月内，模型参数为 175B 的训练实验由于硬件、基础设施和其他问题而中断了 40 多次。此外，即使单个节点出现故障，任务中所有其他节点上的进程也必须停止，并且任务需要被终止和重新提交。这个过程增加了异常阶段的时间开销。

更困难的是，训练任务出现异常的原因有很多，例如节点硬件故障、系统故障、网络问题、存储问题和训练代码错误等。而部分错误甚至无法仅通过重新调度来解决，需要深入分析，找出导致错误的节点，并隔离故障节点以恢复训练。例如，识别超时异常背后的原因可能非常复杂。既有可能是由于速度慢或存在故障节点，也有可能是因为存储系统故障或用户的通信数据发送和接收代码中存在错误而造成的。此外，不同的原因对应不同的恢复策略，给错误诊断带来了重大挑战，确定这些问题通常需要几个小时甚至更长时间。

总而言之，由于大模型的训练过程涉及很多硬件及软件的协同工作，因此异常情况的出现不可避免。因为其数量大、类别多，且恢复开销大，所以训练容错机制十分重要。下面介绍两种常用的训练容错机制。

（1）检查点

在模型并行训练中，检查点是指在特定时间点保存模型参数和优化器状态的副本。检查点的作用是记录模型的当前状态，以便在遇到故障或需要中断训练时能够恢复到先前的状态，而无须从头开始。

除此之外，通过检查点，可以检查模型在不同时间点的情况，分析训练过程中的变化和趋势，并进行模型评估和比较。

（2）启动器－工作器

在传统的大语言模型训练过程中会提交训练任务给节点的工作器，如果发生故障，所有的工作器将被终止，并需要手动重新提交训练任务。传统大模型的训练过程如图 3-14 所示，这种方法存在显著的问题，即它会产生高昂的重新启动成本，并且如果检查点的频率过低，可能会导致大量的训练进度丢失。

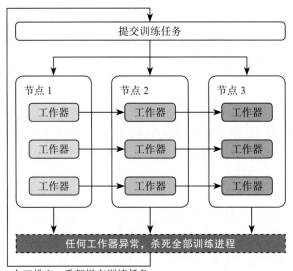

图 3-14　传统大模型训练过程

因此，采用启动器－工作器（Launcher-Worker）架构来管理训练任务的生命周期并确保容错性，如图 3-15 所示。

启动器的主节点负责将任务分配给工作器，包括屏障同步、启动训练进程、执行错误检查和停止训练进程等任务。工作器在接收到任务后立即执行，并将结果报告给主节点。主节点根据任务结果和用户交互的情况确定适当的操作，例如通知工作器退出等。这种架构可以高效地管理训练任务，并在删除有问题的进程后重建新的启动器来确保系统能够从故障中恢复。

此外，启动器 – 工作器架构允许在训练进程开始之前执行基础设施预热任务，确保基础设施准备就绪，并提前识别潜在问题。

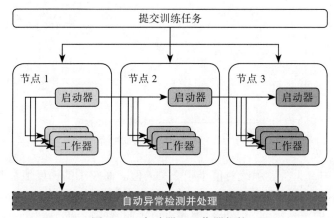

图 3-15　启动器 – 工作器架构

3.2.3　混合精度训练

混合精度训练是一种在深度学习训练中使用不同精度（FP16 和 FP32）的权重和梯度的训练加速技术，通过使用半精度浮点数（FP16）来存储模型的权重和梯度。这种方法在尽量减少精度损失的同时，可以显著提高训练速度。然而，对比 IEEE 标准下的 FP16 和 FP32 的范围可知二者可以表示的精度差距很大，如图 3-16 所示。因此，将 FP32 神经网络计算转换为 FP16 的最大问题是精度。

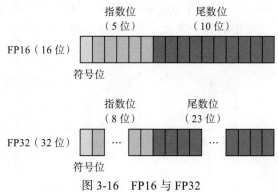

图 3-16　FP16 与 FP32

为了解决 FP16 带来的精度损失问题，技术人员提出了以下解决方法。

（1）保留 FP32 并放大损失值

在混合精度训练中，权重、损失值和梯度值都以 FP16 的形式存储。为了保持与 FP32 网络相同的精度，会维护一个 FP32 的主权重副本，并在优化器步骤中使用权重梯度更新该主权重副本。在每次迭代中，使用主权重的 FP16 副本进行前向和反向传播，从而减少 FP32 训练所需的存储和带宽。图 3-17 说明了混合精度训练过程。

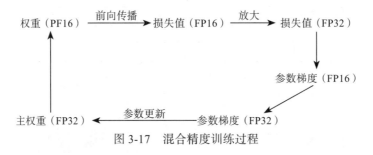

图 3-17   混合精度训练过程

由于在 FP16 中，无法表示绝对值小于 2^{-24} 的值。而较小的梯度值在与学习率相乘时，如果梯度值非常小，接近或等于 FP16 无法表示的下限，那么这种计算可能会导致精度损失或错误的结果。使用单精度副本来进行更新可以克服这个问题并确保准确性。另外，即使梯度值在 FP16 范围内可以表示，但在更新权重时，为了与权重对齐二进制小数点而执行的右移操作仍可能导致梯度变为零。因此，在更新权重之前，通常会将放大后的梯度转换回 FP32 格式，应用优化器的更新规则后，再将更新后的权重参数转换回 FP32 格式，以确保准确性。

（2）改进算术运算

神经网络的算术运算可以分为三类：向量点积、归约和逐点操作。在降低精度进行算术运算时，这些类别需要不同的处理方式。为了保持模型的准确性，在向量点积中，通常使用 FP16 向量点积将部分乘积累加到 FP32 值中，然后在写入内存之前将其转换为 FP16。简而言之，就是利用 FP16 进行矩阵相乘，利用 FP32 来进行加法计算，弥补丢失的精度。这样可以有效减少计算过程中的舍入误差，尽量减少精度损失的问题。改进的向量点积如图 3-18 所示。

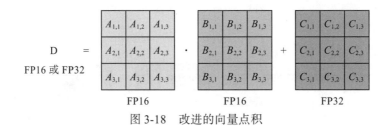

图 3-18   改进的向量点积

如果没有使用 FP32 进行累加，一些 FP16 模型无法达到最佳的准确性。而大规模的归约（对向量元素求和）同样应该使用 FP32 进行。这类归约主要出现在批归一化层和 Softmax 层中，用于累积统计信息。而对于逐点操作，例如非线性函数和逐元素矩阵乘法，由于算术精度不影响这些操作的速度，因此可以使用 FP16 或 FP32 进行运算。

3.3　大模型评估

随着大模型相关应用在不同的领域大放异彩，并在研究和日常生活中扮演越来越重要的角色，对它们进行科学系统评估就变得越来越重要。大模型的评估是基于大模型应用评估的扩展，接下来基于大模型应用评估任务引入不同的评估数据集、评估方法（自动和人工），并使用开源大模型评测工具 OpenCompass 调用数据集 CMB 进行评估。

3.3.1　大模型评估概述

大模型评估是评估训练好的大模型的性能，目标是评估大模型在未见过的数据上的泛化能力和预测准确性，以便更好地了解大模型在真实场景中的表现。

微软亚洲研究院的研究员们调研了 200 多篇大模型相关文献，撰写了介绍大模型评测领域的第一篇综述文章" A Survey on Evaluation of Large Language Models"，该文章从评测对象、评测领域、评测方法和目前的评测挑战等几大方面对大模型评估进行了详细的梳理和总结。综合来说，大模型的评估重点关注"评估什么""根据什么评估"以及"如何评估" 3 个维度。

1）"评估什么"，是指大模型的评估任务，包括语言生成任务、知识利用任务、复杂推理任务等。

2）"根据什么评估"是指使用哪些数据来评估大模型，包括现有研究中广泛使用的基准数据集，开放领域数据集和一些特殊领域的数据集。

3）"如何评估"是指应该使用哪些大模型评估方法，包括广为接受的评估指标和传统的评估方法，以及自动化评估方法、自适应评估方法等。

模型评估是模型开发过程中不可或缺的一部分。通过评估大模型有助于人们更好地了解大模型的优势和劣势，辨识出最适合处理特定数据的模型和预测所选模型在未来的表现。

3.3.2　大模型评估任务

大模型评估任务涵盖了对大模型能力评估的多个方面，如判断大模型是否具备基础的理解和判断推理能力，以及在各个具体行业应用的评估等。以国内通用的星火大模型为例，大模型评估任务主要包括语义理解、知识推理、专业能力、应用能力、指令跟随、鲁棒性、偏见、幻觉和安全性等。这些评估维度不仅涵盖了模型的基本能力，如理解和推理，还扩展到了模型在特定领域内的应用能力和潜在的风险因素。

3.3.3　大模型评估数据集

模型评估还涉及选择合适的评估数据集。评估数据集和训练数据集应该是相互独立的，避免数据泄露的问题。大模型评估数据集用于测试和比较不同语言模型在各种任务上的性能。选择的评估数据集需要具有代表性，这意味着它应该涵盖了各种情况和样本，以便大模型在各种情况下都能表现良好。评估数据集的规模也应该足够大，以充分评估大模型的性能。此外，评估数据集应该包含一些特例样本，以确保大模型在处理异常或边缘情况时仍具有良好的性能。

目前，针对单一任务的 NLP 算法，通常需要构造独立于训练数据的评估数据集，使用合适的评估函数对大模型在实际应用中的效果进行预测。限于篇幅，本节不讨论单一任务语言模型的单个数据集，仅讨论大模型能力评估的基准数据集。随着大模型基准数据集的不断发展，出现了各种各样的基准数据集来评估其性能。这些基准数据集分为两类：通用语言任务基准数据集和特定领域任务基准数据集。

1. 通用语言任务基准数据集

通用语言任务基准数据集旨在评估大模型在不同任务下的性能。常用的基准数据集包括 Chatbot Arena、MT-Bench（Machine Translation Benchmark，机器翻译基准测试）、HELM、Big-Bench、KoLA、DynaBench、AlpacaEval、OpenLLM 等。

1）Chatbot Arena 提供了一个平台，通过用户参与对大模型处理结果进行投票，以评估和比较不同的聊天机器人模型。用户可以参与匿名模型并通过投票表达他们的偏好。该平台收集了大量的选票，有助于评估模型在现实场景中的性能。同时，它也提供了针对聊天机器人模型的优势和局限性的宝贵见解，从而推动了聊天机器人的研究和发展。

2）MT-Bench 使用为对话处理量身定制了全套的综合问题（数据集）来评估大模型的多回合对话能力。相比传统评估方法，MT-Bench 擅长模拟现实世界的对话场景，从而有助于更精确地评估模型的实际性能。此外，MT-Bench 在衡量大模型处理复杂的多回合对话能力方面克服了传统评估方法的局限性。

3）HELM 从语言理解、生成、连贯性、上下文敏感性、常识推理和特定领域知识等各个方面评估大模型，旨在全面测试它在不同任务中的性能。此外，有技术人员提出了一个综合组件，用于评估不同学科领域的大模型知识水平，使得技术人员能够理解这些模型中固有的显著限制，有助于深入理解它们在不同领域的能力。

4）Big-Bench 能够评估多种能力的大模型。它由来自 132 个机构的 450 位作者贡献的 204 个具有不同挑战性的任务集合组成。这些任务涉及数学、儿童发展、语言学、生物学、常识推理、社会偏见、物理、软件开发等各个领域。

5）KoLA 是一种面向知识的大模型评估基准数据集，也是评估大模型理解和推理深度的关键平台。

6）DynaBench 探索了一些新的研究方向，例如循环中集成的影响、适应分布变化的特性、评估标注者效率、研究专家型标注者带来的影响以及增强模型在交互式环境中抵御目标对抗性攻击的鲁棒性。它支持在语言任务中进行众包评估，旨在实现动态基准测试，从而促进动态数据收集的研究，并可在一般的人机交互领域进行跨任务分析。

7）AlpacaEval 是一个自动评估基准数据集，它专注于评估大模型在各种 NLP 任务中的性能，提供了一系列指标、稳健性度量和多样性评估指标来衡量大模型的能力。有助于推进不同领域的大模型应用，并促进人们对大模型性能的更深入理解。此外，AGIEval 是一个专门的评估框架，用于评估基础模型在以人为中心的标准化考试领域的表现。

8）OpenLLM 通过提供公共竞争平台来比较和评估不同大模型在各种任务上的性能，作为评估基准数据集，它鼓励技术人员提交模型并在大模型研究领域的不同任务上竞争，通过竞争推动发展。

还有一些其他的数据集，例如 GLUE 和 SuperGLUE，旨在模拟现实世界的语言处理场景，涵盖文本分类、机器翻译、阅读理解和对话生成等多种任务。GLUE-X 评估 NLP 模型在面向对象设计（OOD）场景中的鲁棒性，并提供了衡量和增强模型鲁棒性的建议。BOSS 是一个用于评估 NLP 任务中分布外样本检测的鲁棒性基准数据集。PromptBench 提供了标准化的评估框架，专注于提示工程在微调大模型中的重要性，用来比较不同的提示工程技术，并评估它们对模型性能的影响，促进了大模型微调方法的增强和优化。为了确保评估的公正性和公平性，提出了 PandaLM 模型进行专门的评估。与传统的主要强调客观正确性的评估数据集相比，PandaLM 包含了重要的主观元素，如简洁性、清晰度、遵循指令的能力、全面性和正式程度。

2. 特定领域任务基准数据集

除了通用语言任务的基准数据集，还存在针对特定领域任务设计的基准数据集，来看一些你可能用到的数据集。

为了评估大模型在多样化和高要求任务中的能力，引入了一系列专门的基准数据集来评估大模型在特定领域和应用程序中的能力。其中，ARB 侧重于探索大模型在跨多个领域的高级推理任务中的性能；TRUSTGPT 为解决大模型上下文中的伦理而设计，特别关注有害性、偏见和价值观对齐。EmotionBench 基准数据集强调大模型对人类情绪反应的模拟；SafetyBench 基准数据集专门用于测试一系列主流的中文和英文大模型的安全性能，该评估结果可指明当前大模型存在的重大安全缺陷。Choice-75 用于评估智能系统日常决策能力；CELLO 用于评估大模型理解复杂指令的能力。

此外，大模型的多模态能力也是一个重要的评价维度。为了评估 MLLM（多模态大语言模型），MME 采用精心设计的问题 – 答案对以及简明的指令设计，评估大模型的感知和认知能力，从而确保评估的公平性。

3.3.4　大模型评估方法

在模型评估过程中，常用的评估方法会使用一系列评估指标（Evaluation Metrics）来衡量模型的表现，如准确率、精确率、召回率、F1 分数、ROC（受试者操作特性曲线）和

AUC（ROC 下方面积的大小）等。基于评估指标是否可以自动计算，大模型评估方法分为自动评估和人工评估两种。如果可以自动计算，则将它归类为自动评估；否则归类为人工评估。

1. 自动评估

自动评估是一种常见的评估方法。自动评估的原理和其他 AI 模型评估过程一样，用一些标准的指标计算出一定的值，作为模型性能的指标，如 BLEU（双语评估研究）、ROUGE（面向召回率的词序列重叠度指标）等。

BLEU 是一种用于评估机器翻译结果质量的指标。它主要侧重于衡量机器翻译输出与参考翻译之间的相似程度，着重句子的准确性和精确匹配。BLEU 通过计算 N-Gram 的匹配程度来评估机器翻译的精确率。

ROUGE 指标是一种用于评估文本摘要（或其他自然语言处理任务）质量的指标。与 BLEU 不同，ROUGE 主要关注机器生成的词序列中是否捕捉到用户提供的信息，重点评估生成摘要内容和信息的完整性。ROUGE 通过计算 N-Gram 的共现情况，来评估机器生成的摘要的召回率。

简而言之，BLEU 侧重于衡量翻译的准确性和精确匹配程度，更偏向于精确度，而 ROUGE 侧重于衡量生成的摘要信息的完整性和覆盖率，更偏向于召回率。这两个指标在不同的任务和应用场景中都有应用，因此在评估 NLP 模型时，经常会同时使用它们来综合评估模型的表现。

随着大模型的发展，也出现了一些先进的自动评估技术，比如：LLM-EVAL 方法使用大模型进行开放域对话的统一多维度自动评估；PandaLM 通过训练大模型来评估不同的模型，从而实现可复现和自动化的评估。

受心理测量学中的 CAT（计算机自适应测试）的启发，有研究人员提出了一个用于大模型评估的自适应测试框架：并非简单计算答对率，而是根据各个被试（模型）的表现动态地调整测试问题的特征（如难度等），为模型"量身定制"一场考试。具体来说，CAT 中的诊断模型 CDM 会根据被试之前的作答行为（对 / 错）对其能力进行估计，给出一个估计值。接着，选题算法会根据该估计值选择最具信息量或最适合它的下一道题，例如选择难度和被试能力最接近的题目。如此循环往复，直到测试结束。相比传统评估方法，该框架能用更少的题目，更准确地估计模型的能力。

2. 人工评估

功能日益强大的大模型已经无法通过一般自然语言任务的标准评估指标来进行评估。因此，在一些不适合自动评估的非标准情况下，人工评估成为一种自然的选择。人工评估通过人工参与来对生成的结果进行质量和准确性的综合评估。与自动化评估方法相比，人工评估更接近实际应用场景，并且可以提供更全面和准确的反馈。

在评估中，通常会邀请评估人员（如技术专家、工程人员或普通用户）对模型生成的结果进行评估。评估者可以对大语言模型生成结果的整体质量进行评分，也可以根据评估体系从语言层面、语义层面以及知识层面等进行细粒度评分。

此外，对于一些文本生成类任务（比如机器翻译、文本摘要等），源于语言的灵活性和多样性，同样一句话可以有非常多种的表述方法。虽然可以采用某些自动评估协议，但这些任务中的人工评估相对更准确。但是由于人工评估成本高昂，如何有效地评测文本生成类任务的结果仍面临极大的挑战。例如，由于文化和个体差异，人工评估可能存在不稳定性。首先，由于人的主观性和认知差异，评估结果可能存在一定程度的主观性。其次，人工评估需要大量的时间、精力和资源，因此成本较高，而且评估的周期长，不能及时得到有效的反馈。此外，评估者的数量和质量也会对评估结果产生影响。

在实际应用中，通常会结合实际情况对这两种评价方法进行考虑和权衡。

3. 评估工具

大模型有很多评估工具，比如 FlagEval、OpenCompass、Xiezhi（獬豸）和 C-Eval 等，可以选用适合的大模型基准数据集进行测试。这里我们选用上海人工智能实验室开源的大模型评测工具 OpenCompass，使用上文提到医学评价基准数据集 CMB，对第 9 章微调后的大模型进行评估实践。OpenCompass 支持很多常用的大模型，测试数据集也很丰富，可以从语言、知识、推理、理解、长文本、安全、代码等多个维度测试大模型的能力。下面是简单的使用流程。

（1）OpenCompass 安装

首先，使用 install 命令安装 OpenCompass。

```
git clone https://github.com/open-compass/opencompass.git
cd opencompass
pip install -e .
```

（2）数据集准备

OpenCompass 支持的数据集主要包括两个部分。

❑ HuggingFace 数据集：HuggingFace Dataset 提供了大量的数据集，这部分数据集会在运行时被自动下载。

❑ 自建以及第三方数据集：OpenCompass 还提供了一些第三方数据集及自建中文数据集。

（3）进行评测

在 OpenCompass 项目根目录下运行指定命令，将医疗数据集 CMB 加载至项目根目录下的 configs/datasets/cmb/data 目录下，如图 3-19 所示。

OpenCompass 支持大多数常用于性能比较的数据集，具体支持的数据集列表请直接在 configs/datasets 下查找。具体实践可以参考第 9 章。

图 3-19　医疗数据集 CMB 目录

3.4　大模型部署

国内很多大厂都在做自己的基础大模型，比如 Qwen、Baichuan、文心一言、星火、盘古、豆包等。学习大模型的有效方式就是基于基座大模型进行微调，然后基于微调后的模型进行部署运行。

3.4.1　模型环境搭建

相比普通模型，大模型部署对 GPU 硬件的要求较高。这里以第 6 章智能客服问答实践中使用的 ChatGLM3-6B 为例，其 GPU 硬件需求，如表 3-2 所示。

表 3-2　智能客服问答实践模型部署的硬件 GPU 需求

量化等级	最低 GPU 显存（推理）	最低 GPU 显存（参数微调）
FP16（无量化）	13GB	14GB
INT8	8GB	9GB
INT4	6GB	7GB

大模型部署包括云环境部署及本地环境部署，根据条件和需求选择合适的部署方式。云环境部署可以使用 AutoDL 上的 GPU 进行。以 ChatGLM3-6B 为例，推理的最低 GPU 显存需要 13GB 以上，可以选择 RTX4090、RTX3090、RTX3080*2、A5000 等 GPU 规格。本地部署硬件要求请参考云环境部署。

下面以开源大模型 ChatGLM3-6B 为例介绍软件依赖的安装和配置。与一般的 Python 模型部署类似，首先在开源大模型项目中找到包含项目依赖模块的 requirements 文件，然后使用 pip 安装依赖即可，指令如下所示。

```
cd ChatGLM3
pip install -r requirements.txt
```

模型部署操作可以参考第 6 章，包括搭建部署环境及下载开源模型。

注意，Chat GLM3-6B 中 Transformers 库的版本推荐用 4.27.1，但理论上不应低于 4.23.1。此外，如果需要在 CPU 上运行量化后的模型，还需要安装 GCC 与 OpenMP，多数 Linux 发行版默认已安装。对于 Windows 系统，可在安装 TDM-GCC 时勾选 OpenMP。Windows 测试环境 GCC 版本为 TDM-GCC 10.3.0。这里列出的版本号仅供参考，需要根据实际版本限制情况进行调整。

```
cd ChatGLM3
pip install -r requirements.txt
```

3.4.2　模型运行测试

接下来，加载模型并使用命令行来测试。由于笔者 GPU 资源受限，因此加载 ChatGML2-6B 模型来演示，命令同 ChatGML3-6B 基本一致。

```
python basic_demo/cli_demo.py
```

成功运行后，我们就可以在类似如图 3-20 所示的命令行终端与大模型进行交互。

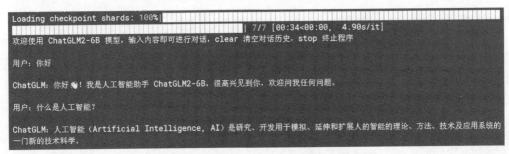

图 3-20　ChatGLM 命令行终端交互界面

大多数开源大模型的部署 Demo 会提供一个编写好的 Web 程序。例如，ChatGLM 提供了一个 Web 界面，我们可以在加载模型后使用 web_demo 来进行问答。启动 Web 服务的指令如下。

```
python basic_demo/web_demo_gradio.py
```

在浏览器中输入对应的 Web 地址，我们就可以得到类似如图 3-21 所示的网页。

在 ChatGLM 中，也可以通过命令启动基于 Streamlit 的网页版 Demo，类似如图 3-22 所示，效果与 Gradio 相同，但是交互更加流畅。

```
python basic_demo/web_demo_streamlit.py
```

当前多数开源大模型的 Web 界面会选择 Streamlit 框架来进行功能和可视化的设计。下面简要介绍 Streamlit 框架及其使用。

Streamlit 框架是一个用于创建数据科学和机器学习应用程序的开源 Python 库，它能以简单的方式快速构建交互式的在线数据应用。Streamlit 基于 React 构建，组件库十分精细，组件类型也比较多，支持 Matlibplot 等可视化依赖集成，社区生态也比较好。Streamlit 支持热更新，当技术人员改动代码文件时，只需要刷新浏览器页面，即可完成组件热部署。

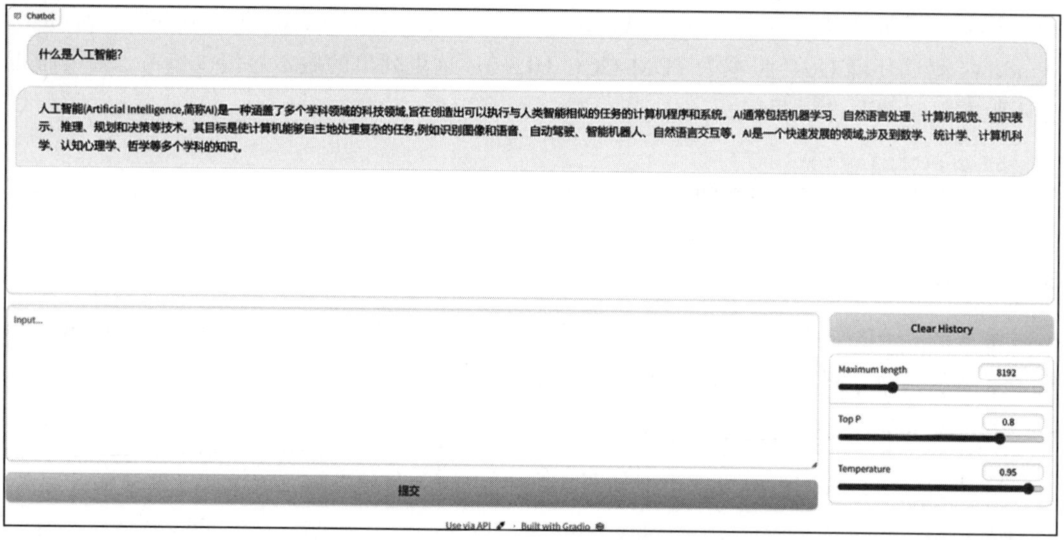

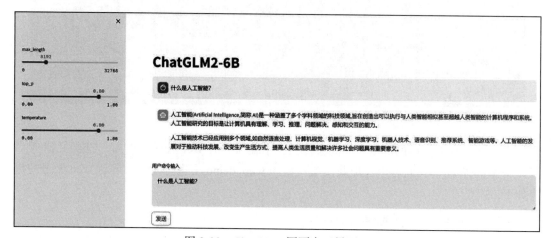

图 3-21　ChatGLM 网页交互界面 1

图 3-22　ChatGML 网页交互界面 2

Streamlit 的 set_page_config() 方法用于来设置页面的标题、图标和布局。注意，该方法只能调用一次，且必须作为第一个调用。其中，page_tittle 是页面标题、page_icon 是网页图标，layout 是网页内容布局方式。示例代码如下。

```
import streamlit as st
# 设置页面的标题、图标和布局，注意该方法只能调用一次，且必须作为第一个调用
st.set_page_config(
    page_title="Streamlit 教学 ",
    page_icon=" ",
layout="wide"
)
```

此外，可以使用 markdown() 方法在页面上添加 Markdown 块来支持 Markdown 语法，使用 title() 方法添加网页标题，使用 header() 方法添加一个一级标题，使用 subheader() 方法添加一个二级标题，使用 text() 方法添加一个文本块，使用 code() 方法在页面添加代码块，使用 chat_message() 方法添加聊天框，使用 chat_input() 方法添加输入框，使用 button 按钮在页面实现一个按钮，使用 rerun() 方法刷新当前页面。

大模型应用可以使用 Streamlit 框架创建一个用于服务启动的 Python 脚本文件，并将该应用部署在服务端。

3.5　本章小结

本章从大模型的推理优化讲起，之后围绕大模型的并行训练、训练容错、检查点、启动器 – 工作器、混合精度训练等模型训练技术展开讲解。最后，对模型能力评估涉及的评估数据集、评估方法、评测工具，以及模型部署的硬件需求、运行测试与部署实践进行讲解。

第 4 章

插件应用开发实践

通过插件的方式实现大模型与私有数据的交互，可以弥补大模型所不具备的功能。本章就来介绍大模型插件应用的开发实践。

4.1 应用概述

如果用户想要在与大模型进行交互时能够使用企业私有的数据，扩展大模型的应用范围，提供更多的内容服务，可以通过开发插件的方式来实现。大模型插件允许开发者根据具体需求为模型添加额外的功能和定制化能力。这些插件可以扩展模型的应用领域，提供更广泛的解决方案，并满足不同用户的需求。例如，插件可以处理智能客服、自动化写作、虚拟助手等通用场景任务，也可以处理医学诊断、法律咨询等特定领域的任务，提高模型在特定领域的应用性能和准确性，还可以针对特定任务进行大模型优化和增强，以提高模型的响应速度和预测准确度。

总之，大模型插件为 AI 应用的发展和创新提供了更多的可能性。

常用的插件包括 ChatGPT 插件、LangChain 插件等。

4.1.1 ChatGPT 插件

区别于 Chrome、AppStore 等平台的代码开发范式，大模型插件开发者仅使用自然语言就可以开发 ChatGPT 插件，并由 GPT 模型自行决定在使用过程中是否调用插件。在 ChatGPT 上开发插件主要分为两步：首先构造与插件功能相关的若干 API，然后按一定逻辑将 API 部署到 ChatGPT 平台。

在 ChatGPT 平台部署插件需要填写 manifest 配置文件，其中有一个用于指示模型是否触发插件的参数：description_for_model。开发者只需要在该参数中用自然语言描述每个 API 的功能以及使用指南，即可令 GPT 模型自主调用 API 完成任务。这意味着只要精心设计提示信息就可以完成一个应用插件的上线。GPT 会结合提示、插件的描述，以及当前用户的输入，自主调用 API 完成任务。

基于 ChatGPT 的发展情况，表 4-1 提供了一些值得重点关注的插件应用。感兴趣的读者可自行查阅更多详细信息。

表 4-1　ChatGPT 重点插件应用

插件名称	功能简介	使用示例
Wolframe	一个强大的计算和数据查询工具，提供精确的计算和最新的数据查询服务	计算 sin(x)cos(x)^2 的积分
WebPilot/ KeyMate.AI Search	帮助 ChatGPT 访问和与网页互动，以获取最新信息和帮助用户理解网页内容	使用 WebPilot 插件访问 techcrunch.com，并提取最新的新闻标题和摘要
edX	一个强大的在线学习工具，可以将 edX 丰富的学术资源整合到 ChatGPT 对话中	帮忙查找 Python 爬虫课程
Speak	一个专门用于处理与语言学习相关问题的插件，可以帮助用户翻译和解释特定的词语或短语，或者解释词语或短语在特定语境下的含义	如何用英语表达"落霞与孤鹜齐飞，秋水共长天一色"这句话
Prompt Perfect	一个用于优化 ChatGPT 对话的工具，通过重新构造用户输入的方式，使得 ChatGPT 能更准确地理解和回应，从而提高对话的质量和效率	我想知道经济学的知识
Show Me	通过创建和呈现可视化图表来帮助解释与理解复杂的概念、流程或系统	帮我生成一个分布式 GPU 集群的图解
AskYourPDF/ ChatWithPDF	可以下载并搜索用户的 PDF 文档，以找到问题的答案和检索相关信息，可直接对 PDF 信息进行总结	总结一下这份财报：xxx.pdf
CreatiCode Scratch	让 ChatGPT 将 Scratch 编程伪代码转为图像，使得用户能够更直观地理解和学习编程。它解决了 GPT 模型在处理基于块的可视化编程语言时的挑战，提升用户体验	我想创建一个 3D 场景，其中包含一个旋转的立方体
Kratful	通过提供来自权威来源的最佳实践，编写清晰的产品文档，帮助用户遵循行业标准的最佳实践	开发一个基于 ChatGPT 的应用的最佳实践是什么
Open Trivia	让 ChatGPT 提供和管理各种知识问答题目，增加了对话的趣味性和教育性。它解决了 GPT 模型在生成特定格式和主题的知识问答题目上的挑战，并通过避免问题重复提升了用户体验	请给我一个中等难度的关于计算机操作系统的问题

大部分插件集中于购物、餐饮、旅行、住房和求职场景，其余分布在教育、财经资讯、内容社区和编程技术场景。大模型支持联合使用多个插件完成系统性的任务。

4.1.2　LangChain 插件

随着大模型展现出惊人的潜力，开发者们希望利用它来开发应用程序。尽管大模型的调用相对简单，但要创建完整的应用程序，仍然需要大量的定制开发工作，包括 API 集成、互动逻辑、数据存储等。LangChain 框架就是为了解决这个问题而推出的一个开源框架，旨在帮助开发者们快速构建基于大模型的端到端应用程序或工作流程。

LangChain 为各种大模型应用提供通用接口，简化了应用程序的开发流程。LangChain 允许开发人员将大语言模型与外部的计算和数据源结合起来，并且允许大语言模型与其所处的环境进行互动。LangChain 提供了 TypeScript、Python 和 JavaScript 的软件包，包括一套工具、组件和接口，可以轻松管理与语言模型的交互，将多个组件链接在一起，并集成额外的资源，例如 API 和数据库。

LangChain 实现的聊天机器人不仅能回答通用问题，还能从集成的数据库或文件中提取信息，并根据这些信息执行具体操作，比如发邮件。

LangChain 包括三个核心组件。

1）组件：为大模型提供接口封装、模板提示和信息检索索引。

2）链：将不同的组件组合起来解决特定的任务，比如在大量文本中查找信息。

3）代理：使得大模型能够与外部环境进行交互，例如通过 API 请求执行操作。

LangChain 的结构设计使得大模型不仅能够处理文本，还能够在更广泛的应用环境中进行操作和响应，大大扩展了它们的应用范围和有效性。

LangChain 的工作流程可以概括为以下几个步骤。

1）提问：用户提出问题。

2）检索：问题被转换成向量表示，用于在向量数据库中进行相似性搜索。

3）获取相关信息：从向量数据库中提取相关信息块，并将信息块输入给语言模型。

4）生成答案或执行操作：提供答案或执行操作。

图 4-1 展示了一个基于 LangChain 的智能问答系统工作流程，它从用户提出的问题开始，然后通过相似性搜索在一个大型数据库或向量空间中找到与之相关的信息。将得到的问题和相关信息结合后，由一个处理模型分析并产生一个答案。这个答案接着被用来指导代理采取行动（Action），这个代理可能会执行一个 API 调用或与外部系统交互以完成任务。整个流程反映了数据驱动的决策过程，其中包含了从信息检索到处理，再到最终行动的自动化步骤。

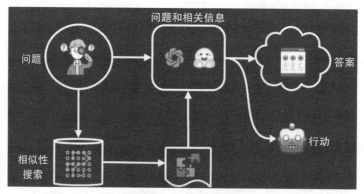

图 4-1　基于 LangChain 的智能问答系统工作流程

LangChain 的应用场景非常广泛，包括个人助手、学习辅导、数据分析等。其中个人助手可以帮助预订航班、转账、缴税等。学习辅导可以参考整个课程大纲，帮助你更快地学习课程。数据分析可以连接到公司的客户数据或市场数据，极大地提升了数据分析的效率。

4.1.3　通用插件调用流程

由于支持 LangChain 调用插件的大模型还很少，因此无法覆盖到大部分的大模型。接下来，介绍一种通用的方法让各种大模型拥有调用插件的能力，如图 4-2 所示，让大模型通过插件获取外部信息，帮助大模型完成任务。

以天气查询为例，首先在客户端发起一个聊天会话，接收用户输入，比如询问："今天天气怎么样"。为了使用自己的插件，还需要告诉大模型有哪些插件可用，因此需要在发起聊天时传输一个支持的插件列表给大模型。然后大模型收到聊天输入后，会根据用户的聊天内容匹配插件，并在返回的消息中

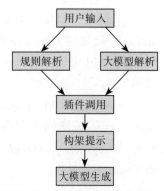

图 4-2　通用插件调用流程

指示命中了哪些插件。这个匹配可以根据我们给定的规则或大模型本身的语义解析出来。

然后，客户端就可以检查命中了哪些插件，假定命中了实时天气查询插件，则大模型会调用并执行该插件方法。插件方法是在本地执行的，这也比较合理，若是放到大模型所部署的服务端，大模型不仅要适配各种计算能力，还可能面临巨大的安全风险。

最后，客户端将插件的执行结果附加到本次聊天会话中，再次发起聊天请求，大模型收到后，会根据首次聊天请求和插件生成的内容合并作为提示，提交给大模型生成回复，再将回复返回给用户，这样就完成了一次基于插件的 GPT 会话。

4.2　天气查询插件开发

接下来，我们编写一个大模型插件的示例程序。在该示例中，使用 ChatGPT 和 AutoGen 提供一个天气查询的插件，当用户询问大模型"今天的天气"时，大模型就会命中这个插件。然后插件根据用户所在地或询问的地区作为参数，调用外部 API 获取实时的天气情况。最后，大模型会使用插件生成的结果组织一段文字返回给用户，以下为具体开发细节。

4.2.1　基于 ChatGPT 的插件开发

由于 ChatGPT 系列插件开发过程相似，这里采用 ChatGPT 3.5 模型的 API 接口进行天气查询的插件开发。在插件开发之前，需要在 OpenAI 官网注册，然后获取 Key。

首先，单击 Login in 登录按钮，进入 OpenAI 的 ChatGPT 模型的平台页面，如图 4-3

所示。其中，ChatGPT 为与大模型交互的 Web 对话界面入口，API 为包含 OpenAI 开发者插件相关配置的开发者平台入口。

选择 API，进入如图 4-4 所示的 OpenAI 开发者平台。配置页面左侧选项有操作平台（Playground）、助手（Assistants）、调优（Fine-tuning）、批处理（Batch）、存储（Storage）、使用（Usage）、API 密钥（API keys）、设置（Settings）、文档（Docs）。

接下来选择 API Keys，单击"Create new secret key"按钮创建新密钥，如图 4-5 所示。所有的 Key 共享 Token 数，新用户有免费有限的 Token 可供使用。

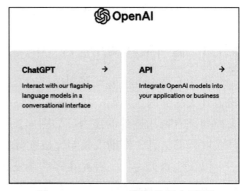

图 4-3　ChatGPT 模型的平台页面

图 4-4　API 设置界面

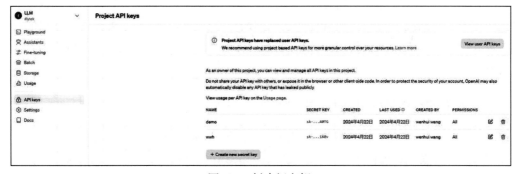

图 4-5　创建新密钥

如图 4-6 所示，填写 Key 的名称、项目名及许可，创建完成后，需要记住 Key 的值。

图 4-6 填写 Key 名称、项目名及许可

天气预报接口采用第三方的高德 API，申请注册流程这里省略。完成注册后，可进入高德开放平台查看天气查询的 Web 服务 API，每天有一定次数的免费调用额度，可供学习使用，如图 4-7 所示。

图 4-7 高德开放平台天气查询 Web 服务 API

　　具体的使用说明可查看高德开放平台的 Web 服务 API 的文档介绍，链接如下：https://lbs.amap.com/api/webservice/guide/api/weatherinfo，注册获取到 API 后即可使用接口，并将 key 替换成已申请的密钥，city 替换成城市代码。

```python
def get_weather(city_name: str):
    url = "https://restapi.amap.com/v3/weather/weatherInfo?"
    params = {"key": "4cee7da273e52d093b6902484a0c296d",
              "city": "110000",
              "extensions": "all"}
    city_code = "110000"
    for city in CITIES:
        if city_name in city.get("city"):
            city_code = city.get("adcode")
            break
    params['city'] = city_code
    response = requests.get(url=url, params=params)
    pprint.pprint(response.json())
    return response.json().get("forecasts")[0].get("casts")
```

　　调用该接口，设置"city_name：合肥"，返回结果如图 4-8 所示。

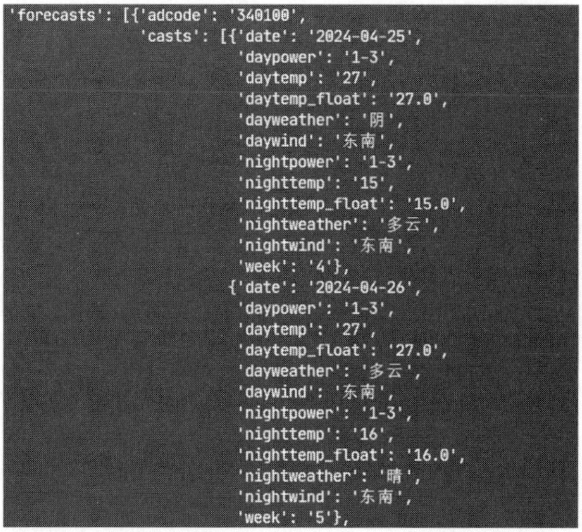

图 4-8　高德天气查询 API 返回结果

　　这个函数就是用来查询天气情况的，参数 city_name 是城市的名字，因为高德 API 只支持通过城市代码查天气，所以这里做了一次根据城市名找到对应编码的查询。接口返回的结果中包含有温度、风力级别、风向、湿度、天气等字段信息。

　　接下来进行 ChatGPT 接口调用，查询天气情况，并输出查询结果。

　　1）根据用户提问提取参数名称。天气函数准备好后，用户可以提问："合肥天气如何？"，使用函数处理并提取"city_name"对应的参数名称。

```python
response = client.chat.completions.create(
```

```
model="gpt-3.5-turbo-0613",
messages=[{"role": "user", "content": question}],
functions=[
    {
        "name": "get_weather",
        "description": " 获取指定地区的当前天气情况 ",
        "parameters": {
            "type": "object",
            "properties": {
                "city_name": {
                    "type": "string",
                    "description": " 城市，例如：合肥 ",
                },
            },
            "required": ["city_name"],
        },
    }
],
function_call="auto",
)
```

代码中的 functions 参数描述了函数的名字以及参数类型，其中定义了 city_name，GPT 会从用户问题中提取出 city_name 信息。response 的返回结果如图 4-9 所示。

```
{
  "id": "chatcmpl-9HufdWAdBI4qH0NIovWfCjLt5S36g",
  "choices": [
    {
      "finish_reason": "function_call",
      "index": 0,
      "logprobs": null,
      "message": {
        "content": null,
        "role": "assistant",
        "function_call": {
          "arguments": "{\n\"city_name\": \"合肥\"\n}",
          "name": "get_weather"
        }
      }
    }
  ],
  "created": 1714056445,
  "model": "gpt-3.5-turbo-0613",
  "object": "chat.completion",
  "system_fingerprint": null,
  "usage": {
    "completion_tokens": 17,
    "prompt_tokens": 77,
    "total_tokens": 94
  }
}
```

图 4-9 response 的返回结果

针对问题"合肥天气怎么样"，这里提取 city_name 为合肥。

2）从返回结果中提取参数后调用函数。这个过程不是交给 GPT 处理，而是由开发者自己调用该函数，GPT 只是把函数需要的参数提取出来。

```
message = response.choices[0].message
function_call = message.function_call
if function_call:
    arguments = function_call.arguments
```

```
        print("arguments",arguments)
        arguments = json.loads(arguments)
        function_response = get_weather(city_name=arguments.get("city_name"),)
        function_response = json.dumps(function_response)
        return function_response
    else:
        return response
```

注意，这里要将函数调用返回的结果进行 JSON 转换，即将 Python 对象转换成 JSON 对象（即字符串）。

3）使用 GPT 归纳总结，输出指定区域的当前天气情况。

```
second_response = client.chat.completions.create(
    model="gpt-3.5-turbo-0613",
    messages=[
        {"role": "user", "content": question},
        {
            "role": "function",
            "name": "get_weather",
            "content": function_response,
        },
    ],
)
print(second_response)
return second_response
```

注意 messages 列表中最后一条消息：role（角色）是 function，最后得到的结果 second_response 中的 content 内容如图 4-10 所示。

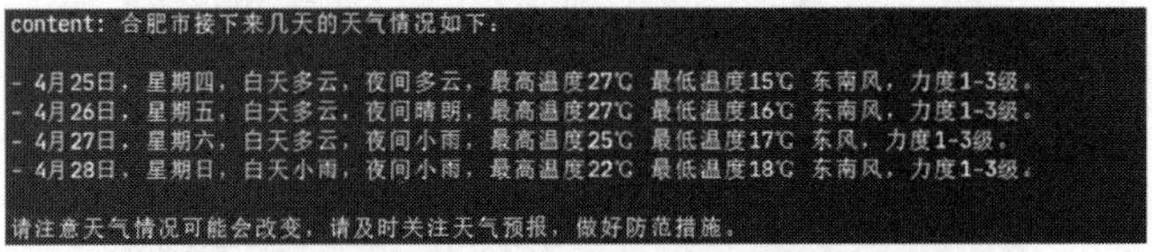

content: 合肥市接下来几天的天气情况如下：

- 4月25日，星期四，白天多云，夜间多云，最高温度27℃ 最低温度15℃ 东南风，力度1-3级。
- 4月26日，星期五，白天晴朗，夜间晴朗，最高温度27℃ 最低温度16℃ 东南风，力度1-3级。
- 4月27日，星期六，白天多云，夜间小雨，最高温度25℃ 最低温度17℃ 东南风，力度1-3级。
- 4月28日，星期日，白天小雨，夜间小雨，最高温度22℃ 最低温度18℃ 东南风，力度1-3级。

请注意天气情况可能会改变，请及时关注天气预报，做好防范措施。

图 4-10　结果 second_response 中的 content 内容

在示例中，插件负责查询实时的天气情况，大模型负责根据查询结果生成天气预报文案，最终完成了天气预报的任务。完整代码如下：

```
import os
import pprint
import json
import openai
import requests
from area import CITIES
from openai import OpenAI

client = OpenAI(
    # defaults to os.environ.get("OPENAI_API_KEY")
    api_key="******",#ChatGPT 密钥
    base_url="https://api.chatanywhere.tech/v1"
```

```
)
def get_weather(city_name: str):
    url = "https://restapi.amap.com/v3/weather/weatherInfo?"
    params = {"key": "******",#天气查询 Web 服务 API 密钥
              "city": "110000",
              "extensions": "all"}
    city_code = "110000"
    for city in CITIES:
        if city_name in city.get("city"):
            city_code = city.get("adcode")
            break
    params['city'] = city_code
    response = requests.get(url=url, params=params)
    pprint.pprint(response.json())
    return response.json().get("forecasts")[0].get("casts")

def run_conversation(question):
    response = client.chat.completions.create(
        model="gpt-3.5-turbo-0613",
        messages=[{"role": "user", "content": question}],
        functions=[
            {
                "name": "get_weather",
                "description": "获取指定地区的当前天气情况",
                "parameters": {
                    "type": "object",
                    "properties": {
                        "city_name": {
                            "type": "string",
                            "description": "城市，例如：深圳",
                        },
                    },
                    "required": ["city_name"],
                },
            }
        ],
        function_call="auto",
    )
    print(response.to_json())
    message = response.choices[0].message
    function_call = message.function_call
    if function_call:
        arguments = function_call.arguments
        print("arguments",arguments)
        arguments = json.loads(arguments)
        function_response = get_weather(city_name=arguments.get("city_name"),)
        function_response = json.dumps(function_response)
        return function_response
    else:
        return response

def gpt_summary(function_response,question):
    """
```

```
    TODO: GPT 总结处理
    """
    second_response = client.chat.completions.create(
        model="gpt-3.5-turbo-0613",
        messages=[
            {"role": "user", "content": question},
            {
                "role": "function",
                "name": "get_weather",
                "content": function_response,
            },
        ],
    )
    print(second_response)
    return second_response

if __name__ == '__main__':
    question = "合肥市天气如何? "
    function_response = run_conversation(question)
    gpt_response=gpt_summary(function_response,question)
    content = gpt_response.choices[0].message.content
    print("content:", content)
```

ChatGPT 大模型还有很多可以开发的插件功能，例如总结 PDF 文档、总结音频内容以及解析项目代码等，感兴趣的读者可以自行探索。

4.2.2　基于 AutoGen 的插件开发

AutoGen 是微软发布的一个框架工具，旨在帮助开发者创建基于大模型的复杂应用程序。开发者们需要具备设计、实施和优化工作流程的专业知识，利用 AutoGen 工具可以自动执行和优化相关工作流程，从而简化搭建并实现自动化。AutoGen 代理是可定制的、可对话的，并且允许无缝的人工参与，支持使用多个解决任务的代理来开发大模型应用程序。如图 4-11 所示。对话可以在各种模式（采用大模型、人工输入和工具或它们的组合）下运行。

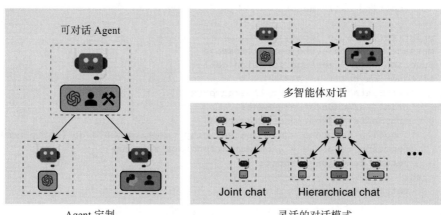

图 4-11　灵活的对话模式

AutoGen 内置了多个 Agent，这些 Agent 大都继承可对话 Agent，接下来从一个简单的示例开始，使用可对话 Agent 来创建一个 Agent。

首先，需要创建一个配置变量，在里面定义模型名称、api_key、base_url 和 tags。

```
config_list = [
    {
        'model': 'gpt-3.5-turbo',
        # 填写自己注册过的 ChatGPT 的 API Key 值
        'api_key': '******',
        'base_url':'https://flag.smarttrot.com/v1',
        'tags': ['tool', 'gpt-3.5-turbo'],
    },
]
```

接着，调用可对话 Agent 的实现函数，即针对传输的信息，使用 Agent 调用 generate_reply 生成回复。

```
agent = ConversableAgent(
    name="chatbot",
    llm_config={"config_list": config_list,"seed":42,"temperature":0,},
    code_execution_config=False,  # 关闭代码执行
    human_input_mode="NEVER",  # 是否需要人类输入
)
reply = agent.generate_reply(messages=[{"content": "使用 Python 写一个 hello world",
    "role": "user"}])
print(reply)
```

Agent 调用输出回复如图 4-12 所示。

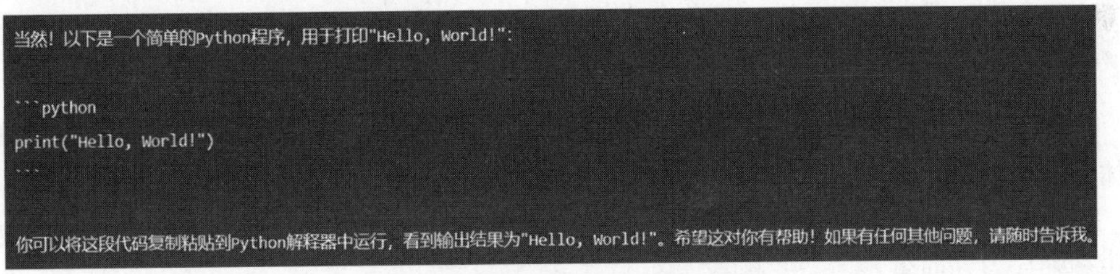

当然！以下是一个简单的Python程序，用于打印"Hello, World!"：

```python
print("Hello, World!")
```

你可以将这段代码复制粘贴到Python解释器中运行，看到输出结果为"Hello, World!"。希望这对你有帮助！如果有任何其他问题，请随时告诉我。

图 4-12　Agent 调用输出回复结果

接下来介绍 ConversableAgent 的参数及功能。

1）name（类型为 str）：Agent 的名称，使用英文命名。

2）system_message（类型为 str 或 list）：用于 ChatCompletion 推理的系统消息。

3）is_termination_msg(function)：一个函数，它接收一个字典形式的消息并返回一个布尔值，指示接收到的消息是否为结束消息。字典可以包含以下键：content、role、name、function_call。

4）max_consecutive_auto_reply（类型为 int）：最大连续自动回复数。默认为 None（没

有提供限制，将使用类属性 MAX_CONSECUTIVE_AUTO_REPLY(100) 作为限制）。当设置为 0 时，将不会生成自动回复。

5）human_input_mode（类型为 str）：是否每次接收消息时都要求人类输入。可能的值有 ALWAYS、TERMINATE、NEVER。当值为 ALWAYS 时，代理每次接收到消息时都会提示人类输入。在这种模式下，当人类输入为 exit，或者 is_termination_msg 为真且没有人类输入时，对话会停止。当值为 TERMINATE 时，只有在收到结束消息或连续自动回复达到最大值时，代理才会提示人类输入。当值为 NEVER 时，代理将永远不会提示人类输入。在这种模式下，当连续自动回复次数达到最大值或当 is_termination_msg 为真时，对话会停止。

6）function_map (dict[str, callable])：将函数名称映射到可调用函数，也用于工具调用。

7）code_execution_config（值为 dict 或 False）：代码执行的配置。如果要禁用代码执行，请设置为 False。否则，设置为包含以下键的字典。

- work_dir（可选，类型为 str）：代码执行的工作目录。如果设置为 None，将使用默认工作目录。默认工作目录是 path_to_autogen 下的 extensions 目录。
- use_docker（可选，类型为 list、str 或 bool）：用于设置代码执行的 Docker 镜像。默认为 True，这意味着代码将在 Docker 容器中执行。如果未指定，将使用默认的镜像列表。如果提供了镜像名称列表或字符串，代码将在成功拉取的第一个镜像的 Docker 容器中执行。如果为 False，代码将在当前环境中执行。强烈推荐使用 Docker 进行代码执行。
- timeout（可选，类型为 int）：最大执行时间（单位为秒）。
- last_n_messages(类型为 int 或 str)：统计代码执行的消息数。如果设置为 auto(默认)，它将向后扫描自 Agent 上次发言以来到达的所有消息，通常与上次尝试执行的时间有关。

8）llm_config（值为 dict 或 False 或 None）：大模型推理配置。访问大模型的关键参数，具体配置可参考：https://microsoft.github.io/autogen/docs/topics/llm_configuration。

9）default_auto_reply（值为 str 或 dict）：在没有基于代码执行或大模型生成的回复时，使用的默认自动回复。

10）description（类型为 str）：Agent 的简短描述。这个描述被其他 Agent（例如 GroupChatManager）用来决定何时调用这个 Agent，默认为 system_message。

以上介绍了 AutoGen 的基本概念及基础用法，接下来看一下如何基于 AutoGen 开发插件。

1）首先创建 Agent。

```
assistant=ConversableAgent(
    name="Assistant",
    system_message="你是有用的 AI 助手，可以进行简单的计算。任务完成后返回 TERMINATE
```

```
        llm_config={"config_list":config_list},
)
user_proxy=ConversableAgent(
        name="User",
        llm_config=False,
        is_termination_msg=lambda msg: msg.get("content") is not None and "TERMINATE"
            in msg["content"],
        human_input_mode="NEVER",
)
```

2）创建一个简单的计算函数，作为将要调用的工具。

```
def calculator(a: int, b: int):
        return a + b
```

也可以使用 pydantic 来定义数据模型，并使用这些模型对数据进行验证和转换。

```
from pydantic import BaseModel,Field
from typing_extensions import Annotated
class CalculatorParams(BaseModel):
        a: Annotated[int, Field(description=" 数字 int 类型 ")]
        b: Annotated[int, Field(description=" 数字 int 类型 ")]

def calculator(params: Annotated[CalculatorParams, " 输入计算值: "]) -> int:
        return params.a + params.b
```

3）将工具注册给需要使用的 Agent。代码中的 assistant 用于选择需要使用的工具，User 负责调用工具。

方式一：

```
assistant.register_for_llm(name="calculator",description=" 一个简单的计算器 ")
        (calculator)
user_proxy.register_for_execution(name="calculator")(calculator)
```

方式二：

```
register_function(
        calculator,
        caller=assistant,
        executor=user_proxy,
        name="calculator",
        description=" 一个简单的计算器 ",
)
```

注册完成后，就可以在对话中调用工具了。

```
chat_result=user_proxy.initiate_chat(assistant,message="10 加 10 等于多少 ?")
```

运行结果如图 4-13 所示。可以看出，大模型成功提取出了需要计算的两个参数：a 和 b

的值，并返回给 calculator 函数，供它进行了调用计算，最终给出返回值 20。

　　以上给出了 AutoGen 的插件开发流程，读者可参照上述流程，开发一个天气查询的工具插件，让大模型进行调用。

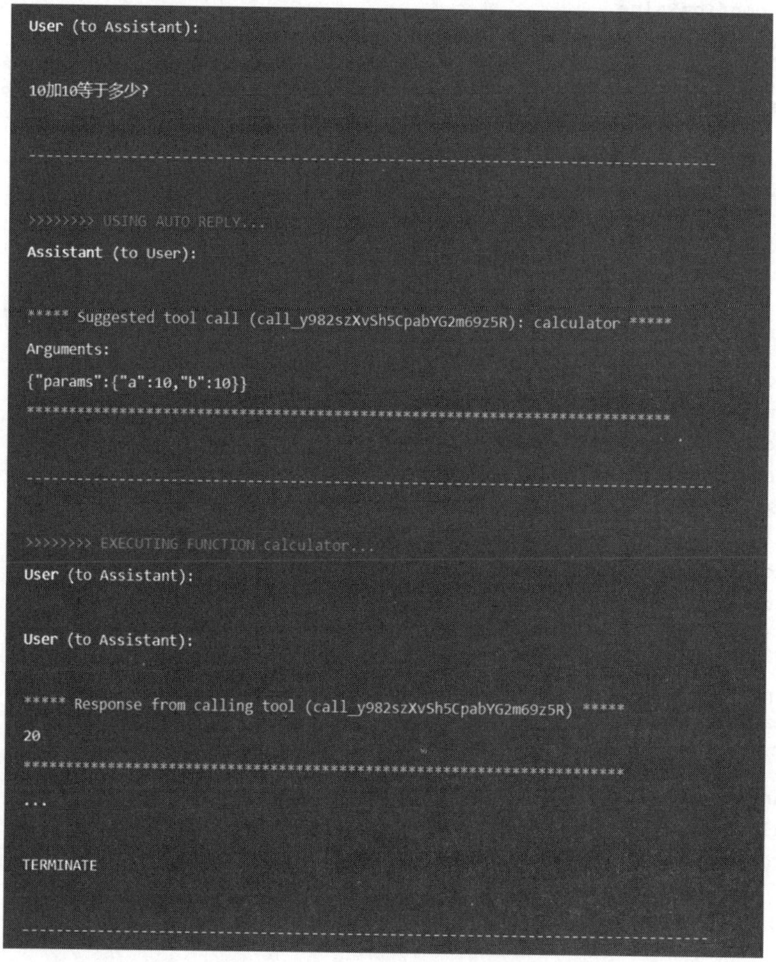

```
User (to Assistant):

10加10等于多少?

--------------------------------------------------------------------

>>>>>>>> USING AUTO REPLY...
Assistant (to User):

***** Suggested tool call (call_y982szXvSh5CpabYG2m69z5R): calculator *****
Arguments:
{"params":{"a":10,"b":10}}
***************************************************************************

--------------------------------------------------------------------

>>>>>>>> EXECUTING FUNCTION calculator...
User (to Assistant):


User (to Assistant):

***** Response from calling tool (call_y982szXvSh5CpabYG2m69z5R) *****
20
*********************************************************************

...


TERMINATE

--------------------------------------------------------------------
```

图 4-13　Assistant 调用计算结果

4.3　语音交互插件开发

　　大模型是以文字形式输出内容，有时需要利用语音合成技术，将输出的文本内容转换成语音输出。我们通过调用讯飞开放平台的在线语音合成 Web API 服务实现语音合成功能。首先下载语音合成官方的示例代码，接着需要修改脚本文件中的 tts_ws_python3.py，如图 4-14 所示。

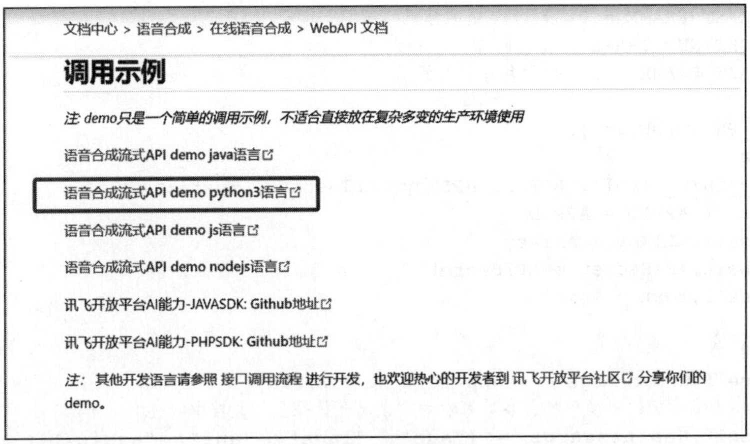

图 4-14　下载示例

新建一个 TTS 类，将 start_send、on_message、on_error、on_close、on_open 这几个方法集成进去，在 on_ message 方法中如果成功得到返回结果，则新增一个写入本地文件的步骤。另外新增一个方法 playmp3()，用来播放音频。注意，实现此功能需要额外安装依赖包 pygame。核心代码如下所示：

```python
# -*- coding:utf-8 -*-
#  本 demo 测试时运行的环境为：Windows + Python3.7
#  本 demo 测试成功运行时所安装的第三方库及其版本如下：
#  cffi==1.12.3
#  gevent==1.4.0
#  greenlet==0.4.15
#  pycparser==2.19
#  six==1.12.0
#  websocket==0.2.1
#  websocket-client==0.56.0
#  合成小语种需要传输小语种文本、使用小语种发音人 vcn、tte=unicode 以及修改文本编码方式
#  错误码链接：https://www.xfyun.cn/document/error-code（返回错误码时必看）
# # # # # # # # # # # # # # # # # # # # # # # # # # # # # # # # # # # # # # #
import websocket
import datetime
import hashlib
import base64
import hmac
import json
from urllib.parse import urlencode
import ssl
from wsgiref.handlers import format_date_time
from datetime import datetime
from time import mktime
import _thread as thread
import os
import pygame
```

```python
STATUS_FIRST_FRAME = 0  # 第一帧的标识
STATUS_CONTINUE_FRAME = 1  # 中间帧标识
STATUS_LAST_FRAME = 2  # 最后一帧的标识

class Ws_Param(object):
    # 初始化
    def __init__(self, APPID, APIKey, APISecret, Text):
        self.APPID = APPID
        self.APIKey = APIKey
        self.APISecret = APISecret
        self.Text = Text

        # 公共参数
        self.CommonArgs = {"app_id": self.APPID}
        # 业务参数，更多个性化参数可参考"讯飞开放平台"文档中心查看
        self.BusinessArgs = {"aue": "lame", "auf": "audio/L16;rate=16000",
            "vcn": "xiaoyan", "tte": "utf8",'sfl':1}
        self.Data = {"status": 2, "text": str(base64.b64encode(self.Text.
            encode('utf-8')), "UTF8")}
        # 如需使用小语种，请采用UTF-16LE编码方式，即unicode的小端格式
        #self.Data = {"status": 2, "text": str(base64.b64encode(self.Text.
            encode('utf-16')), "UTF8")}

    # 生成URL
    def create_url(self):
        url = 'wss://tts-api.xfyun.cn/v2/tts'
        # 生成RFC1123格式的时间戳
        now = datetime.now()
        date = format_date_time(mktime(now.timetuple()))

        # 拼接字符串
        signature_origin = "host: " + "ws-api.xfyun.cn" + "\n"
        signature_origin += "date: " + date + "\n"
        signature_origin += "GET " + "/v2/tts " + "HTTP/1.1"
        # 进行hmac-sha256加密
        signature_sha = hmac.new(self.APISecret.encode('utf-8'), signature_
            origin.encode('utf-8'),digestmod=hashlib.sha256).digest()
        signature_sha = ase64.b64encode(signature_sha).decode(encoding='utf-8')
        authorization_origin = "api_key=\"%s\", algorithm=\"%s\", headers=\"%s\",
            signature=\"%s\"" % (
            self.APIKey, "hmac-sha256", "host date request-line", signature_sha)
        authorization = base64.b64encode(authorization_origin.encode('utf-8')).
            decode(encoding='utf-8')
        # 将请求的鉴权参数组合为字典
        v = {
            "authorization": authorization,
            "date": date,
            "host": "ws-api.xfyun.cn"
        }
        # 拼接鉴权参数，生成URL
        url = url + '?' + urlencode(v)
        # print("date: ",date)
        # print("v: ",v)
```

```
            # 此处打印建立连接时的 URL，参考本示例编码时可取消对打印命令的注释，并比对相同参数生成
              的 URL 与自己代码生成的 URL 是否一致
            # print('websocket url :', url)
            return url

class TTS():
    def __init__(self,APPID,APISecret,APIKey,Text):
        self.wsParam = Ws_Param(APPID=APPID, APISecret=APISecret,
                                APIKey=APIKey,
                                Text=Text)
        websocket.enableTrace(False)
        self.wsUrl = self.wsParam.create_url()
        self.onOpen = lambda ws: (self.on_open(ws))
        self.onMessage = lambda ws, msg: self.on_message(ws, msg)
        self.onError = lambda ws, err: self.on_error(ws, err)
        self.onClose = lambda ws: self.on_close(ws)

    def start_send(self):
        ws = websocket.WebSocketApp(self.wsUrl, on_message=self.onMessage, on_
            error=self.onError, on_close=self.onClose)
        ws.on_open = self.onOpen
        ws.run_forever(sslopt={"cert_reqs": ssl.CERT_NONE})

    def on_message(self,ws, message):
        try:
            message =json.loads(message)
            code = message["code"]
            sid = message["sid"]
            audio = message["data"]["audio"]
            audio = base64.b64decode(audio)
            status = message["data"]["status"]
            if status == 2:
                print("ws is closed")
                ws.close()
            if code != 0:
                errMsg = message["message"]
                print("sid:%s call error:%s code is:%s" % (sid, errMsg, code))
            else:
                # 如果成功合成，则写入本地文件
                with open('./spark_tts/tts/demo.mp3', 'ab') as f:
                    f.write(audio)

        except Exception as e:
            print("receive msg,but parse exception:", e)

    # 收到 websocket 错误的处理信息
    def on_error(self,ws, error):
        print("### error:", error)

    # 收到 websocket 关闭的处理信息
    def on_close(self,ws):
        print("### closed ###")
```

```python
# 收到 websocket 连接建立的处理信息
def on_open(self,ws):
    def run(*args):
        d = {"common": self.wsParam.CommonArgs,
             "business": self.wsParam.BusinessArgs,
             "data": self.wsParam.Data,
             }
        d = json.dumps(d)
        print("------> 开始发送文本数据")
        ws.send(d)
        # 发送文本数据时查看目录下是否已有音频
        if os.path.exists('./spark_tts/tts/demo.mp3'):
            os.remove('./spark_tts/tts/demo.mp3')

    thread.start_new_thread(run, ())

# 播放音频
def playmp3(self):
    pygame.init()
    pygame.mixer.init()
    pygame.mixer.music.load('./spark_tts/tts/demo.mp3')
    pygame.mixer.music.play()
    while pygame.mixer.music.get_busy():
        continue
    pygame.quit()
    os.remove('./spark_tts/tts/demo.mp3')
```

完成以上的步骤，通过创建新的 TTS 类可将语音合成的密钥和大模型的文字输出传入，即可完成文字转语音输出，主程序调用如下：

```python
# 利用讯飞 TTS 功能完成语音合成并播放
tts=TTS(XFYUN_APPID,XFYUN_API_SECRET,XFYUN_API_KEY,response)
tts.start_send()
tts.playmp3()
```

4.4 本章小结

本章从大模型插件应用工具讲起，通过插件帮助大模型根据具体需求添加额外的功能和定制化能力，扩展模型的应用领域。之后介绍插件开发的流程以及具体的 ChatGPT、AutoGen 插件开发实践。

## 第 5 章

RAG 实践

为了提高大模型的能力，除了通过模型微调来更新模型之外，还可以通过 RAG 实现更准确的信息检索和文本生成。

5.1 应用概述

大模型在文本生成、文本到图像生成等任务中的表现让人印象深刻。但大模型也存在着局限性，包括产生误导性的幻觉、内容过时、对最新知识的了解有限、处理特定知识时效率不高、缺少对生成文本的可解释性、缺乏对专业领域的深度洞察、存在数据安全以及推理能力欠缺等问题。

为了解决以上这些问题，可以让模型与外部世界互动，以多样化的方式获取知识，从而提升其回答能力。例如，使用 LangChain 插件，帮助人们快速开发基于大模型的应用。其实，LangChain 的很多功能属于 RAG 的范畴。

RAG 是在不改变大模型本身的前提下，通过利用外部知识信源，为模型提供特定领域的数据信息，实现对该领域信息的准确检索和生成。有效缓解了幻觉问题，提高了知识更新的速度，并增强了内容生成的可追溯性，解决了大模型落地过程中的定制性、确定性、可解释性等问题，使得大模型在实际应用中变得更加实用和可信。

RAG 的效果增强方式（见图 5-1），具体如下。①解析增强：通过扩展文档元素的解析范围，提升对文档内容的理解。②索引增强：通过抽取元数据和解决多跳问题，提高索引的召回率。③检索增强：利用多向量技术和定制的检索策略，优化检索过程。面向行业应用场景，常用的应用技术解决方案包括基于企业知识问答的通用方案、基于长文本应用的扩展方案等。

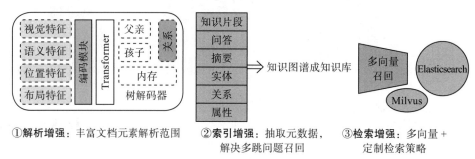

图 5-1 RAG 的效果增强方式

RAG 能有效帮助企业利用大模型快速处理私有数据，特别适用于数据资源基础较好、需要准确引用特定领域知识的企业，如客服问答、内容查询与推荐等场景。

RAG 主要优点如下。

1）提高模型应用的专业性和准确性，让模型能基于特定数据生成内容、降低幻觉。

2）满足企业自有数据所有权保障的需求，模型只会查找和调用外挂的数据，不会吸收数据并训练成模型内含的知识。

3）具备较高的性价比，无须对底层大模型进行调整，不用投入大量算力等资源进行微调或预训练，能够更快速地开发和部署应用。

5.2 RAG 流程

RAG 的主要功能是生成信息或解答专业问题，但其过程涉及对现有文档资料的检索，而非完全依赖大模型自主生成结果。RAG 通过在语言模型生成答案之前，先从广泛的文档数据库中检索相关信息，然后利用这些信息来引导生成过程，极大地提升了内容的准确性和相关性。

为了更直观地理解 RAG 的工作机制，我们提供一个简化的示例。

设想一位工程师需要从详尽的《业务操作手册》中提取必要的业务知识以协助其完成任务，他可以采取以下几种方式。

1）传统方法：直接翻阅实体或电子版的《业务操作手册》，详细阅读并理解操作流程。对于复杂的业务流程，可能需要整合手册中多个章节的信息，并进行综合理解。

2）利用问答机器人：向一个预训练好的问答机器人咨询，它会提供相关知识。然而，这种方法可能面临两个问题。一是可能局限于常见问答形式，用户仍需自行整合信息；二是构建和维护这样的机器人需要大量的前期工作与专业知识输入。

3）应用 RAG 技术：通过将《业务操作手册》的电子版上传至 RAG 系统，系统能在几分钟内创建该文档的索引。当工程师查询时，RAG 不仅会提供相关信息，还会综合手册中的多个相关点，并以专业的口吻给出解答："为解决此问题，你需要先完成两个前提条件，有三种可能的方法。下面，我们将逐步探讨如何操作……"。

通过上述介绍，我们了解到 RAG 的功能及其潜力。值得注意的是，RAG 不仅可以替代传统的 FAQ（Frequently Asked Questions，常见问题解答）系统，还能作为多种应用的中间件。此外，RAG 的应用不限于文本，同样适用于语音、视频和图像等多模态场景，前提是这些内容可以进行嵌入表达。关于这些扩展应用的具体细节，感兴趣的读者可以自行探索。

RAG 的能力核心是有效结合了索引、检索和生成。把私有文档数据进行切片，向量化后形成矢量块，之后依据索引，通过向量检索进行召回，再作为上下文结合提示指令输入到通用大模型，大模型再进行分析和回答。具体应用时，RAG 首先对用户提供的文档进行切分，再分块后进行向量化处理，生成索引和矢量块，并最终形成向量库。当用户提出一个问题或请求时，用户的问题也会进行向量化处理，形成文本嵌入向量。然后 RAG 会在向量库中对问题形成的文本嵌入向量进行相似度匹配，并基于检索召回和知识精排技术找到与问题最相关的 K 段文本向量，并据此检索出文档出处的相关信息，这些信息接着被整合到原始问题中，作为额外的上下文信息和原始问题一起输入到大模型。大模型接到这个增强的提示后，将它与自己内部知识进行综合，最后生成更准确的内容。RAG 的检索、增强、生成流程如图 5-2 所示。

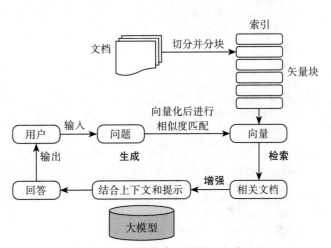

图 5-2　RAG 的检索、增强、生成流程

注意，向量化成为 RAG 提升私有数据调用效率的普遍手段。通过将各种数据统一转化成向量，能高效地处理各类非结构化数据，从而进行相似性搜索，以在大模型数据集中快速找到最相似的向量，特别适合大模型检索和各种数据调用。

5.3　环境构建

在项目实践之前，我们需要选择 RAG 框架，并构建项目开发所依赖的环境。我们以 QAnything 框架为例进行实践，具体使用方法请参考 GitHub 地址：https://github.com/netease-youdao/QAnything/blob/qanything-v2/README_zh.md。

RAG 包括知识解析、检索、增强和生成等步骤。我们采用的 Python 版本是 3.10，涉及 CV 和 NLP 相关的算法依赖包，可以通过 Anaconda 进行安装。安装相关依赖的 requirements.

txt 文件如下：

```
modelscope==1.13.0
Pillow==10.2.0
numpy==1.24.3
PyMuPDF==1.24.4
opencv-python-headless==4.9.0.80
torch==2.1.2
torchvision==0.16.2
transformers==4.36.2
openai==1.12.0
concurrent-log-handler==0.9.25
sentencepiece==0.1.99
tiktoken==0.6.0
sanic==23.6.0
sanic_ext==23.6.0
faiss-cpu==1.8.0
openpyxl==3.1.2
langchain==0.1.9
pypinyin==0.50.0
python-docx==1.1.0
unstructured==0.12.4
unstructured[pptx]==0.12.4
unstructured[md]==0.12.4
networkx==3.2.1
faster_whisper==1.0.1
python-dotenv==1.0.1
duckduckgo-search==5.3.0b4
html2text==2024.2.26
mistune==3.0.2
xgboost==2.0.3
pdfplumber==0.11.0
PyPDF2==3.0.1
markdownify==0.12.1
datrie==0.8.2
hanziconv==0.3.2
shapely==2.0.4
pyclipper==1.3.0.post5
```

我们需要在 Anaconda 中创建一个新的虚拟环境，进入新建好的项目路径，输入 pip install –r requirements.txt 命令。接着，在终端输入 pip list 命令，查看 requirements.txt 中的依赖全都正确安装即可。

5.4 应用实践

安装完成 RAG 所需要的依赖环境，进一步使用 QAnything 框架建立工程文件，并进行代码编写及实践，代码保存在 QAnything_demo 文件夹。

5.4.1　知识解析

在 RAG 系统的构建过程中，对各类文档进行加载并提取文本字符串，从而进行分块处理，该处理过程称为知识解析。知识解析起着至关重要的作用。通过将非结构化数据转换为更易于处理的数据格式，不仅显著提升了信息检索的效率，而且极大增强了生成答案的准确性。

作为信息承载工具，文档的不同布局代表了各种不同的信息。知识解析是一个从文档中阅读、解析和提取信息的自动化过程。开源组件 LangChain 和 Llama-Index 提供的 DocumentLoader 模块能够支持多种文件类型的知识解析，满足绝大多数文档格式的需求。

知识解析模块首先需要加载需要检索的文档，文档格式可以是 URL 网页、Markdown 格式的 md 文件、TXT 文本或者 Word 文档等。下面以 Word 文档为例来讲解知识解析。新建示例文档 "火火兔 .docx"，目录组织结构可以参考图 5-3，具体内容可在网上获取。

假定火火兔的描述如下："火火兔是一个乐观开朗，充满童真和想象力，爱笑的小机灵鬼。他自信、胆子大、爱分享、善于思考，是'点子王'，遇到困难总是第一时间想解

图 5-3　火火兔目录组织结构

决办法，想到办法时，他会灵机一动喊出口号'火火兔有办法！'。他思路清晰，号召力强，朋友们都非常喜欢他，他也总能替大家解决各种麻烦。"有关火火兔奶奶的描述如下："火火兔的奶奶是一位温柔的老教师，有一点点孩子气。她喜欢无条件地夸奖孩子，并且对自己的厨艺很有自信。"

接下来对文档进行知识解析，即将不同类型的文件或 URL 内容分割成文档块。根据文档后缀名进行文档类型判断，并采用不同的解析方式，示例的 Word 文档可以通过 text_splitter.split_documents 函数解析，并存储在数组 docs 中，供后续调用。具体代码如下：

```
@get_time
def split_file_to_docs(self, ocr_engine: Callable, sentence_size=SENTENCE_
    SIZE,using_zh_title_enhance=ZH_TITLE_ENHANCE):
    if self.url:
        debug_logger.info("load url:{}".format(self.url))
        loader = MyRecursiveUrlLoader(url=self.url)
        textsplitter = ChineseTextSplitter(pdf=False, sentence_size=sentence_
            size)
        docs = loader.load_and_split(text_splitter=textsplitter)
        elif self.file_path == 'FAQ':
            docs = [Document(page_content=self.file_content['question'],
                metadata={"faq_dict": self.file_content})]
        elif self.file_path.lower().endswith(".md"):
```

```python
        loader = UnstructuredFileLoader(self.file_path)
        docs = loader.load()
elif self.file_path.lower().endswith(".txt"):
        loader = TextLoader(self.file_path, autodetect_encoding=True)
        texts_splitter = ChineseTextSplitter(pdf=False, sentence_
            size=sentence_size)
        docs = loader.load_and_split(texts_splitter)
elif self.file_path.lower().endswith(".pdf"):
        if USE_FAST_PDF_PARSER:
            loader = UnstructuredPaddlePDFLoader(self.file_path, ocr_
                engine, self.use_cpu)
            texts_splitter = ChineseTextSplitter(pdf=True, sentence_
                size=sentence_size)
            docs = loader.load_and_split(texts_splitter)
        else:
            try:
                from qanything_kernel.utils.loader.self_pdf_loader
                    import PdfLoader
                loader = PdfLoader(filename=self.file_path, save_dir=os.
                    path.dirname(self.file_path))
                markdown_dir = loader.load_to_markdown()
                docs = convert_markdown_to_langchaindoc(markdown_dir)
                docs = self.pdf_process(docs)
            except Exception as e:
                debug_logger.warning(f'Error in Powerful PDF parsing:
                    {e}, use fast PDF parser instead.')
                loader = UnstructuredPaddlePDFLoader(self.file_path,
                    ocr_engine, self.use_cpu)
                texts_splitter = ChineseTextSplitter(pdf=True, sentence_
                    size=sentence_size)
                docs = loader.load_and_split(texts_splitter)
elif self.file_path.lower().endswith(".jpg") or self.file_path.
    lower().endswith(
        ".png") or self.file_path.lower().endswith(".jpeg"):
        loader = UnstructuredPaddleImageLoader(self.file_path, ocr_
            engine, self.use_cpu)
        texts_splitter = ChineseTextSplitter(pdf=False, sentence_
            size=sentence_size)
        docs = loader.load_and_split(text_splitter=texts_splitter)
elif self.file_path.lower().endswith(".docx"):
        loader = UnstructuredWordDocumentLoader(self.file_path)
        texts_splitter = ChineseTextSplitter(pdf=False, sentence_
            size=sentence_size)
        docs = loader.load_and_split(texts_splitter)
elif self.file_path.lower().endswith(".xlsx"):
        # loader = UnstructuredExcelLoader(self.file_path,
        # mode="elements")
        csv_file_path = self.file_path[:-5] + '.csv'
        xlsx = pd.read_excel(self.file_path, engine='openpyxl')
        xlsx.to_csv(csv_file_path, index=False)
        loader = CSVLoader(csv_file_path, csv_args={"delimiter": ",",
            "quotechar": '"'})
        docs = loader.load()
```

```
    elif self.file_path.lower().endswith(".pptx"):
        loader = UnstructuredPowerPointLoader(self.file_path)
        docs = loader.load()
    elif self.file_path.lower().endswith(".eml"):
        loader = UnstructuredEmailLoader(self.file_path)
        docs = loader.load()
    elif self.file_path.lower().endswith(".csv"):
        loader = CSVLoader(self.file_path, csv_args={"delimiter": ",",
            "quotechar": '"'})
        docs = loader.load()
    elif self.file_path.lower().endswith(".mp3") or self.file_path.
        lower().endswith(".wav"):
        loader = UnstructuredPaddleAudioLoader(self.file_path, self.use_
            cpu)
        docs = loader.load()
    else:
        debug_logger.info("file_path: {}".format(self.file_path))
        raise TypeError(" 文件类型不支持，目前仅支持: [md,txt,pdf,jpg,png,jpe
            g,docx,xlsx,pptx,eml,csv]")
    if using_zh_title_enhance:
        debug_logger.info("using_zh_title_enhance %s", using_zh_title_
            enhance)
        docs = zh_title_enhance(docs)
print('docs number:', len(docs))
# print(docs)
# 不是 .csv、.xlsx 和 FAQ 的文件，需要再次分割
if not self.file_path.lower().endswith(".csv") and not self.file_
    path.lower().endswith(".xlsx") and not self.file_path == 'FAQ':
    new_docs = []
    min_length = 200
    for doc in docs:
        if not new_docs:
            new_docs.append(doc)
        else:
            last_doc = new_docs[-1]
            if num_tokens(last_doc.page_content) + num_tokens(doc.
                page_content) < min_length:
                last_doc.page_content += '\n' + doc.page_content
            else:
                new_docs.append(doc)
    debug_logger.info(f"before 2nd split doc lens: {len(new_docs)}")
    if self.file_path.lower().endswith(".pdf"):
        if USE_FAST_PDF_PARSER:
            docs = pdf_text_splitter.split_documents(new_docs)
        else:
            docs = new_docs
    else:
# 将 Word 文档解析成多段文本，放在 docs 数组中
        docs = text_splitter.split_documents(new_docs)
    debug_logger.info(f"after 2nd split doc lens: {len(docs)}")
# 这里给每个 docs 片段的 metadata 注入 file_id
new_docs = []
for idx, doc in enumerate(docs):
```

```
            page_content = re.sub(r'[\n\t]+', '\n', doc.page_content).
                strip()
            new_doc = Document(page_content=page_content)
            new_doc.metadata["user_id"] = self.user_id
            new_doc.metadata["kb_id"] = self.kb_id
            new_doc.metadata["file_id"] = self.file_id
            new_doc.metadata["file_name"] = self.url if self.url else self.
                file_name
            new_doc.metadata["chunk_id"] = idx
            new_doc.metadata["file_path"] = self.file_path
            if 'faq_dict' not in doc.metadata:
                new_doc.metadata['faq_dict'] = {}
            else:
                new_doc.metadata['faq_dict'] = doc.metadata['faq_dict']
            new_docs.append(new_doc)

        if new_docs:
            debug_logger.info('Analysis content head: %s', new_docs[0].page_
                content[:100])
        else:
            debug_logger.info('Analysis docs is empty!')
        self.docs = new_docs
```

执行知识解析代码解析文档。通过文档上传页面进行文档上传并进行文档的知识解析，文档的知识解析执行过程输出的信息如图 5-4 所示。

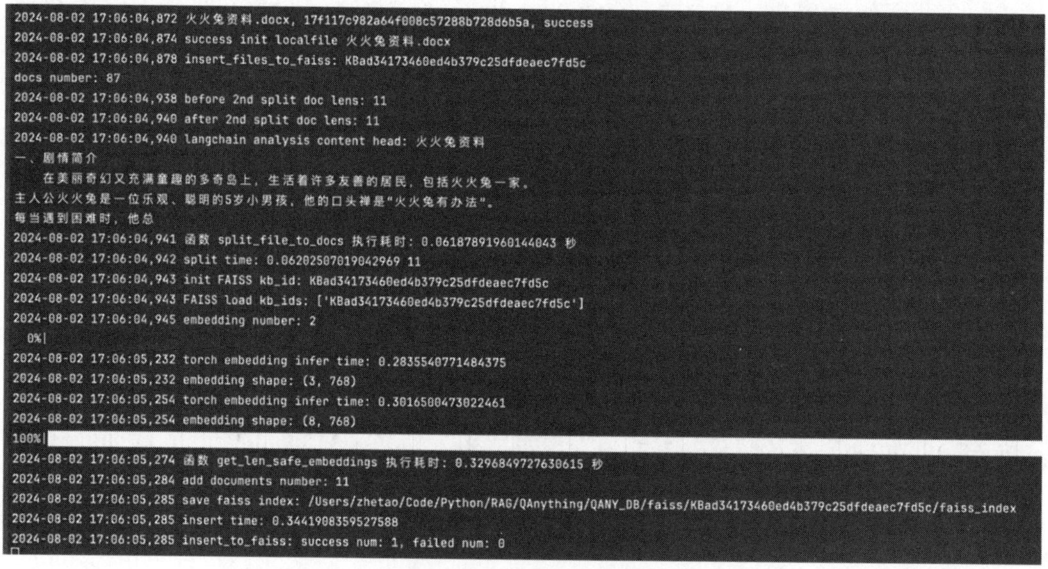

```
2024-08-02 17:06:04,872 火火兔资料.docx, 17f117c982a64f008c57288b728d6b5a, success
2024-08-02 17:06:04,874 success init localfile 火火兔资料.docx
2024-08-02 17:06:04,878 insert_files_to_faiss: KBad34173460ed4b379c25dfdeaec7fd5c
docs number: 87
2024-08-02 17:06:04,938 before 2nd split doc lens: 11
2024-08-02 17:06:04,940 after 2nd split doc lens: 11
2024-08-02 17:06:04,940 langchain analysis content head: 火火兔资料
一、剧情简介
    在美丽奇幻又充满童趣的多奇岛上，生活着许多友善的居民，包括火火兔一家。
主人公火火兔是一位乐观、聪明的5岁小男孩，他的口头禅是"火火兔有办法"。
每当遇到困难时，他总
2024-08-02 17:06:04,941 函数 split_file_to_docs 执行耗时: 0.06187891960144043 秒
2024-08-02 17:06:04,942 split time: 0.06202507019042969 11
2024-08-02 17:06:04,943 init FAISS kb_id: KBad34173460ed4b379c25dfdeaec7fd5c
2024-08-02 17:06:04,943 FAISS load kb_ids: ['KBad34173460ed4b379c25dfdeaec7fd5c']
2024-08-02 17:06:04,945 embedding number: 2
  0%|
2024-08-02 17:06:05,232 torch embedding infer time: 0.2835540771484375
2024-08-02 17:06:05,232 embedding shape: (3, 768)
2024-08-02 17:06:05,254 torch embedding infer time: 0.3016500473022461
2024-08-02 17:06:05,254 embedding shape: (8, 768)
100%|
2024-08-02 17:06:05,274 函数 get_len_safe_embeddings 执行耗时: 0.3296849727630615 秒
2024-08-02 17:06:05,284 add documents number: 11
2024-08-02 17:06:05,285 save faiss index: /Users/zhetao/Code/Python/RAG/QAnything/QANY_DB/faiss/KBad34173460ed4b379c25dfdeaec7fd5c/faiss_index
2024-08-02 17:06:05,285 insert time: 0.3441908359527588
2024-08-02 17:06:05,285 insert_to_faiss: success num: 1, failed num: 0
```

图 5-4　文档的知识解析执行过程输出的信息

知识解析的过程也包括文档切分，即将大文档分解成较小的片段。切分的目的是确保在内容向量化时尽可能减少噪声，同时保持语义的相关性。使用大模型进行内容嵌入有助于优化从向量数据库中检索出的内容的相关性。

5.4.2　检索

RAG 需要在海量文档集合中快速、准确地检索出与查询相关的文档，这依赖于词嵌入模型将离散变量映射到连续向量空间。涉及检索召回和知识精排两种技术。检索召回是指在一个文档的集合中，找出与用户查询相关子集的过程。文档解析将文档切分为一个个语义块之后，我们将每个语义块进行向量转换，将文本块转换为词嵌入向量。

具体代码如下：

```python
class EmbeddingBackend(Embeddings):
    embed_version = "local_v0.0.1_20230525_6d4019f1559aef84abc2ab8257e1ad4c"
    def __init__(self, use_cpu):
        self.use_cpu = use_cpu
        self._tokenizer = AutoTokenizer.from_pretrained(LOCAL_EMBED_PATH)
        self.workers = LOCAL_EMBED_WORKERS
    # 抽象方法，获取句子的向量表示
    @abstractmethod
    def get_embedding(self, sentences, max_length) -> List:
        pass
    # 这个方法用于获取给定长度文本列表的向量
    @get_time
    def get_len_safe_embeddings(self, texts: List[str]) -> List[List[float]]:
        all_embeddings = []
        batch_size = LOCAL_EMBED_BATCH
    with concurrent.futures.ThreadPoolExecutor(max_workers=self.workers) as
    executor:
            futures = []
            for i in range(0, len(texts), batch_size):
                batch = texts[i:i + batch_size]
                future = executor.submit(self.get_embedding, batch, LOCAL_EMBED_
                    MAX_LENGTH)
                futures.append(future)
            debug_logger.info(f'embedding number: {len(futures)}')
            for future in tqdm(futures):
                embeddings = future.result()
                all_embeddings += embeddings
        return all_embeddings

    def embed_documents(self, texts: List[str]) -> List[List[float]]:
        """Embed search docs using multithreading, maintaining the original
            order."""
        return self.get_len_safe_embeddings(texts)

    def embed_query(self, text: str) -> List[float]:
        """Embed query text."""
        return self.embed_documents([text])[0]

    @property
    def getModelVersion(self):
        return self.embed_version
```

在控制台执行代码，可以得到词嵌入向量代码运行的日志输出结果，如图 5-5 所示。

图 5-5   词嵌入向量代码运行的日志输出结果

完成检索召回，接下可以对检索出来的文档进行排序，获取更精准的结果。

在初始检索阶段，系统根据某种标准（如相似度）返回一组文档。然而，由于初始排序可能并不总是能够准确反映文档与查询的真实相关性，因此需要进行知识精排（Reranker）来提升检索结果的质量。由于精排能够在单路或多路的召回结果中挑选出和问题最接近的文档，将精排整合到 RAG 应用中可以显著提高生成答案的精确度。

将文档进行解析与向量编码之后，当对用户的问题（Query）进行解答时会通过词嵌入的向量相似度检索相关字段，并对检索后的内容进行精排。精排的相关代码如下：

```python
class RerankBackend(ABC):
    def __init__(self, use_cpu):
        self.use_cpu = use_cpu
        self._tokenizer = AutoTokenizer.from_pretrained(LOCAL_RERANK_PATH)
        self.spe_id = self._tokenizer.sep_token_id
        self.overlap_tokens = 80
        self.batch_size = LOCAL_RERANK_BATCH
        self.max_length = LOCAL_RERANK_MAX_LENGTH
        self.return_tensors = None
        self.workers = LOCAL_RERANK_WORKERS

    @abstractmethod
    def inference(self, batch) -> List:
        pass

    def merge_inputs(self, chunk1_raw, chunk2):
        chunk1 = deepcopy(chunk1_raw)
        chunk1['input_ids'].extend(chunk2['input_ids'])
        chunk1['input_ids'].append(self.spe_id)
        chunk1['attention_mask'].extend(chunk2['attention_mask'])
        chunk1['attention_mask'].append(chunk2['attention_mask'][0])
        if 'token_type_ids' in chunk1:
            token_type_ids = [1 for _ in range(len(chunk2['token_type_ids']) + 1)]
            chunk1['token_type_ids'].extend(token_type_ids)
        return chunk1

    def tokenize_preproc(self,
                         query: str,
                         passages: List[str],
                         ):
        query_inputs = self._tokenizer.encode_plus(query, truncation=False,
            padding=False)
        max_passage_inputs_length = self.max_length - len(query_inputs['input_
```

```
            ids']) - 1
        assert max_passage_inputs_length > 10
        overlap_tokens = min(self.overlap_tokens, max_passage_inputs_length * 2
            // 7)
        # 组成 [query, passage] 对
        merge_inputs = []
        merge_inputs_idxs = []
        for pid, passage in enumerate(passages):
            passage_inputs = self._tokenizer.encode_plus(passage, truncation=
                False, padding=False,add_special_tokens=False)
            passage_inputs_length = len(passage_inputs['input_ids'])

            if passage_inputs_length <= max_passage_inputs_length:
                if passage_inputs['attention_mask'] is None or len(passage_
                    inputs['attention_mask']) == 0:
                    continue
                qp_merge_inputs = self.merge_inputs(query_inputs, passage_
                    inputs)
                merge_inputs.append(qp_merge_inputs)
                merge_inputs_idxs.append(pid)
            else:
                start_id = 0
                while start_id < passage_inputs_length:
                    end_id = start_id + max_passage_inputs_length
                    sub_passage_inputs = {k: v[start_id:end_id] for k, v in
                        passage_inputs.items()}
                    start_id = end_id - overlap_tokens if end_id < passage_
                        inputs_length else end_id

                    qp_merge_inputs = self.merge_inputs(query_inputs, sub_
                        passage_inputs)
                    merge_inputs.append(qp_merge_inputs)
                    merge_inputs_idxs.append(pid)
        return merge_inputs, merge_inputs_idxs

    @get_time
    def get_rerank(self, query: str, passages: List[str]):
        tot_batches, merge_inputs_idxs_sort = self.tokenize_preproc(query,
            passages)
        tot_scores = []
        with concurrent.futures.ThreadPoolExecutor(max_workers=self.workers) as
            executor:
            futures = []
            for k in range(0, len(tot_batches), self.batch_size):
                batch = self._tokenizer.pad(
                    tot_batches[k:k + self.batch_size],
                    padding=True,
                    max_length=None,
                    pad_to_multiple_of=None,
                    return_tensors=self.return_tensors
                )
                future = executor.submit(self.inference, batch)
                futures.append(future)
```

```
        debug_logger.info(f'rerank number: {len(futures)}')
        for future in futures:
            scores = future.result()
            tot_scores.extend(scores)

    merge_tot_scores = [0 for _ in range(len(passages))]
    for pid, score in zip(merge_inputs_idxs_sort, tot_scores):
        merge_tot_scores[pid] = max(merge_tot_scores[pid], score)
    # print("merge_tot_scores:", merge_tot_scores, flush=True)
    return merge_tot_scores
```

知识精排完成之后，运行相关检索程序，执行结果如图 5-6 所示。

```
2024-08-02 17:08:12,486 rerank number: 1
2024-08-02 17:08:12,951 rerank infer time: 0.4649641513824463
2024-08-02 17:08:12,971 函数 get_rerank 执行耗时: 0.4940369129180908 秒
2024-08-02 17:08:12,971 rerank scores: [0.4385910928249359, 0.6254209876060486, 0.5432760119438171]
2024-08-02 17:08:12,971 limited token nums: 3361
2024-08-02 17:08:12,972 template token nums: 154
2024-08-02 17:08:12,972 query token nums: 16
2024-08-02 17:08:12,972 history token nums: 3
2024-08-02 17:08:12,972 new_source_docs token nums: 2015
2024-08-02 17:08:12,972 history_len: 2
```

图 5-6　检索程序执行结果

接下来以检索得到的结果（上下文知识）为条件，通过大模型进行信息的归纳生成，生成用户问题的回答。

5.4.3　增强

做完语义解析、词嵌入、精排模型工作之后，我们需要进一步设置后端大模型服务，RAG 可以对接不同的大模型服务。我们以 OpenAI 大模型的参数设置为例，将检索得到的文档信息作为上下文和用户的问题或请求一起输送给大模型，相关代码配置如下：

```
class OpenAILLM(BaseAnswer, ABC):
    model: str = None
    token_window: int = None
    max_token: int = config.llm_config['max_token']
    offcut_token: int = 50
    truncate_len: int = 50
    temperature: float = 0
    top_p: float = config.llm_config['top_p']    # top_p 须为 (0,1]
    stop_words: str = None
    history: List[List[str]] = []
    history_len: int = config.llm_config['history_len']
    def __init__(self, args):
        super().__init__()
# 下面是 OpenAI 相关大模型的参数设置，需要在 OpenAI 网站提前获取
        base_url = args.openai_api_base
        api_key = args.openai_api_key
        self.client = OpenAI(base_url=base_url, api_key=api_key)
        self.model = args.openai_api_model_name
        self.token_window = int(args.openai_api_context_length)
```

```
        debug_logger.info(f"OPENAI_API_KEY = {api_key}")
        debug_logger.info(f"OPENAI_API_BASE = {base_url}")
        debug_logger.info(f"OPENAI_API_MODEL_NAME = {self.model}")
        debug_logger.info(f"OPENAI_API_CONTEXT_LENGTH = {self.token_window}")
    @property
    def _llm_type(self) -> str:
        return "using OpenAI API serve as LLM backend"
    @property
    def _history_len(self) -> int:
        return self.history_len
    def set_history_len(self, history_len: int = 10) -> None:
        self.history_len = history_len
    # 定义函数 num_tokens_from_messages，该函数返回输入及输出消息所使用的 Token 数
    def num_tokens_from_messages(self, messages, model=None):
        """ 参考 https://github.com/DjangoPeng/openai-quickstart/blob/main/openai_
            api/count_tokens_with_tiktoken.ipynb，计算返回消息列表使用的 Token 数 """
        # debug_logger.info(f"[debug] num_tokens_from_messages<model,
        # self.model> = {model, self.model}")
        if model is None:
            model = self.model
        # 尝试获取模型的编码
        try:
            encoding = tiktoken.encoding_for_model(model)
        except KeyError:
            # 如果模型没有找到，使用 cl100k_base 编码并给出警告
            debug_logger.info(f"Warning: {model} not found. Using cl100k_base
                encoding.")
            encoding = tiktoken.get_encoding("cl100k_base")
        # 针对不同的模型设置 Token 数量
        if model in {
            "gpt-3.5-turbo-0613",
            "gpt-3.5-turbo-1106",
            "gpt-3.5-turbo-16k-0613",
            "gpt-4-0314",
            "gpt-4-32k-0314",
            "gpt-4-0613",
            "gpt-4-32k-0613",
            "gpt-4-32k",
            "gpt-4-1106-preview",
            }:
            tokens_per_message = 3
            tokens_per_name = 1
        elif model == "gpt-3.5-turbo-0301":
            tokens_per_message = 4  # 每条消息遵循 {role/name}\n{content}\n 格式
            tokens_per_name = -1  # 如果有名字，角色会被省略
        elif "gpt-3.5-turbo" in model:
            # gpt-3.5-turbo 模型可能会有更新，假设此处返回的为 gpt-3.5-turbo-0613 的
            # Token 数量，并给出警告
            debug_logger.info("Warning: gpt-3.5-turbo may update over time.
                Returning num tokens assuming gpt-3.5-turbo-0613.")
            return self.num_tokens_from_messages(messages, model="gpt-3.5-
                turbo-0613")
        elif "gpt-4" in model:
```

```
        # GPT-4 模型可能会有更新，假设此处返回的为 gpt-4-0613 的 Token 数量，并给出警告
        debug_logger.info("Warning: gpt-4 may update over time. Returning
            num tokens assuming gpt-4-0613.")
        return self.num_tokens_from_messages(messages, model="gpt-4-0613")
    else:
        # 其他模型可能会有更新，假设此处返回的为 gpt-3.5-turbo-1106 的 Token 数量，并
            给出警告
        debug_logger.info(f"Warning: {model} may update over time. Returning
            num tokens assuming gpt-3.5-turbo-1106.")
        return self.num_tokens_from_messages(messages, model="gpt-3.5-
            turbo-1106")
    num_tokens = 0
    # 计算每条消息的 Token 数
    for message in messages:
        if isinstance(message, dict):
            num_tokens += tokens_per_message
            for key, value in message.items():
                num_tokens += len(encoding.encode(value))
                if key == "name":
                    num_tokens += tokens_per_name
        elif isinstance(message, str):
            num_tokens += len(encoding.encode(message))
        else:
            NotImplementedError(
            f"""num_tokens_from_messages() is not implemented message type
                {type(message)}. """
            )
    num_tokens += 3  # 每条回复 Token 数以 3 为例进行计算
    return num_tokens

def num_tokens_from_docs(self, docs):
    # 尝试获取模型的编码
    try:
        encoding = tiktoken.encoding_for_model(self.model)
    except KeyError:
        # 如果模型没有找到，使用 cl100k_base 编码并给出警告
        debug_logger.info("Warning: model not found. Using cl100k_base
            encoding.")
        encoding = tiktoken.get_encoding("cl100k_base")

    num_tokens = 0
    for doc in docs:
        num_tokens += len(encoding.encode(doc.page_content, disallowed_
            special=()))
    return num_tokens

async def _call(self, prompt: str, history: List[List[str]], streaming:
    bool=False) -> str:
    messages = []
    for pair in history:
        question, answer = pair
        messages.append({"role": "user", "content": question})
        messages.append({"role": "assistant", "content": answer})
```

```python
        messages.append({"role": "user", "content": prompt})
        debug_logger.info(messages)

        try:
            if streaming:
                response = self.client.chat.completions.create(
                    model=self.model,
                    messages=messages,
                    stream=True,
                    max_tokens=self.max_token,
                    temperature=self.temperature,
                    top_p=self.top_p,
                    stop=[self.stop_words] if self.stop_words is not None else
                        None,
                )
                debug_logger.info(f"OPENAI RES: {response}")
                for event in response:
                    if not isinstance(event, dict):
                        event = event.model_dump()
                    if isinstance(event['choices'], List) and len(event
                        ['choices']) > 0 :
                        event_text = event["choices"][0]['delta']['content']
                        if isinstance(event_text, str) and event_text != "":
                            debug_logger.info(f"[debug] event_text = [{event_
                                text}]")
                            delta = {'answer': event_text}
                            yield "data: " + json.dumps(delta, ensure_ascii=
                                False)

            else:
                response = self.client.chat.completions.create(
                    model=self.model,
                    messages=messages,
                    stream=False,
                    max_tokens=self.max_token,
                    temperature=self.temperature,
                    top_p=self.top_p,
                    stop=[self.stop_words] if self.stop_words is not None else
                        None,
                )

                debug_logger.info(f"[debug] response.choices = [{response.
                    choices}]")
                event_text = response.choices[0].message.content if response.
                    choices else ""
                delta = {'answer': event_text}
                yield "data: " + json.dumps(delta, ensure_ascii=False)

        except Exception as e:
            debug_logger.info(f"Error calling OpenAI API: {e}")
            delta = {'answer': f"{e}"}
            yield "data: " + json.dumps(delta, ensure_ascii=False)
```

```
    finally:
        # debug_logger.info("[debug] try-finally")
        yield f"data: [DONE]\n\n"

async def generatorAnswer(self, prompt: str,
                history: List[List[str]] = [],
                streaming: bool = False) -> AnswerResult:

    if history is None or len(history) == 0:
        history = [[]]
    debug_logger.info(f"history_len: {self.history_len}")
    debug_logger.info(f"prompt: {prompt}")
    debug_logger.info(f"prompt tokens: {self.num_tokens_from_messages
        ([{'content': prompt}])}")
    debug_logger.info(f"streaming: {streaming}")

    response = self._call(prompt, history[:-1], streaming)
    complete_answer = ""
    async for response_text in response:

        if response_text:
            chunk_str = response_text[6:]
            if not chunk_str.startswith("[DONE]"):
                chunk_js = json.loads(chunk_str)
                complete_answer += chunk_js["answer"]

        history[-1] = [prompt, complete_answer]
        answer_result = AnswerResult()
        answer_result.history = history
        answer_result.llm_output = {"answer": response_text}
        answer_result.prompt = prompt
        yield answer_result
```

完成大模型设置之后即可启动 RAG 服务，以在 Windows 操作系统下使用 CPU 为例，通过 bash scripts/run_for_openai_api_with_cpu_in_Linux_or_WSL.sh 脚本启动服务，并输入问题"火火兔的奶奶是谁？"，可以得到检索结果如图 5-7 所示，包含与问题相关的 question_tokens、prompt_tokens 等字段信息。

火火兔的奶奶是一位温柔的老教师，有一点点孩子气。她喜欢无条件地夸奖孩子，并且对自己的厨艺很有自信。
{'run_id': UUID('239379a8-a284-4a93-b13a-07ad1cad902c'), 'parent_run_id': None, 'tags': [], 'llm_output': {}, 'data': {'content': '火火兔的奶奶是一位温柔的老教师，夸奖孩子，并且对自己的厨艺很有自信。', 'role': 'assistant'}, 'final': False}

{'run_id': UUID('239379a8-a284-4a93-b13a-07ad1cad902c'), 'parent_run_id': None, 'tags': [], 'llm_output': {'token_usage': {'question_tokens': 1193, 'prompt_tokens': 1193, 'completion_tokens': 29, 'total_tokens': 1222}}, 'data': {}, 'final': True}
2024-08-02 17:08:22,722 LLM time: 9.749795913696289

图 5-7　检索结果

5.4.4　生成

基于检索结果，通过大模型进行信息归纳生成，最终输出大模型生成的回复，如图 5-8 所示。

图 5-8　大模型生成的回复

这里利用网上可以获取的"火火兔"故事作为私有数据进行检索，并输送给大模型进行增强生成。实际上，读者可以利用外部知识信源，也可以准备自己的私有数据，并使用 RAG 进行检索。

5.5　本章小结

本章首先对 RAG 的应用情况进行概述，接着，通过 QAnything 框架建立 RAG 工程文件，将知识解析、检索、增强、生成等的整体流程进行串联，实现一个简单的 RAG 检索问答系统。

第 6 章

智能客服问答实践

客服行业具有客户群体大、咨询频次高、问题重复度高等显著特征。借助大模型在NLU、多轮对话、多模态等方面的优势，构建智能客服问答系统，快速生成回复内容，提供高度自然和流畅的对话体验，从而提升客户服务的效率和质量。

6.1 应用概述

智能客服是在大规模知识处理的基础上发展起来的一项面向行业应用的技术手段。智能客服系统集合了大规模知识处理、NLU、知识图谱、智能问答和推理等技术，不仅能够为企业提供细粒度知识管理及精细化管理所需的统计分析信息，还能够为企业与用户之间的良好沟通建立桥梁。

智能客服在实际应用中可以带来以下好处。

1）简易问题解答。在客服咨询场景中，绝大多数问题都是简单且重复的。例如，"我收到的商品有问题应该怎么处理？""我腰疼该挂哪个科室的号？""明天从北京到合肥的高铁还有余票吗？"等。我们将这些简易问题交给智能客服处理，使人工客服专注于较为复杂的问题，将会极大地减少人力成本、提高服务客户的效率。

2）高峰时段解答。在高峰时段，人工客服面临着大量用户的咨询，无法同时处理，这导致用户需要进行排队等待。智能客服可以通过自助服务的方式避免用户长时间的等待。显著提升用户体验，减轻人工客服的负担。

3）个性化推荐。智能客服可以充分利用用户的个人信息，为用户提供定制化的服务。通过分析用户的购买历史、偏好和兴趣，智能客服可以主动推荐相关的产品或服务，以满足用户的特定需求。例如，如果用户经常购买健身器材，智能客服可以向他推荐最新的健身器材或提供健身训练建议。这种个性化的推荐不仅能够提高用户的满意度，还能够增加销售机会和提高用户的忠诚度。

智能客服可以应用在各行各业。在电商行业中，智能客服可用于订单查询、商品推荐、支付支持等。它能帮助用户快速找到所需商品，解决购物过程中的问题，提升购物体验。在医疗行业中，智能客服可用于医疗咨询、预约挂号、病症辨识等服务。它能为患者提供迅速、准确的医疗信息，减轻医院排队等待的压力。在政务行业，智能客服可用于政策咨询、办事指南、在线申报等服务。它能帮助公民迅速获取相关信息，提升政务服务的效率和透明度。

6.2 环境构建

在开始项目实践之前，需要构建项目开发所依赖的环境，并进行开源模型下载。我们可以从 Hugging Face 和 ModelScope 下载智谱 AI 基座大模型 ChatGLM3。

6.2.1 开发环境搭建

本项目使用智谱 AI 开源的第三代基座大模型 ChatGLM3 作为基础大模型，构建项目所需环境。

访问 ChatGLM3 的 GitHub 页面，单击 Code 按钮，并选择拉取方法，如图 6-1 所示。

1）复制项目地址，在 Shell 终端输入" git clone <项目地址>（例如 git clone https://github.com/THUDM/ChatGLM3.git）"，自动拉取仓库。

2）单击 Download ZIP，下载项目文件的压缩包。

图 6-1 ChatGLM3 代码拉取方式

项目下载完成后，在 Anaconda 中创建一个新的虚拟环境，进入已下载的项目路径中，输入 pip install –r requirements.txt。接着，在终端输入 pip list，确认 requirements.txt 中的依赖全都正确安装即可。

6.2.2 开源模型下载

完成依赖环境安装，接下来下载开源大模型 ChatGLM3。如表 6-1 所示，ChatGLM3 包含 3 个版本，可根据实际需求选取不同的版本，本项目使用的是 ChatGLM3-6B 版本。

表 6-1 ChatGLM3 包含的 3 个版本

模型	输入长度限制	特点
ChatGLM3-6B	8K	设计了对话提示，支持工具调用、代码执行和 Agent 任务执行等复杂场景
ChatGLM3-6B-Base	8K	基座模型
ChatGLM3-6B-32K	32K	支持更长的输入

登录 https://huggingface.co/，并搜索 chatglm3，并选择 ChatGLM3-6B 对应的版本，如图 6-2 所示。

图 6-2 使用 Hugging Face 选择 ChatGLM3-6B 版本

Hugging Face 包含页面直接下载、使用 SDK 下载和使用 Git 下载 3 种方法。

1）页面直接下载：单击 Files and versions 标签页可以看到仓库中包含的文件，每个文件旁都有下载按钮，分别单击即可，如图 6-3 所示。注意，该方法一般适合下载单个文件。

2）使用 SDK 下载：撰写代码，使用 from_pretrained 方法实现自动下载。

```
# HuggingFace SDK 下载方法
from transformers import AutoTokenizer, AutoModel
tokenizer = AutoTokenizer.from_pretrained("THUDM/chatglm3-6b", trust_remote_
    code=True)
model = AutoModel.from_pretrained("THUDM/chatglm3-6b", trust_remote_code=True)
```

3）使用 Git 下载：在终端输入 git lfs install，安装 git-lfs，接着输入 git clone https://

huggingface.co/THUDM/chatglm3-6b 下载大模型文件。

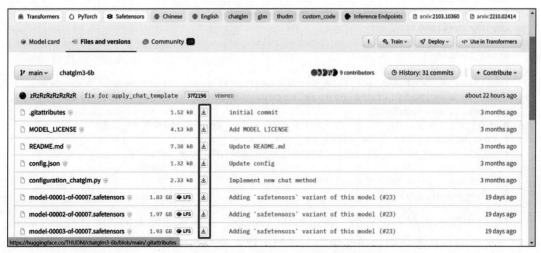

图 6-3　页面下载 ChatGLM3-6B 模型

ModelScope 提供了使用 SDK 下载、使用 Git 下载 2 种方法。

1）使用 SDK 下载：编写代码，使用 snapshot_download 方法实现大模型文件下载。

```
# Modelscope SDK 下载方法
from modelscope import snapshot_download
model_dir = snapshot_download('ZhipuAI/chatglm3-6b')
```

2）使用 Git 下载：在终端输入 git clone https://www.modelscope.cn/ZhipuAI/chatglm3-6b.git 实现大模型文件下载。

6.3　应用开发

智能客服系统的核心功能是多轮对话，接下来利用 ChatGLM3 构建一个简单的多轮对话系统，实现多轮对话功能。

6.3.1　实现多轮对话系统

具体步骤如下。

1）加载大模型和分词器。相关代码存放在 loadModel.py，该代码可实现大模型和分词器的加载。其中，代码中的大模型路径可以换成模型本地存放的位置。注意，如果显卡资源不足，需要指定量化加载，即在使用 from_pretrained() 方法加载预训练模型的时候，需加上 .quantize(4) 函数以进行量化加载。

```
import os
```

```
import platform
import signal
from transformers import AutoTokenizer, AutoModel
import readline

model_path=''
# 加载分词器和大模型
tokenizer = AutoTokenizer.from_pretrained(model_path, trust_remote_code=True)
model = AutoModel.from_pretrained(model_path, trust_remote_code=True).
    quantize(4).cuda()
# 如果有多显卡支持，可使用下面两行代替上面一行，将 num_gpus 改为实际的显卡数量
# from utils import load_model_on_gpus
# model = load_model_on_gpus("THUDM/chatglm3-6b", num_gpus=2)

# 将模型设置为评估模式后，可使用大模型进行预测或测试
model = model.eval()
```

2）使用提示实现多轮对话。使用 build_prompt() 方法构建输入的提示，将历史对话信息和最新的对话查询组合一起传给大模型，让大模型利用之前的对话内容，实现多轮对话。

```
# 根据操作系统的类型，设置清除历史记录的命令标志

os_name = platform.system()
clear_command = 'cls' if os_name == 'Windows' else 'clear'
stop_stream = False
# 欢迎消息的提示文本
welcome_prompt = " 欢迎 ChatGML—6B 模型，输入内容即可进行对话（clear 清空对话历史；stop 终止
    程序）"

# 根据对话历史构建提示文本
def build_prompt(history):
    prompt = welcome_prompt
    for query, response in history:
        prompt += f"\n\n用户：{query}"
        prompt += f"\n\n大模型：{response}"
    return prompt

# 信号处理函数，用于处理程序终止
def signal_handler(signal, frame):
    global stop_stream
    stop_stream = True
```

3）实现 main() 方法。首先获取用户输入，如果输入是"clear"就清空历史记录，如果是"stop"则退出系统。如果是其他内容，则交由大模型处理。使用 model.stream_chat() 模型推理方法，其中需要传入分词器、用户查询、对话历史信息。为了节省推理时间，可以传入 past_key_values 避免历史信息的重复计算。注意，past_key_values 参数需要设定 return_past_key_values=True，即要求模型返回时才可以获得传入的对话历史信息。

```
def main():
    past_key_values, history = None, []
```

```
global stop_stream
print(welcome_prompt)
while True:
    # 获取用户输入
    query = input("\n用户: ")

    # 检查终止命令或清除历史记录命令
    if query.strip() == "stop":
        break
    if query.strip() == "clear":
        past_key_values, history = None, []
        os.system(clear_command)
        print(welcome_prompt)
        continue

    print("\n大模型: ", end="")
    current_length = 0
    # response: 大模型生成的回复
    # history: 大历史对话
    # past_key_values: 大记录每个时间步的键和值，避免重复计算
    for response, history, past_key_values in model.stream_chat(tokenizer,
        query, history=history,
past_key_values=past_key_values,return_past_key_values=True):
        if stop_stream:
            stop_stream = False
            break
        else:
            print(response[current_length:], end="", flush=True)
            current_length = len(response)
    print("")

if __name__ == "__main__":
    main()
```

实现多轮对话问答系统的具体代码存放在 clientDemo.py，运行 clientDemo.py，输出结果如图 6-4 所示。

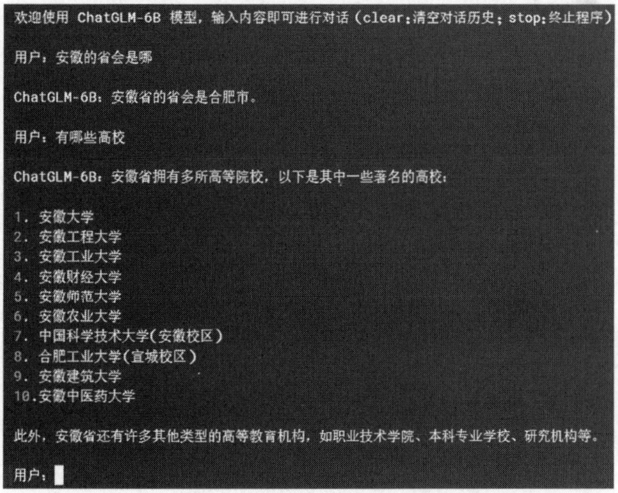

此时，我们利用 ChatGLM3 构建了一个简单的多轮对话系统。接下来为实现更好的交互效果，我们需要针对提示进行重点优化。

图 6-4 多轮对话问答系统输出结果示例

6.3.2 提示优化

提示最初是 NLP 技术人员为特定领域任务设计出来的一种输

入形式或模板，在 ChatGPT 引发大模型广泛关注之后，提示成为用户与大模型交互输入的代称。

编写提示指令最重要的一点是清晰、具体。编写者要明确自己的需求，在提示中不应该存在歧义。值得注意的是，很多人在写提示时将"清晰、具体"误解成短小精悍，事实上，提示的质量并不和其长度挂钩。有时候，较长的提示会提供丰富的上下文，帮助大模型去理解需求，增强大模型的语义理解能力。下面我们利用提示设计技巧来优化大模型的回答。

1. 预防提示注入

提示注入（Prompt Rejection）是指用户输入的文本可能包含和预设提示相冲突的内容，如果不加分隔，这些输入就可能"注入"并操纵大模型，导致大模型产生毫无关联的输出。简单来说，提示实质是一段由提示模板加查询指令组成的文本，我们可以用特殊符号将查询与注入分隔，避免混淆。这些特殊符号可以是 ``` 、 """ 、< >、<tag> </tag> 等。以下是一段代码示例：

```
from zhipuai import ZhipuAI

# 请根据大模型的要求，自行申请并替换 API
client = ZhipuAI(api_key="af115fb9e272d9910419920b9e116352.VWKlkocMDKbFEakl")

text=' 介绍一下华为 watch GT4'
prompt=f"""
现在你要扮演一位客服，来回答用户提出的问题。\
你回答的语气要保持谦逊、礼貌。\
你的回答要根据提供的规则来回答，不要回答无关内容，尽量保持简洁。\
如果你无法回答用户提出的问题，你要回复"无法回答该问题，请联系人工客服"。

规则：
商品名称：华为 watch GT4 \
表盘大小：46mm、41mm \
商品规格：\
46mm 包含三种：\
1. 颜色：云杉绿，表带：立体编织复合表带，价格：2088，是否有货：无 \
2. 颜色：山茶棕，表带：经典皮质表带，价格：1788，是否有货：有 \
3. 颜色：曜石黑，表带：氟橡胶表带，价格：1588，是否有货：有 \
41mm 包含三种：\
1. 颜色：幻夜黑，表带：氟橡胶表带，价格：1488，是否有货：有 \
2. 颜色：凝霜白，表带：细腻皮质表带，价格：1688，是否有货：有 \
3. 颜色：皓月银，表带：间金工艺表带，价格：2688，是否有货：有 \

你要回答用三个反引号括起来的问题：```{text}```
"""

response = client.chat.completions.create(
    model="glm-4-0520",
    messages=[
        {
```

```
            "role": "system",
            "content": "你是一个乐于解答各种问题的助手，你的任务是为用户提供专业、准确、有
                见地的建议。"
        },
        {
            "role": "user",
            "content": prompt
        }
    ],
    top_p= 0.7,
    temperature= 0.95,
    max_tokens=4095,
    stream=True,
)
answer=str()
for trunk in response:
    answer+=trunk.choices[0].delta.content
print(answer)
```

预防注入输出示例如图 6-5 所示。

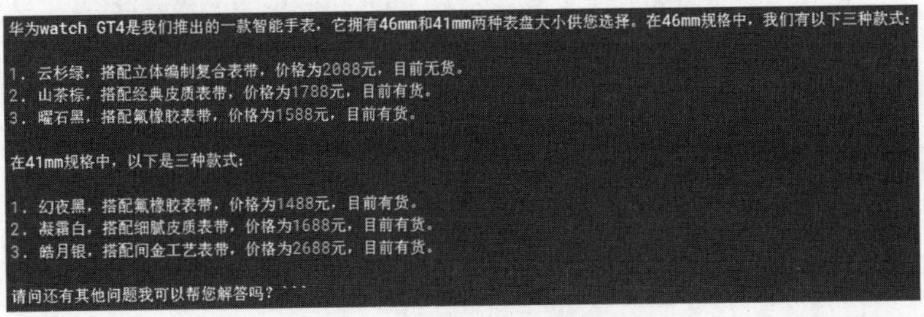

```
华为watch GT4是我们推出的一款智能手表，它拥有46mm和41mm两种表盘大小供您选择。在46mm规格中，我们有以下三种款式：

1. 云杉绿，搭配立体编制复合表带，价格为2088元，目前无货。
2. 山茶棕，搭配经典皮质表带，价格为1788元，目前有货。
3. 曜石黑，搭配氟橡胶表带，价格为1588元，目前有货。

在41mm规格中，以下是三种款式：

1. 幻夜黑，搭配氟橡胶表带，价格为1488元，目前有货。
2. 凝霜白，搭配细腻皮质表带，价格为1688元，目前有货。
3. 皓月银，搭配间金工艺表带，价格为2688元，目前有货。

请问还有其他问题我可以帮您解答吗？```
```

图 6-5　预防注入输出示例

通过输出，我们可以看出大模型按照规则输出了“华为 watch GT4”的款式信息。

2. 结构化输出

结构化输出就是按照某种格式组织（例如 JSON、HTML 等）并输出的内容。大模型的输出一般是连续的文本，然而在一些特殊的任务中，需要大模型输出结构化的文本以便进行下一步的处理。

```
text='介绍一下华为 watch GT4，以 JSON 格式输出，其中包含以下键：表盘大小，颜色，表带，价格和是
    否有货。'
prompt=f"""
现在你要扮演一位客服，来回答用户提出的问题。\
你回答的语气要保持谦逊、礼貌。\
你的回答要根据提供的规则来回答，不要回答无关内容，尽量保持简洁。\
如果你无法回答用户提出的问题，你要回复“无法回答该问题，请联系人工客服”。

规则：
商品名称：华为 watch GT4 \
表盘大小：46mm、41mm \
```

```
商品规格：\
46mm 包含三种：\
1. 颜色：云杉绿，表带：立体编织复合表带，价格：2088，是否有货：无 \
2. 颜色：山茶棕，表带：经典皮质表带，价格：1788，是否有货：有 \
3. 颜色：曜石黑，表带：氟橡胶表带，价格：1588，是否有货：有 \
41mm 包含三种：\
1. 颜色：幻夜黑，表带：氟橡胶表带，价格：1488，是否有货：有 \
2. 颜色：凝霜白，表带：细腻皮质表带，价格：1688，是否有货：有 \
3. 颜色：皓月银，表带：间金工艺表带，价格：2688，是否有货：有 \

你要回答用三个反引号括起来的问题：```{text}```
"""
```

将该提示输入大模型，输出如图 6-6 所示。

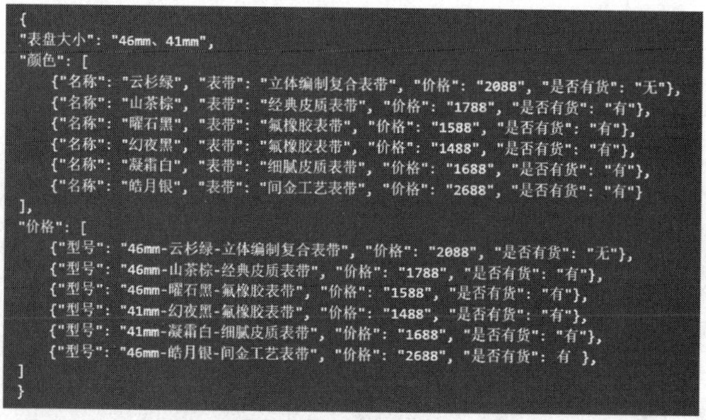

图 6-6　结构化输出示例

通过输出，我们可以看出大模型按照规则输出了结构化的信息。

3. 要求模型扮演角色

通过将大模型置于特定角色的位置上，可以引导大模型从该角色的视角来理解和解决具体问题，并基于特定背景知识提供更准确和相关的答案。我们可以要求大模型扮演成客服角色，检查提供的商品资料是否满足用户的需求。

```
text=' 手表支持支付宝支付吗 '
prompt=f"""
现在你要扮演一位客服，来回答用户提出的问题。\
你回答的语气要保持谦逊、礼貌。\
你的回答要根据提供的规则来回答，不要回答无关内容，尽量保持简洁。\
如果你无法回答用户提出的问题，你要回复 " 无法回答该问题，请联系人工客服 "。\

规则：
商品名称：华为 watch GT4 \
具体功能：\
1. 融合智能检测技术，计算每日活动小时数、锻炼时长和活动热量，计算每日卡路里缺口。\
2. 支持走跑骑游多种专业运动模式，实时监测各项运动数据，提供专业的训练建议。\
3. 记录心率、跑步轨迹和睡眠监测。\
```

4. 可以查看微信消息并且可以快速回复，以及微信支付。\
5. 支持蓝牙通话。\
6. 集成多种应用。\
7. 支撑 NFC，可以解锁门禁和刷交通卡。\
8. 兼容安卓和 iOS 系统。\
9. 超长续航，常规场景可使用 8 天，最长使用场景可使用 14 天。

你要回答用三个反引号括起来的问题：```{text}```
"""

客服输出示例如图 6-7 所示。

> 尊敬的用户，您好！华为watch GT4手表支持微信支付，但目前暂不支持支付宝支付。如果您有其他问题或需要帮助，请随时联系我们的人工客服，谢谢！

图 6-7　客服输出示例

由该商品资料可知，手表支持微信支付是正确的，但不支持支付宝支付。

4. 少样本学习示例

在有些场景下，我们期望自定义模型的输出格式。为了满足这个需求，我们可以使用少样本（Few-shot）学习，即在模型执行任务前，提供少量示例告诉模型期望的输出格式。

在接下来的示例中，我们要求智能客服在回答用户问题的时候，首先向用户问好，然后根据相应的规则来回答用户的问题，最后提示用户如果无法解决问题可以联系人工客服介入做进一步处理。

```
text=' 我买的衣服穿着不合适，但是价签被我撕了，还能退货吗？'
prompt=f"""
现在你要扮演一位客服，来回答用户提出的问题。\
你回答的语气要保持谦逊、礼貌。\
你的回答要根据提供的规则来回答，不要回答无关内容，回答尽量保持简洁。\
如果你无法回答用户提出的问题，你要回复无法回答该问题，请联系人工客服。

规则：
买家提出"七天无理由退货"服务的申请条件：
1. 买家在签收商品之日起七天内，对支持七天无理由退货并符合完好标准的商品，可发起七天无理由退货申请。
2. 选择无理由退货的买家应当自收到商品之日起七天内向卖家发出退货通知。七天期限为自物流显示签收商品的次日零时开始起算，满 168 小时为 7 天。
3. 买家退回的商品应当完好。
4. 支持七天无理由退货的商品，卖家单方或买卖双方约定不支持七天无理由退货的行为无效。
5. 不同品类的商品适用七天无理由退货与否的情形：

你的回答可以遵循以下风格：
< 用户 >：卖家在商品上标了七天无理由退货，但是反悔了怎么办？
< 客服 >：尊敬的客户你好，根据"七天无理由退货"服务的申请条件的第 4 条，支持七天无理由退货的商品，
        卖家单方或买卖双方约定不支持七天无理由退货的行为无效。你可以继续和商家沟通退货，如果无法解
        决，可联系人工客服介入。
你要回答用三个反引号括起来的问题：```{text}```
"""
```

将该提示输入大模型后，得到的输出如图 6-8 所示。

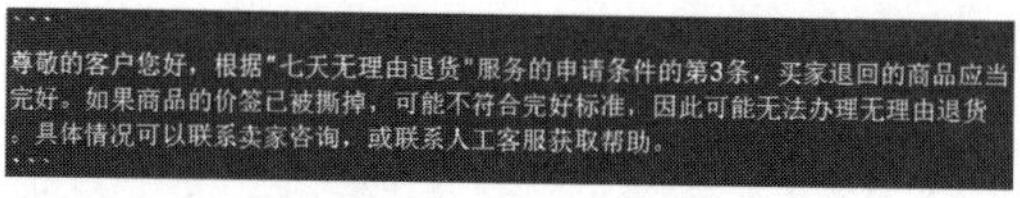

尊敬的客户您好，根据"七天无理由退货"服务的申请条件的第3条，买家退回的商品应当完好。如果商品的价签已被撕掉，可能不符合完好标准，因此可能无法办理无理由退货。具体情况可以联系卖家咨询，或联系人工客服获取帮助。

图 6-8　输出示例

用好少样本学习示例，可以让大模型轻松适用于各种任务。

5. 迭代优化

对大多数人来说，很难一次就编写出完美、合适的提示。因此，我们需要先编写出基本的提示，之后根据模型的输出，不断调整提示的内容，进行迭代优化，直至编写出最合适的提示。

接下来，通过示例介绍提示优化和迭代的思路。给出一个产品的资料说明，要求大模型基于这些资料生成一份产品描述，步骤如下。

1）首先编写一个初始的提示，这个提示中包含了我们的基本需求。

```
prompt = f"""
你的任务是帮助营销团队基于技术说明书创建一个产品的营销描述。
根据 ``` 标记的技术说明书中提供的信息，编写一个产品描述。
技术说明：```{fact_sheet_chair}```
"""
```

2）通过初始提示，给出具体的提示。

```
# 给定一份椅子的资料页。描述说它属于中世纪风格系列，产自意大利，并介绍了材料、构造、尺寸、可选配
    件等参数。假设你想要使用这份说明书帮助营销团队撰写电商平台的营销描述稿。
fact_sheet_chair = """
概述
美丽的中世纪风格办公家具系列的一部分，包括文件柜、办公桌、书柜、会议桌等。
多种外壳颜色和底座涂层可选。
可选塑料前后靠背装饰（SWC-100）或 10 种面料和 6 种皮革的全面装饰（SWC-110）。
底座涂层选项为：不锈钢、哑光黑色、光泽白色或铬。
椅子可带或不带扶手。
适用于家庭或商业场所。
符合合同使用资格。
结构
五个轮子的塑料涂层铝底座。
气动椅子调节，方便升降。
尺寸
宽度 53 厘米 |20.87 英寸
深度 51 厘米 |20.08 英寸
高度 80 厘米 |31.50 英寸
座椅高度 44 厘米 |17.32 英寸
座椅深度 41 厘米 |16.14 英寸
选项
软地板或硬地板滚轮选项。
两种座椅泡沫密度可选：中等（1.8 磅 / 立方英尺）或高（2.8 磅 / 立方英尺）。
无扶手或 8 个位置 PU 扶手。
材料
外壳底座滑动件
```

改性尼龙 PA6/PA66 涂层的铸铝。
外壳厚度: 10 毫米。
座椅
HD36 泡沫
原产国
意大利
"""

将这个提示输入到大模型，得到大模型输出的产品描述示例，如图 6-9 所示。

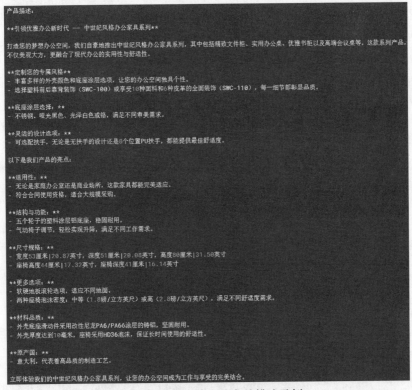

图 6-9　大模型输出的产品描述示例

大模型很好地将产品的说明资料转变成了产品描述文案，但是这份产品描述太长了。当客服将这个产品描述发送给用户时，用户可能根本没有耐心看完这个冗长的文本。因此，进一步，需要在提示中限制产品描述的字数。

3）优化提示，给出产品描述字数限制。

```
# 优化提示，要求生成描述不多于 50 字
prompt = f"""
你的任务是帮助营销团队基于技术说明书创建一个产品的零售网站描述。
根据 ``` 标记的技术说明书中提供的信息，编写一个产品描述。
使用最多 50 个字。
技术规格: ```{fact_sheet_chair}```
"""
```

输出优化后的提示，得到大模型输出的产品描述如图 6-10 所示。

```
欢迎来到我们的中世纪风格办公家具系列！这款精美的文件柜、办公桌、书柜和会议桌等，提供多种颜色和底座涂层选择。可选塑料前后靠背装饰或全面装饰，底座涂层有不锈钢、哑光黑色、光泽白色和铬可选。椅子可带或不带扶手，适用于家庭或商业场所。尺寸：53x51x80cm，座椅高度44x41cm。软地板或硬地板滚轮选项，两种座椅泡沫密度可选。无扶手或8个位置PU扶手。意大利制造，品质保证。
```

图 6-10　优化后输出的产品提示

这次生成的产品描述比第一次生成的简短了很多，但是我们发现，即使提示中设置了使用最多 50 个字，生成的内容还是超出了限制。这是因为大模型计算和判断文本长度时依赖于分词器，而分词器的字符统计并不完全准确。目前有多种方法可尝试控制大模型生成输出的长度，例如指定语句数、词数、汉字数等。虽然大模型对长度约束的遵循并非 100% 精确，但通过迭代测试可以找到最佳的长度提示表达式，使生成文本基本符合长度要求。这需要开发者对语言模型的长度判断机制有一定理解，并愿意多次试验来确定最可靠的长度设置方法。

由于减少了产品描述的字数，因此大模型在生成的过程中会尽量使用简洁的语言，同时会舍弃部分信息。在技术说明书中有很多具体数字参数的说明，但消费者并不关注这些，更想从宏观层面了解该产品，因此需要大模型在生成产品描述时更加侧重对产品的概述，减少具体参数的说明。

4）优化提示，侧重对产品的概述。

```
# 优化后的提示，说明面向对象，应具有什么性质且侧重于什么方面
prompt = f"""
你的任务是帮助客服团队基于技术说明书创建一个产品的描述。
根据 ``` 标记的技术说明书中提供的信息，编写一个产品描述。
该描述面向卖家，因此应侧重对产品的概述，减少具体参数的说明。
使用最多 80 个字。
技术规格：```{fact_sheet_chair}```
"""
```

输出优化后的提示，得到侧重产品概述的产品描述如图 6-11 所示。

```
欢迎选购我们的中世纪风格办公家具系列，包括文件柜、办公桌、书柜和会议桌等。可选择多种颜色和涂层的底座，以及塑料或全面面料装饰的椅子。适用于家庭或商业场所，符合合同使用资格。结构稳固，尺寸适中，座椅高度可调节，可选软地板或硬地板滚轮，两种密度的泡沫座椅。外壳底座滑动件采用改性尼龙PA6/PA66涂层的铸铝制成，座椅则选用HD36泡沫。意大利原产。
```

图 6-11　侧重产品概述的产品描述

5）修改大模型输出为表格形式。

```
# 要求大模型抽取信息后将信息组织成表格，并指定表格的列名、表名和格式
prompt = f"""
你的任务是帮助客服团队基于技术说明书创建一个产品的描述。
根据 ``` 标记的技术说明书中提供的信息，编写一个产品描述。
该描述面向卖家，因此应侧重对产品的概述，减少具体参数的说明。
使用最多 50 个单词。
在描述之后，包括一个提供产品尺寸的表格。表格应该有两列：第一列包括尺寸的名称；第二列只包括以英寸
    为单位的测量值。
给表格命名为 " 产品尺寸 "。
```

将所有内容格式化为可用于网站的 **HTML** 格式，将描述放在 **<div>** 元素中。

技术规格：```{fact_sheet_chair}```

"""

大模型给出的 HTML 格式的产品描述如图 6-12 所示。

```html
<div>美丽的中世纪风格办公家具系列，多颜色和涂层选项，可调气动椅子。</div>

<table name="产品尺寸">
  <tr>
    <th>尺寸名称</th>
    <th>英寸</th>
  </tr>
  <tr>
    <td>宽度</td>
    <td>20.87</td>
  </tr>
  <tr>
    <td>深度</td>
    <td>20.08</td>
  </tr>
  <tr>
    <td>高度</td>
    <td>31.50</td>
  </tr>
  <tr>
    <td>座椅高度</td>
    <td>17.32</td>
  </tr>
  <tr>
    <td>座椅深度</td>
    <td>16.14</td>
  </tr>
</table>
```

图 6-12　HTML 格式的产品描述

将 HTML 格式的元素转成具体的表格显示。

```
from IPython.display import display,HTML
display(HTML(response))
```

具体表格形式的输出结果如图 6-13 所示。

美丽的中世纪风格办公家具系列，多颜色和装饰选项，符合合同要求。	
尺寸名称	英寸
宽度	20.87
深度	20.08
高度	31.50
座椅高度	17.32
座椅深度	16.14

图 6-13　具体表格形式的输出

6）判断用户情绪。在智能客服问答场景中，判断用户的情绪是十分重要的，可以通过提示来判断用户输入文本中蕴含的情绪。

```
review = """
我需要一盏漂亮的卧室灯，这款灯具有额外的储物功能，价格也不算太高。\
我很快就收到了它。在运输过程中，我们的灯绳断了，但是公司很乐意寄送了一个新的。\
几天后就收到了。这款灯很容易组装。我发现少了一个零件，于是联系了他们的客服，他们很快就给我寄来了
    缺失的零件！\
```

```
在我看来，Lumina 是一家非常关心顾客和产品的优秀公司！
"""
prompt = f"""
判断以下用三个反引号分隔的产品评论的情感，如果是积极的就回答:"感谢你对我们产品的支持！！"，如
果是消极的则回答:"非常抱歉给你带来不愉快的体验，有任何问题请联系客服解决！！"\
评论文本：```{review}```
"""
```

智能客服问答根据文本中蕴含的情绪返回的响应结果如图 6-14 所示。

```
python textEmotion.py
感谢您对我们产品的支持！！
```

图 6-14　根据文本中蕴含的情绪返回的响应结果

6.3.3　第三方工具调用

在 ChatGLM3 中，模型可以自行调用工具作为辅助来完成任务。在智能客服场景中，工具调用可以让大模型完成原本无法完成的任务，订单查询任务便是其中的代表。订单查询需要用户个性化的数据，这些数据并没有包含在大模型的训练过程中，因此大模型无法完成查询任务。这时，可以借助第三方工具得到订单数据并传给大模型，这样大模型就拥有了订单查询的能力。

在 ChatGLM3 调用工具的过程中，我们需要按照官方要求编写一份工具模板，并传给大模型。下面来看一个示例。定义一个名为 get_order_detail 的工具模板，并指明必须包含参数 order_id。接着，通过历史对话的形式将工具模板传给大模型，告诉大模型在解决问题的时候可以利用这个工具模板。之后，我们尝试查询订单，大模型会选择合适的工具模板来解析用户的问题并返回需要调用的方法名以及包含的参数。大模型输出的内容表示需要调用 get_order_detail() 方法，且参数 order_id 的值为 10002051。get_order_detail 工具模板的代码如下。

```
tools=[
    {
        "name": "get_order_detail",
        "description": "查询订单的详细信息。",
        "parameters": {
            "type": "object",
            "properties": {
                "order_id": {
                    "description": "需要查询的订单编号"
                }
            },
            "required": ['order_id']
        }
    }]
system_info = {"role": "system",
                "content": "Answer the following questions as best as you can.
                    You have access to the following tools:",
```

```
                "tools": tools}
history=[system_info]
query=" 查询编号为 10002051 的订单 "
# 第一次调用模型
response,history=model.chat(tokenizer,query,history=history)
response
```

大模型输出结果如下。

```
{'name':'get_order_detail','parameters':{'order_id':10002051}}
```

到目前为止是第一次调用大模型，大模型返回了需要调用的方法以及传入的参数，但是我们并没有定义 get_order_detail() 这个方法，接下来我们需要实现它。实现示例如下，读者可根据实际的业务场景进行不同的实现。

```
def get_order_detail(
    order_id:Annotated[str,'The order number to be queried', True]
) -> str:
    """
    Get the detail for 'order_id'
    """
    order_id=int(order_id)
    # 加载订单数据源
    order_data=pd.read_excel(' 订单数据 .xlsx')
    # 获取存在的订单编号
    order_id_list=order_data[' 商品编号 '].to_list()
    # 判断输入的订单编号是否存在
    if order_id in order_id_list:
        # 获取订单编号的索引
        idx=order_id_list.index(order_id)
        order_detail=eval(order_data.loc[idx].to_json(force_ascii=False))
        # 时间戳格式在 to_json 后会被破坏，需要重新设置时间
        order_detail[' 下单时间 ']=order_data.loc[idx][' 下单时间 '].strftime("%Y-%m-
            %d %H:%M:%S")
        # 如果订单状态是已取消，则不需要提供支付单号和支付时间
        if order_detail[' 订单状态 '] == ' 已取消 ':
            del order_detail[' 支付单号 ']
            del order_detail[' 支付时间 ']
        else:
            order_detail[' 支付时间 ']=order_data.loc[idx][' 支付时间 '].strftime("%Y-
                %m-%d %H:%M:%S")
        return str(order_detail)
    # 如果订单编号不存在，则不进行查询
    else:
        return ' 查询的订单不存在 '
```

实现方法后，需要使用官方提供的方法注册工具，接着利用工具获取订单的详情信息传给大模型，让它最终完成任务。在以下所示的代码中，register_tool 方法和 dispatch_tool 方法都是 ChatGLM3 官方提供的方法，register_tool 用来注册自定义的工具，dispatch_tool 用来调用工具，将得到的结果输入大模型完成查询任务。需要注意的是，根据官方规定，

工具获得的值需要在 role 参数中指明，否则大模型会混淆。

```
register_tool(get_order_detail)
res=dispatch_tool(response['name'],response['parameters'])
# 这里 role="observation" 表示输入的是工具调用的返回值，而不是用户输入，不能省略
response,history=model.chat(tokenizer,res,role='observation',history=history)
response
```

智能客服调用第三方工具输出查询结果，如图 6-15 所示。

根据您的查询，我已经为您找到了编号为10002051的订单信息。这款商品是[追加限量]GSC 食戟之灵 薙切绘里奈 手办 再版，价格为102.75元。您于2019-02-09 16:00:00下单，于同一天16:00:40支付，订单号为'4083290968857591808'，您的订单状态为待支付，同时，这是一份海外订单。

图 6-15　大模型调用第三方工具输出查询结果

我们以历史对话的形式将第三方订单传给大模型，让大模型在解决问题的时候可以利用这个工具模板。实现订单查询，并输出查询结果。

6.4　应用部署

完成了基于大模型智能客服问答功能的开发之后，接下来，需要为应用构建一个可视化页面并部署至服务端。

我们使用 Streamlit 框架进行智能客服问答系统的框架部署。首先，需要安装 Streamlit 模块依赖，创建一个功能为智能客服部署框架的服务启动 Python 脚本文件。主要代码如下：

```
# 获取用户输入
prompt_text = st.chat_input("请输入你的问题")
# 如果用户输入了内容，则生成回复
if prompt_text:
    input_placeholder.markdown(prompt_text)
    history = st.session_state.history
    show_history = st.session_state.show_history
    show_history.append(
        {'role': 'user', 'content': prompt_text}
    )
    # 识别用户想要查询的物体
    recognize_prompt = f"""
请识别用三个反引号括起来的文本中用户想要查询什么。如果识别成功，只需要输出识别的商品；如果识别失败，则输出识别失败。
    ```{prompt_text}```
    """
    recognize_resp =chat_model.request(chat_model.getText('user',recognize_prompt))

    # 如果识别失败，则返回"无法识别你需要查询的商品"。
    if recognize_resp == "识别失败":
        response = "无法识别你需要查询的商品。"
```
```

```
        message_placeholder.markdown(response)
        history.append(
            {'role': 'user', 'content': recognize_prompt}
        )
        history.append(
            {"role": "assistant", "content": response}
        )
        show_history.append(
            {"role": "assistant", "content": response}
        )
    else:
        # 若识别成功，则通过相似度计算找到目标商品
        item_embedding = model.encode(recognize_resp)
        sim_score = util.pytorch_cos_sim(embeddings, item_embedding)
        # 若识别出的商品不存在
        if sim_score.max() < 0.8:
            response=' 非常抱歉，我无法为你提供关于 %s 的信息。' % recognize_resp.
                rstrip('。')
        else:
            target_item = item_list[sim_score.argmax()]
            target_item_des = '\n'.join(item_dict[target_item])
            # 将对话记录存储
            history.append(
                {"role": "system",
                 "content": f" 你是一位智能客服，你要热情且谦逊地回答用户的问题。下面用三个
                    反引号括起来的是关于 {target_item} 的一些商品描述，你的回答要基于这些
                    描述，不可捏造。```{target_item_des}```"}
            )
            history.append(
                {"role": "user", "content": prompt_text}
            )
            # 得到回复
            response = chat_model.request(question=history)
        history.append({"role": "assistant", "content": response})
        show_history.append({"role": "assistant", "content": response})
        message_placeholder.markdown(response)
# 更新历史记录
st.session_state.history = history
st.session_state.show_history = show_history
```

在终端输入 Streamlit run 命令，即可启动智能客服问答系统服务，具体命令如下。

```
streamlit run streamlit_demo.py
```

Streamlit 会将上述的 Python 脚本文件部署到服务器，并设置相应的端口号，使用浏览器打开相应的 URL 链接即可查看，控制台日志输出信息如图 6-16 所示。

图 6-16 控制台日志输出信息

使用浏览器打开相应的 URL 链接即可查看智能客服系统主界面，如图 6-17 所示。

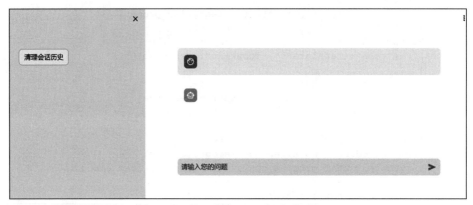

图 6-17　智能客服问答系统主界面

输入想要咨询的问题，再按下回车键，即可得到智能客服问答系统的答复，如图 6-18 所示。

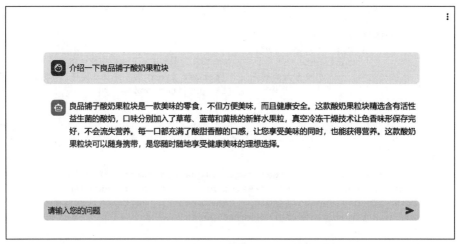

图 6-18　智能客服问答系统对话示例

如果想对 Streamlit 框架了解更多，可参考 Streamlit 框架相关资料进行学习。

6.5　本章小结

本章从大模型在智能客服问答中的应用讲起，基于智谱 AI 开源的第三代基座大模型 ChatGLM3 大模型，讲解如何搭建开发环境，以及利用 ChatGLM3 构建一个简单的多轮对话系统，实现多轮对话的智能问答。本章还讲解了提示设计在智能客服中的应用与第三方工具调用，以及应用部署。

第 7 章

学科知识问答实践

智慧教育一直是最受关注的大模型技术落地应用场景之一。教育领域有大量的学科知识图谱构建及精准教学、个性化学习方面的强烈需求，为智慧教育带来了很大的想象空间。可基于大模型构建学科知识问答系统，进而提供精准教学及个性化学习服务。

7.1 应用概述

基于大模型技术构建学科知识问答是 AI 和教育相结合的重要环节。学科知识大模型可以为用户提供快速、准确的学科知识获取途径，回答各种学科领域的问题，涵盖从基础概念到高级理论的广泛内容。用户可以通过与模型交互，直接获得所需的知识，而无须在大量资料中进行烦琐的搜索。

学科知识问答大模型可以成为学生、教师和技术人员的有益工具。学生可以通过向模型提问，深入了解和巩固学科知识。教师可以在教学过程中使用模型回答学生提出的问题，提供更多的解释和示例，帮助学生理解。另外，学科知识问答大模型可以为专业人士提供有力的支持。无论是医生、律师、工程师还是其他领域的专家，他们在日常工作中经常需要查找和理解大量的学科知识。学科知识问答大模型可以作为他们工作和学习的智能助手，快速提供相关信息和解答。最后，学科知识问答大模型可以为各种智能化服务和产品提供核心功能。例如，智能搜索引擎可以利用模型回答用户的问题，提供更准确和详细的搜索结果。

7.2 环境构建

在项目实践之前，我们需要构建开发所需要的依赖环境及下载问答系统构建的框架。

7.2.1 开发环境搭建

Langchain-Chatchat 是基于 Langchain 与 ChatGLM 等语言模型构建的本地知识库问答系统。学科知识问答实践将基于 Langchain-Chatchat 的开源项目进行二次开发。在实践之前，我们需要获取问答系统构建框架的原始代码，并构建项目所使用的虚拟环境。首先，访问 Langchain-Chatchat 的 GitHub 页面，拉取项目仓库，如图 7-1 所示。

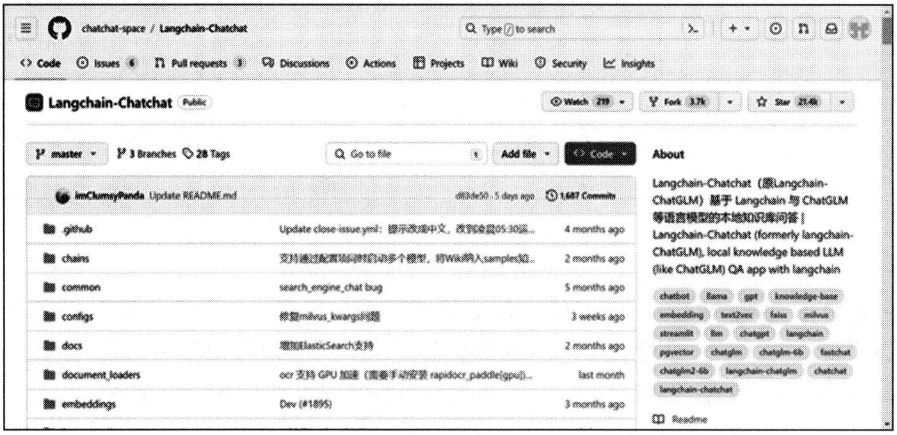

图 7-1　Langchain-Chatchat 开源项目页面

项目下载完成后，在 Anaconda 中创建一个新的虚拟环境，Python 版本需要介于 3.8～3.11 之间。进入已下载的项目路径，输入 pip install –r requirements.txt 安装依赖文件。

使用之前已下载的 ChatGLM3。然后下载 m3e-small 嵌入模型，下载地址为：https://huggingface.co/moka-ai/m3e-small。在终端输入 pip list，检查依赖是否全都正确安装，并完成基础模型的下载。

7.2.2 项目参数配置

完成下载之后，需要进行项目参数配置。配置文件在 config 文件夹下，如表 7-1 所示，包括 basic_config.py、kb_config.py、model_config.py、prompt_config.py、sever_config.py 等。

我们主要配置 model_config 中的参数，步骤如下。

表 7-1　学科知识问答系统的配置文件

文件名	描述
basic_config.py	日志配置
kb_config.py	知识库配置
model_config.py	模型配置
prompt_config.py	提示模板配置
sever_config.py	项目部署配置

1）找到 embed_model 中的 m3e-small 参数并设置本地模型路径。

```
MODEL_PATH = {
    "embed_model": {
        "ernie-tiny": "nghuyong/ernie-3.0-nano-zh",
        "ernie-base": "nghuyong/ernie-3.0-base-zh",
```

```
    "text2vec-base": "shibing624/text2vec-base-chinese",
    "text2vec": "GanymedeNil/text2vec-large-chinese",
    "text2vec-paraphrase": "shibing624/text2vec-base-chinese-paraphrase",
    "text2vec-sentence": "shibing624/text2vec-base-chinese-sentence",
    "text2vec-multilingual": "shibing624/text2vec-base-multilingual",
    "text2vec-bge-large-chinese": "shibing624/text2vec-bge-large-chinese",
    "m3e-small": "",
    "m3e-base": "moka-ai/m3e-base",
    "m3e-large": "moka-ai/m3e-large",
    "bge-small-zh": "BAAI/bge-small-zh",
    "bge-base-zh": "BAAI/bge-base-zh",
    "bge-large-zh": "BAAI/bge-large-zh",
    "bge-large-zh-noinstruct": "BAAI/bge-large-zh-noinstruct",
    "bge-base-zh-v1.5": "BAAI/bge-base-zh-v1.5",
    "bge-large-zh-v1.5": "BAAI/bge-large-zh-v1.5",
    "bge-m3": "BAAI/bge-m3",
    "piccolo-base-zh": "sensenova/piccolo-base-zh",
    "piccolo-large-zh": "sensenova/piccolo-large-zh",
    "nlp_gte_sentence-embedding_chinese-large": "damo/nlp_gte_sentence-
        embedding_chinese-large",
    "text-embedding-ada-002": "your OPENAI_API_KEY",
}
```

2）设置 API，配置密钥。

```
# 具体注册及 API key 获取请前往 https://xinghuo.xfyun.cn/
"xinghuo-api": {
    "APPID": "7061c4c6",
    "APISecret": "",
    "api_key": "",
    "version": "v2.0", # 讯飞星火大模型可选版本包括 v3.5、v3.0、v2.0、v1.5
    "provider": "XingHuoWorker",
},
```

3）设置嵌入模型，这里设置的是第一步中 embed_model 字典中包含的模型名称。

```
# 选用的嵌入模型名称
EMBEDDING_MODEL = "m3e-small"
```

4）设置默认使用的大模型。

```
# 选用的 LLM 模型
LLM_MODELS = ["xinghuo-api"]
```

至此，基本的配置已完成，分别执行以下命令进行大模型
初始化。

```
python copy_config_example.py
python init_database.py --recreate-vs
```

大模型初始化成功后，在 config 文件夹中会生成可用的配
置文件，如图 7-2 所示。

图 7-2　config 文件夹生成
的配置文件

知识库初始化完成后，会自动建立样本文件的向量库，在

knowledge_base/sample 文件夹下查看向量库缓存文件，如图 7-3 所示。

图 7-3　向量库缓存文件

至此，完成了开发环境搭建及项目参数配置。接下来介绍如何构建学科知识图谱。

7.3　学科知识图谱

知识图谱作为推动 AI 发展的重要推动力量，具备高效的语义处理功能，可作为管理、分析现代知识并提供决策支持的工具。基于大模型技术构建学科知识图谱能够形成知识互补，用户可以通过与大模型交互，直接获得所需的知识。

7.3.1　大模型与知识图谱

大模型在多项 NLP 任务上都展现了令人惊叹的表现，但是依旧存在部分不足。虽然大模型能够回答一些开放领域的通用问题，但是针对垂直领域内的问题回答得依然不好。且大模型以隐式的方法存储知识，在回答问题时还存在编造事实的问题，缺乏解释性。

知识图谱以三元组的形式显式地存储知识，天然具有可解释性。知识图谱以实体概念作为节点，以关系作为边，以直观、可视化的方式展示知识间的复杂关联关系，从而清晰呈现知识结构。同时，知识图谱可以提供额外的、结构化的以及高质量的知识，提高大模型在垂直领域中的问答表现。

大模型和知识图谱应用场景能力要求对比如表 7-2 所示。其中☆表示匹配程度，☆越多表示越匹配。

表 7-2　大模型和知识图谱应用场景能力要求对比

场景	能力要求	大模型	知识图谱
智能对话	意图理解、上下文记忆、知识生成	☆☆☆☆	☆☆
内容生成加工	意图理解、内容分析、知识总结	☆☆☆☆	☆☆
知识创作	意图理解、内容分析、任务编排、多模型生成	☆☆☆☆	☆
机器翻译	意图理解、内容生成	☆☆☆☆	—
知识检索	要素提取、知识表征、相似度对比	☆☆☆☆	☆☆☆☆
知识管理	结构化生成、知识存储、知识检索	☆	☆☆☆☆
辅助决策	专业知识、时效性数据、逻辑计算	☆	☆☆☆☆

可以发现，大模型在内容生成方面表现良好，而知识图谱基本没有生成能力。但是在

知识管理和辅助决策两方面，知识图谱展现了优秀的能力。因此，知识图谱结合大模型可以实现技术上的互补。

大模型能够动态调用第三方知识库，且可以通过网络参数存储知识，但决策过程难归因、解释、溯源。模型更新难度大，存在知识过时问题。大模型知识的通用性更强，适合高通用知识密度的应用场景，并且具有上下文感知能力、深层语义表示和少样本学习能力。但多模态内容采用模型参数存储，有语义对齐和不可解释性。

知识图谱使用静态知识库，可以通过三元组存储知识，结构清晰，查询简单，易于理解。显式地存储知识，有助于归因溯源，提高了模型行为的可解释性，便于更新、修改、迁移知识。知识图谱的知识领域性更强，适合高专业知识密度，低通用知识密度场景。知识图谱的图结构表达能力强，多模态知识按照知识表示形式存储。

知识图谱可以为大模型提供丰富的背景知识和上下文信息，从而提高模型的准确性。通过将知识图谱中的实体、关系和属性等信息整合到模型中，可以帮助模型更好地理解文本中的语义和语境，从而更准确地进行推理和预测。

知识图谱可以为大模型提供可解释性方面的支持。通过将知识图谱中的实体和关系与大模型的预测结果进行关联，可以更清晰地解释大模型的决策过程。这有助于提升用户对大模型的信任度，并促进大模型的实际应用。知识图谱中的实体和关系还可以作为先验知识被整合到模型中，减少模型的训练时间和数据需求。同时，知识图谱还可以提供快速的查询和推理能力，提高模型的响应速度和性能。

7.3.2 学科知识图谱构建流程

学科知识图谱面向特定学科，应用于具体业务，对知识图谱的实用性及知识的准确度要求更高。学科知识图谱可以看成一个基于语义网络的学科知识库，需要依靠特定行业的数据来构建。在学科知识图谱中，实体属性与数据模式往往比较丰富，在图谱构建和应用过程中需要考虑不同业务场景下的学生、教师和技术人员等不同用户的需求。

学科知识图谱的构建流程如图 7-4 所示，主要包括数据获取、本体构建、知识抽取、知识融合和知识加工等几个步骤。

学科知识图谱可以从互联网中获取结构化、半结构化和非结构化的开放领域数据，也可以获得授权的电子化书籍资源，进一步获取教育领域的课题标准、教材、教案和试题集等。此外，大模型也包含很多学科相关的知识，可以通过指令让大模型自动生成学科相关的文本资源。

本体构建是知识图谱构建中重要的一环，构建方法主要包括自上而下的构建方法和自下而上的构建方法。其中，自上而下的构建方法可以在图谱构建的初期即可构建，一般是有明确的任务需求。通常由具备领域知识的专家来构建，用来指导知识抽取。当然，也可以将任务需求告诉大模型，让它完成本体构建。而自下而上的构建方法在知识抽取之后才能构建，一般对抽取出来的知识进行聚类以自动构建本体。

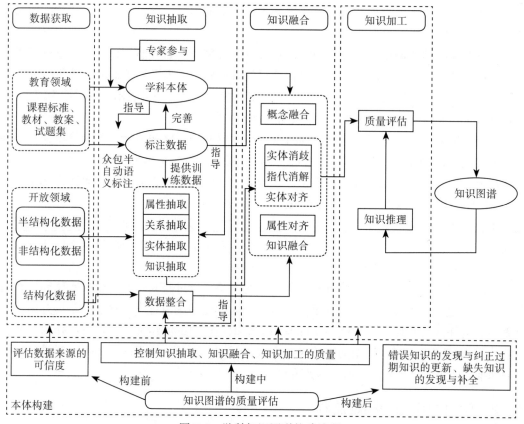

图 7-4　学科知识图谱构建流程

知识抽取是指从半结构化、非结构化数据中，由具备领域知识的专家参与指导，通过标注教育领域数据，完成学科本体构建，进一步指导知识中的属性、关系、实体抽取。之后对结构化的数据进行整合。

知识融合指发现具有不同标识但是代表同一知识点的对象，合并为一个全局唯一的知识点。目前，知识融合通常采用的方法是聚类，其关键是定义相似性度量。相似性度量的定义包括：①字符相似，也就是两个知识点的描述信息是相似的；②属性相似，具有相同"属性 – 值"关系的实体可能是相似的；③结构相似，指具有相同的相邻知识点。不同学科知识体系也会存在某些描述同一类数据的情况，也需要将不同数据源的知识体系进行融合。在学科知识图谱中，学科知识本体模式匹配主要是寻找不同知识体系中的对应关系。知识融合包括概念融合、实体对齐和属性对齐。其中实体对齐包括实体消歧和指代消解。

知识加工是指对图谱中的知识进行质量评估，包含检查知识来源的可信度，检查知识是否错误或者陈旧等。将评估合格的知识并入知识图谱中，针对知识图谱的知识进行知识推理，并对知识推理的结果重新进行质量评估。

知识图谱的质量评估包括：构建前评估数据来源的可信度，构建中控制知识抽取、知识融合、知识加工的质量，构建后进行错误知识的发现与纠正、过期知识的更新、缺失知识的发现与补全。

7.3.3　学科知识数据集

构建学科知识图谱，首先需要构建学科知识数据集，数据集主要包含以下 3 个文件。

1）nlp_triple.txt：包含 NLP 学科知识三元组，三元组的头尾实体是 NLP 学科的知识点，知识点关系简化为包含和先序两种关系。其中，包含是指一个大知识点拥有多个小知识点，先序是指在学习某个知识点前需要学习的其他知识点，学科知识三元组数据示例如图 7-5 所示。

```
自然语言处理的概述 包含 自然语言处理介绍
自然语言处理的概述 包含 自然语言处理的发展历程
自然语言处理任务与流程 包含 自然语言处理任务
自然语言处理任务与流程 包含 自然语言处理的难点
自然语言处理任务与流程 包含 自然语言处理流程
自然语言处理任务与流程 包含 自然语言处理所涉及的学科
自然语言处理的应用与研究 包含 自然语言处理的研究方向
自然语言处理的应用与研究 包含 自然语言处理的典型应用场景
文本语料的获取 包含 语料库及其作用
文本语料的获取 包含 文本语料库获取途径
文本语料的获取 包含 NLTK语料库的介绍
文本语料的获取 先序 文本预处理
文本预处理 包含 文本标准化
文本预处理 包含 文本清洗
```

图 7-5　学科知识三元组数据示例

2）knowledge_url.txt：包含知识点及其对应的介绍网页，如图 7-6 所示。

```
形式语言的定义 https://baike.baidu.com/item/%E5%BD%A2%E5%BC%8F%E8%AF%AD%E8%A8%80
NLTK语料库的介绍 https://baike.baidu.com/item/NLTK
句法结构分析概述 https://baike.baidu.com/item/%E5%8F%A5%E6%B3%95%E7%BB%93%E6%9E%84
模型的泛化能力 https://baike.baidu.com/item/%E6%B3%9B%E5%8C%96%E8%83%BD%E5%8A%9B
自然语言处理的概述 https://baike.baidu.com/item/%E8%87%AA%E7%84%B6%E8%AF%AD%E8%A8%80%E5%A4%84%E7%90%86/365730
决策树语言模型 https://baike.baidu.com/item/%E5%86%B3%E7%AD%96%E6%A0%91
无向概率图模型 https://baike.baidu.com/item/PGM/20374502
条件随机场与序列标注 https://baike.baidu.com/item/%E6%9D%A1%E4%BB%B6%E9%9A%8F%E6%9C%BA%E5%9C%BA
下推自动机 https://baike.baidu.com/item/%E4%B8%8B%E6%8E%A8%E8%87%AA%E5%8A%A8%E6%9C%BA
可解释性与泛化能力 https://baike.baidu.com/item/%E6%B3%9B%E5%8C%96%E8%83%BD%E5%8A%9B
```

图 7-6　知识点及对应的网页地址

3）knowledge_ppt.txt：包含知识点及其对应的课件资源，如图 7-7 所示。

```
智能对话系统的概述 NLP-6.24-A-对话系统(一)_v230120.pptx NLP-6.25-A-对话系统(二)_v230120.ppt
概率
机器翻译 NLP-6.15-A-机器翻译(一)_v230109.ppt NLP-6.16-A-机器翻译(二)_v230109.ppt
基于BERT的自然语言理解联合训练框架
机器阅读理解的应用场景 NLP-6.17-A-机器阅读理解(一)_v230120.ppt NLP-6.18-A-机器阅读理解(二)_v230120.ppt
生成式摘要 NLP-6.22-A-摘要生成(一)_v230302.pptx NLP-6.23-A-摘要生成(二)_v230302.pptx
语义分析 NLP-6.13-A-语义分析_v230105.ppt
自注意力机制 NLP-6.5-A-注意力机制与transformer_m230601.pptx
skip-gram模型
知识图谱的定义 NLP-6.21-A-知识图谱_v230331.pptx
基于规则的句法分析 NLP-6.12-A-句法分析-v230105.pptx
正则化
```

图 7-7　知识点及对应的课件资源

准备好了学科知识数据集，就可以开始进行解析并处理学科知识了。

7.3.4 学科知识处理

基于准备的数据集，可以处理学科知识库并使用 RAG 完成学科知识问答。虽然我们准备了一些 NLP 学科知识图谱的数据，但大模型并不能直接理解这些数据。

首先处理 knowledge_url.txt 文件，该文件中包含知识点及其对应的介绍网址，我们需要处理并提示大模型二者之间的关系。

```
# 处理 knowledge_url.txt
with open("knowledge_url.txt",'r',encoding='utf-8')as f:
    ku_data=f.readlines()
    f.close()
ku_data=[data.rstrip().split('')for data in ku_data]
fwrite=open('./processed/knowledge_url.txt','w',encoding='utf-8')
for i in ku_data:
    fwrite.write(i[0]+'\n 参考网页 :'+i[1]+'\n\n')
fwrite.close()
```

处理后的 knowledge_url.txt 文档格式如图 7-8 所示。

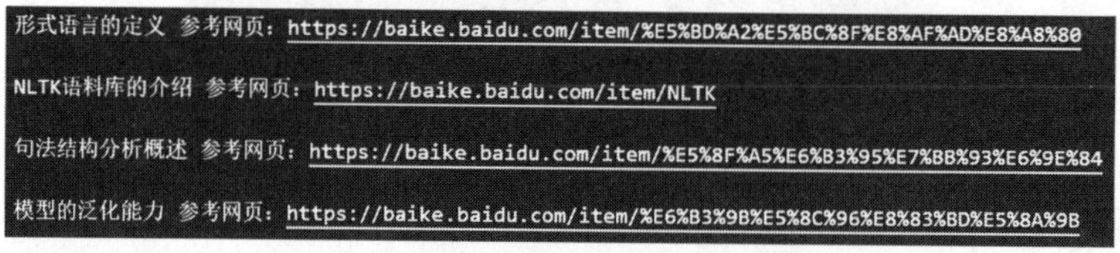
形式语言的定义 参考网页：https://baike.baidu.com/item/%E5%BD%A2%E5%BC%8F%E8%AF%AD%E8%A8%80

NLTK语料库的介绍 参考网页：https://baike.baidu.com/item/NLTK

句法结构分析概述 参考网页：https://baike.baidu.com/item/%E5%8F%A5%E6%B3%95%E7%BB%93%E6%9E%84

模型的泛化能力 参考网页：https://baike.baidu.com/item/%E6%B3%9B%E5%8C%96%E8%83%BD%E5%8A%9B

图 7-8　处理后的知识点及网页地址

接着处理 knowledge_ppt.txt，该文件中包含的知识点及其对应的课件资源，但是在数据集中并不是所有的知识点都对应课件，因此我们对数据集做如下处理：

```
# 处理 knowledge_ppt.txt
with open("knowledge_ppt.txt", 'r', encoding='utf-8') as f:
    kp_data=f.readlines()
f.close()
kp_data=[data.rstrip().split(' ',1) for data in kp_data]
fwrite=open('./processed/knowledge_ppt.txt','w',encoding='utf-8')
for i in kp_data:
    if len(i) == 1:
        fwrite.write(i[0]+' 本知识点暂无本地资源可参考。\n\n')
    else:
        fwrite.write(i[0]+' 可参考本地资源：'+i[1]+'\n\n')
fwrite.close()
```

处理后的 knowledge_ppt.txt 文档格式如图 7-9 所示。

最后处理 nlp_triple.txt，大模型并不能很好地了解“包含”和“先序”这两种关系，且三元组会出现一对多的情况，需要进行整合。

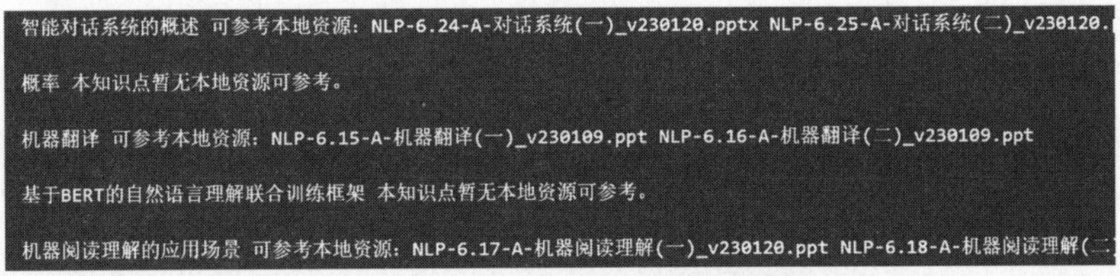

智能对话系统的概述 可参考本地资源：NLP-6.24-A-对话系统(一)_v230120.pptx NLP-6.25-A-对话系统(二)_v230120.

概率 本知识点暂无本地资源可参考。

机器翻译 可参考本地资源：NLP-6.15-A-机器翻译(一)_v230109.ppt NLP-6.16-A-机器翻译(二)_v230109.ppt

基于BERT的自然语言理解联合训练框架 本知识点暂无本地资源可参考。

机器阅读理解的应用场景 可参考本地资源：NLP-6.17-A-机器阅读理解(一)_v230120.ppt NLP-6.18-A-机器阅读理解(二

图 7-9　处理后的知识点及对应的课件资源

```python
# 处理 nlp_triple.txt
with open("nlp_triple.txt", 'r', encoding='utf-8') as f:
    nt_data=f.readlines()
f.close()
nt_data=[data.rstrip().split(' ') for data in nt_data]
knowledge_dict={}
for i in nt_data:
    try:
        key=(i[0],i[1])
        if key in knowledge_dict:
            knowledge_dict[key].append(i[2])
        else:
            knowledge_dict[key]=[i[2]]
    except:
        None

fwrite=open('./processed/nlp_triple.txt','w',encoding='utf-8')
for k in knowledge_dict:
    value=knowledge_dict[k]
    head,rel=k
    if rel == '包含':
        fwrite.write(head+' 推荐继续学习以下知识点: '+' '.join(value)+'\n\n')
    else:
        fwrite.write(head+' 学习该知识点前需要具备以下知识: '+' '.join(value)+'\n\n')
fwrite.close()
```

更改文档分割器，由于数据集中的数据格式并不是一段段文本，而是具有结构化的形式。因此，上面的处理过程以"\n\n"分割每个知识点。

处理后的 nlp_triple.txt 文档格式如图 7-10 所示。

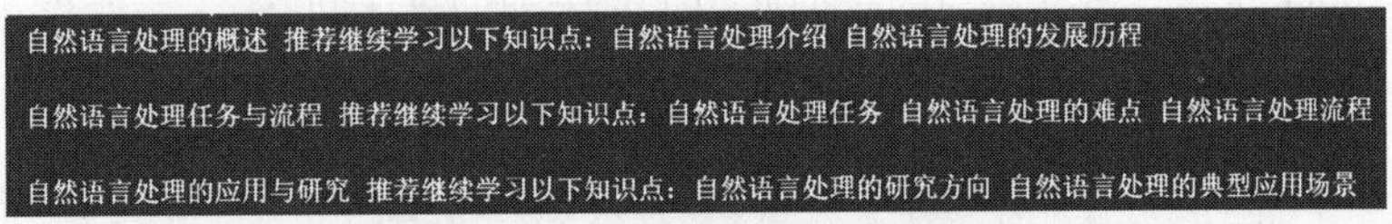

自然语言处理的概述 推荐继续学习以下知识点：自然语言处理介绍 自然语言处理的发展历程

自然语言处理任务与流程 推荐继续学习以下知识点：自然语言处理任务 自然语言处理的难点 自然语言处理流程

自然语言处理的应用与研究 推荐继续学习以下知识点：自然语言处理的研究方向 自然语言处理的典型应用场景

图 7-10　处理后的学科知识数据

在 Langchain-Chatchat 中，默认使用的分割器是 ChineseRecursiveTextSplitter，该工具根据文本字数分割文档，但并不适用这里的数据集，我们在 configs/kb_config.py 中将分割器更改为 CharacterTextSplitter，使用符号分割。

```
# TEXT_SPLITTER 名称
TEXT_SPLITTER_NAME = "CharacterTextSplitter"
```

根据学科知识数据集，处理学科知识，完成了学科知识图谱构建的准备工作，开始进行学科知识问答实践。

7.4　应用开发

学科知识问答系统的应用开发包括对话功能设置、知识库构建以及基于 Langchain-Chatchat 的问答实践。

7.4.1　功能设置

完成项目环境构建和配置步骤之后，在项目路径下输入 startup 命令启动项目。

```
python startup.py -a
```

项目启动之后，终端会显示项目访问链接，如图 7-11 所示。我们可以通过浏览器打开链接查看项目。

图 7-11　项目访问链接地址

页面左侧的导航栏可以查看拥有的功能，主要包括对话和知识库管理两个功能：对话功能是和大模型对话，知识库管理功能是可以在页面编辑知识库，如图 7-12 所示。

对话模式如图 7-13 所示，包含 LLM 对话、知识库问答、搜索引擎问答和自定义 Agent 问答。LLM 对话是正常和大模型对话的模式，知识库问答在大模型回答时会检索知识库中有用的信息作为参考，搜索引擎问答在回答时会以搜索引擎在互联网中搜索的知识作为参考，自定义 Agent 问答会根据用户的查询调用工具来辅助完成问答。

图 7-12　导航栏功能示例

图 7-13　对话模式

在"选择 LLM 模型"中可以选择不同的大模型完成问答。以选择 xinghuo-api（Running）为例，如图 7-14 所示。

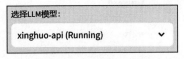

图 7-14　LLM 模型功能

对话模式使用 LLM 对话功能，可以正常地和大模型对话，示例如图 7-15 所示。

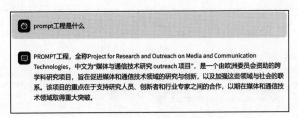

图 7-15　使用 LLM 对话功能对话示例

切换对话模式至知识库问答，示例如图 7-16 所示。

图 7-16　知识库问答示例

还可以选择提示模板（可以选择 default 模板）功能，加载预设的提示模板，用于对话。

7.4.2　知识库构建

本节将基于学科知识建立知识库。打开项目网页，选择"知识库管理"，之后选择"新建知识库"。如图 7-17 所示，填写知识库名称和知识库简介，并选择向量库类型（Faiss）和Embedding 模型（m3e-base）。

接着，上传之前处理过的学科知识文件，如图 7-18 所示。

接下来进行文件处理配置，如添加文件到知识库，如图 7-19 所示。注意，这里的单段文本的最大长度需要小于每段分割文本的长度，这样分割器就可以实现按照"\n\n"来分割，如果设置过大，多个知识点会被划分成一个组块（chunk），就会产生"噪声"。

至此，我们完成了知识向量库的构建。

图 7-17   填写知识库参数

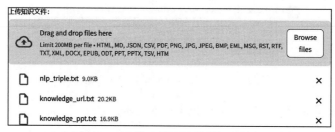

图 7-18   上传已处理的学科知识文件

图 7-19   文件处理配置

接下来测试知识库问答功能。如图 7-20 所示，为了防止大模型自己编造答案，需要把 Temperature（温度）调低。Temperature 是用于调整大模型生成文本时的创造性和多样性的超参数，是一个大于 0 的数值，通常在 0 ~ 1 之间。在每次"生成"时，相同的提示可能会产生不同的输出。Temperature 主要用于控制创造力，为 0 时将始终产生相同的输出。Temperature 越高，则生成结果的随机性越大，它会影响大模型生成文本时采样预测词汇的概率分布。当大模型的 Temperature 较高时（如 0.8 或更高），大模型会更倾向于从多样且不同的词汇中选择，这使得生成的文本创意性更强，但也可能产生更多的错误和不连贯之处。而当 Temperature 较低（如 0.2、0.3 等）时，大模型会主要从具有较高概率的词汇中选择，从而产生更平稳、更连贯的文本。但此时，生成的文本可能会显得过于保守和重复。因此在实际应用中，需要根据具体需求来权衡选择合适的 Temperature 值。

历史对话轮数用来设置存储的历史对话轮数，导出记录可以导出对话的内容，清空对话会清空对话的历史记录。

在知识库配置菜单中，选择新创建的知识库，然后将"知识匹配分数阈值"调整为 0.5。知识库匹配相关度阈值的取值范围在 0 ～ 1 之间，阈值越小，相关度越高，取值为 1 相当于不筛选，建议设置在 0.5 左右。

尝试询问大模型深度学习包含哪些知识点，可以发现大模型是根据检索出的知识进行的回答，如图 7-21 所示。

图 7-20 知识库问答设置

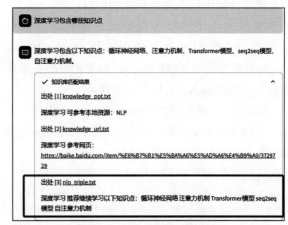

图 7-21 知识库问答示例

至此，我们已完成了知识问答设置与测试。

7.4.3 基于 LangChain 的问答实践

LangChain 作为一个大模型开发框架，可以将大模型（对话模型、嵌入模型等）、向量数据库、交互层提示、外部知识、外部代理工具整合到一起，进而可以自由构建大模型应用。LangChain 具有模型输入 / 输出（Model I/O）、检索（Retrieval）以及代理（Agents）3大核心模块。

当开发者基于大模型构建应用时，最核心的要素就是输入和输出，如图 7-22 所示。LangChain 提供了一套完整的流程可以让开发者和任何大模型进行交互。

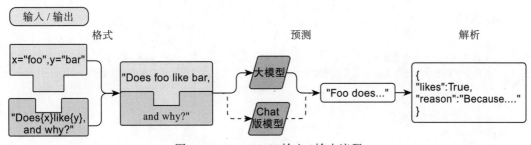

图 7-22 LangChain 输入 / 输出流程

首先，LangChain 内置了多种提示模板以供选择。你可以使用 PromptTemplate 创建一个字符串提示模板，也可以使用 ChatPromptTemplate 来模拟一段对话，如果没有找到合适的内置模板，LangChain 也支持用户自定义模板。创建好的模板会整合进大模型进行预测，由于目前大模型主要用于对话，很多组织、公司在构建大模型的时候会同时推出更适用于对话的 Chat 版，而 LangChain 对两者都进行了兼容适配。在很多任务中，我们期望得到结构化的信息，而大模型的输出字符串形式无法满足需求，LangChain 提供了一系列输出解析器，将大模型的输出转换为结构化的信息。

提示模板是用于生成大模型提示的预定义模板。模板可以包括说明、少量示例以及适合给定任务的特定上下文和问题。LangChain 提供了创建和使用提示模板的工具。LangChain 旨在创建通用性的模板，以便能够轻松地跨大模型重用现有模板。

下面是大模型输入 / 输出的示例代码。

1）模型输入。我们使用 PromptTemplate 创建一个提示模板，该提示要求模型介绍一个知识点，并以 JSON 格式返回回答。同时，该提示中包含一个变量 knowledge，在之后的查询中可以根据自己的需求设置不同的内容。

```
# 创建提示
from langchain.prompts import PromptTemplate
prompt_template = PromptTemplate.from_template(
    "介绍一下 {knowledge}，要求以 JSON 格式返回内容，其中要包含该知识点的概念、重要知识点以及
        难易度。"
)
input=prompt_template.format(knowledge=" 文本摘要 ")
input
```

2）预测。在示例中，我们选用百度的千帆大模型，将提示输入并进行预测，查看大模型的输出。另外，大模型的输出类型为字符串类型。

```
# 创建一个模型
from langchain.llms import QianfanLLMEndpoint
import baidu_api
model = QianfanLLMEndpoint(model="ERNIE-Bot",qianfan_ak=baidu_api.APIKey,
    qianfan_sk=baidu_api.secretKey)
output=model(input)
output
```

输出如下：

```
json\n{\n
  "知识点 "：" 文本摘要 "，
  "概念 "：" 文本摘要是从一段较长的文本中提取关键信息，生成一个简洁、包含主要观点的短文本的过程。"，
......
}
# 查看大模型的输出类型
type（output）
str
```

3）输出解析。在第 2 步中，虽然大模型以 JSON 的形式输出了回答，但是其格式还是字符串类型。因此，我们加载 JSON 输出解析器对大模型的输出进行转换，转换后回答的数据类型变成了结构化的字典（dict）。

```
# 创建输出解析器
from langchain.output_parsers.json import SimpleJsonOutputParser
json_parser = SimpleJsonOutputParser()
json_output=json_parser.parse(output)
json_output
# 查看经过解析器后的数据类型
type(json_output)
```

输出如下：

```
dict
```

开发者构建的应用大多基于特定的领域知识，这时候就需要额外的数据进行支撑，而使用额外数据对大模型进行微调或者训练（对硬件设备有一定要求），这无疑增加了开发的成本，因此 RAG 成为开发者首选的解决方案。

LangChain 提供了构建 RAG 整个流程的模块，如图 7-23 所示。其中关键的模块包括：数据读取（Load）、数据转换（Transform）、向量嵌入（Embed）、向量存储（Store）和检索（Retrieve）共 5 大模块。首先是数据读取模块，开发者的源数据可能是各种格式的，LangChain 提供了 CSV、HTML 和 JSON 等多种格式的文件读取器，使用这些读取器可以轻松地加载用户的数据。接着，我们需要使用文档转换器将文档分割成小块，这是因为在检索的时候，对提示有价值的内容可能只是文档中的一小段，如果将整篇文档加入提示反而会造成提示冗余，降低模型回答的有效性。LangChain 内置的转换器不仅可以分割字符，还可以分割代码、Markdown 格式的标题等。分割完成后，LangChain 可以加载嵌入模型将文档向量化以便进行相似度查询。为了方便后续使用，向量化完成后可以存储起来，LangChain 支持 Chroma、FAISS 和 Lance 三种向量库。最后是检索模块，LangChain 提供了强大的检索功能，你可以进行最常用的语义相似度检索、MMR 检索，也可以将多种检索方式按权重结合等。

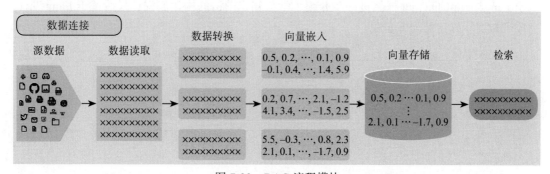

图 7-23　RAG 流程模块

通用大模型很强大，但是在逻辑推理、计算等能力上较弱，也无法处理一些实时性的查询，例如天气、查询股票等，这时就需要借助外部程序。代理作为大模型的外部模块，可提供计算、逻辑检查、检索等功能的支持，使大模型能获得异常强大的推理和信息获取能力。在 LangChain 中，你可以定义各种方法来辅助大模型完成特定的任务。

至此，LangChain 的核心模块已介绍完毕，接下来介绍如何将这些模块组合起来。LangChain 提供的组合方法很简单，就是将定义好的各个模块用"|"符号串联起来。简单的示例如下，首先加载聊天模型、输出解析器以及构建提示，接着按流程将模块组合成链，最后进行查询。

```
from langchain.prompts import ChatPromptTemplate
from langchain.schema import strOutputParser
from langchain.chat models import ErnieBotchat
import baidu_api
chat=ErnieBotchat(model_name="ERNIE-Bot",ernie_client_id=baidu_api.ApIKey,ernie_
    client_secret=baidu_api.secretKey)
prompt = ChatPromptTemplate.from_messages(
    [("human","{question}"),]
)
# 将各组件组成一个链
runnable = prompt | chat | strOutputParser()
runnable.invoke({"question":"2018 年的世界杯冠军是哪个队伍？"})
```

输出示例如下：

"2018 年的世界杯冠军是 ** 法国国家男子足球队 **。"

LangChain 还拥有很多功能，由于篇幅限制不再介绍，感兴趣的读者可以自行探索。

7.5　本章小结

本章利用知识图谱从大量教育信息资源中提炼出了有序的知识关联关系，有效地整理了各学科的知识体系。通过大模型和知识图谱融合可提升大模型的性能和应用效果。之后，基于 Langchain-Chatchat 框架进一步介绍了学科知识图谱的构建流程，最后基于 LangChain 完成了知识库构建及问答实践。

法律领域应用实践

随着社会的发展和法律制度的完善，人们对法律咨询的需求日益增长。本章将基于开源大模型进行新增参数微调，进一步构建法律知识问答系统，为政府部门、企事业单位、广大群众提供法律咨询服务，并提高法律咨询的准确性和效率。

8.1　应用概述

法律领域的知识十分复杂，包括各个法律领域的法规、判例、先例等。法律咨询需要考虑各种法律细节和情境，并结合具体案件的事实进行分析和判断。因此无论是个人还是企业，面临法律问题时都需要专业的意见和指导。然而，律师的数量有限、专业水平参差不齐且收费较高，无法满足所有人的需求。因此，开发一种能够准确、及时提供法律咨询的大模型是非常必要的。

法律大模型是指专门针对法律领域的 AI 模型，它在通用大模型的基础上，使用高质量的法律数据进行微调，以提高大模型在法律问答、文本生成、案例分析等任务上的专业性和准确性。法律大模型的法律咨询能力在服务政府、企业、群众方面有广阔的应用前景，可以通过在线平台或聊天机器人等形式，为他们提供法律咨询服务。

除了法律咨询之外，法律大模型还为法律从业人员提供智慧化辅助，重点体现在以下几个层面。

1）法律大模型可以提供全流程的辅助办案应用，如构建智能审查、量刑预测、文书生成、自动编目、笔录生成等业务能力，还可以精简答辩状、自动分析争议焦点、分析嫌疑人是否具有刑事行为能力。

2）法律大模型可以提供全方位的司法监督管理应用，如基于大模型建设视频自动巡查、案件裁判偏离预警、案件智能核查等监督助手应用，及时发现和解决问题，加强司法工作流程的规范化。

3）法律大模型可以提供司法数据深度挖掘应用，快速在海量的法律文本中搜索相关案例、法规和法律文献等信息，探索司法规律和趋势，为司法改革和法律制定提供数据支持。

8.2 对话数据微调

由于开源大模型并不具备完整的专业知识以及法律问答的能力，而采用预训练的方法需要海量的算力支撑，因此一般选用微调模型的方法。相比预训练，微调技术既可以向大模型注入专业知识，又节省了算力资源的消耗。

随着大模型的发展，模型的参数量越来越大，达到千亿级别。因此，微调所有模型参数变得不可行。微软提出的 LoRA 微调方法，通过只微调新增参数的方式，大大减少了下游任务的可训练参数数量。本节介绍如何使用 LoRA 来微调一个法律问答大模型。

8.2.1 法律对话数据预处理

本案例采用的法律对话数据集是问答对的形式，示例如图 8-1 所示。

```
[
  {
    "input": "一家企业申请化妆品生产许可，需要满足哪些条件？",
    "answer": "根据《化妆品生产经营监督管理办法》，申请化妆品生产许可的企业需要符合以下条件：（一）是依法设立的企业；（二）有与生产的化妆品品种、数量和生产许可项目等相适应的生产场地，且与有毒、有害场所以及其他污染源保持规定的距离。"
  },
  {
    "input": "如果当事人或其法定代理人提出回避申请，公安机关应该在什么时候做出决定并通知申请人？",
    "answer": "根据《公安机关办理行政案件程序规定》第二十一条，对当事人及其法定代理人提出的回避申请，公安机关应当在收到申请之日起二日内做出决定并通知申请人。"
  },
  {
    "input": "如果一个人因为被淹水而处于轻度的窒息状态，他的人体损伤程度是什么？",
    "answer": "根据《人体损伤程度鉴定标准》，溺水引起的轻度呼吸功能障碍属于胸部损伤的轻伤二级e类。因此，这名因为被淹水而处于轻度窒息状态的人的人体损伤程度应被鉴定为轻伤二级e类。"
  }
]
```

图 8-1 问答对形式的法律对话数据集

其中，input 是法律问题，answer 是问题对应的回答。

第 1 步，我们对法律对话数据集进行预处理，在 dataProprecess.py 脚本文件中定义修改数据集的格式，增加 instruction 键，将 answer 键改为 output，最后保存处理后的数据即可。代码示例如下：

```python
import json
# 打开原文件
with open("data/raw/qa_data_train.json","r",encoding="utf-8") as f:
    data=json.load(f)
f.close()

# 将数据集转换成正确的格式
for d in data:
```

```
        d["instruction"] = ""
        d["output"] = d["answer"]
        del d["answer"]

# 将文件写到本地
with open("data/processed/chat_data.json","w",encoding="utf-8") as f:
    for d in data:
        json.dump(d,f,ensure_ascii=False)
        f.write('\n')
f.close()
```

执行上述代码，查看预处理后的微调数据集示例，如图 8-2 所示。

图 8-2　预处理后的微调数据集

第 2 步，将数据转换成输入大模型的格式。选用智谱 AI 开源的大模型 ChatGLM3 作为基础大模型。

首先，将数据转换成 ChatGLM3 官方指定的提示格式，以下代码实现的功能就是将每条数据转换成"[gMASK] sop <|user|> 问题 <|assistant|> 回答"格式。

```
# 将数据设置成 ChatGLM3 官方指定的提示格式
class GLM3PromptDataSet(Dataset):
    def __init__(self, data_path, tokenizer, max_len, max_src_len, is_skip):
        self.all_data = []
        skip_data_number = 0
        with open(data_path, "r", encoding="utf-8") as fh:
            for i, line in enumerate(fh):
                sample = json.loads(line.strip())
                skip_flag = False

                src_tokens = [tokenizer.get_command("<|user|>")] + tokenizer.
                    encode("\n", add_special_tokens=False) + \
                        tokenizer.encode(sample["instruction"] + sample["input"],
                            add_special_tokens=False)

                if len(src_tokens) > max_src_len:
                    # 当输入内容超出限定长度时，向后截断
                    src_tokens = src_tokens[:max_src_len]
                    skip_flag = True

                max_tgt_len = max_len - 6 - len(src_tokens)
```

```
            tgt_tokens = [tokenizer.get_command("<|assistant|>")] +
                tokenizer.encode("\n", add_special_tokens=False) + \
                    tokenizer.encode(sample["output"], add_special_
                        tokens=False)

            if len(tgt_tokens) > max_tgt_len:
                # 当输出内容超出限定长度时，向后截断
                tgt_tokens = tgt_tokens[:max_tgt_len]
                skip_flag = True

            # ChatGLM3 需要增加 [gMASK]、sop 两个标记
            input_ids = [tokenizer.get_command("[gMASK]"),
                    tokenizer.get_command("sop")] + src_tokens + tgt_tokens
                        + [tokenizer.eos_token_id]
            context_length = len(src_tokens) + 2
            labels = [-100] * context_length + input_ids[context_length:]

            assert len(input_ids) == len(labels)
            assert len(input_ids) <= max_len
            if is_skip and skip_flag:
                skip_data_number += 1
                continue
            self.all_data.append({"input_ids": input_ids, "labels": labels})
        print("the number of skipping data is {}".format(skip_data_number))

    def __len__(self):
        return len(self.all_data)

    def __getitem__(self, item):
        instance = self.all_data[item]
        return instance
```

其次，需要定义一个 DataCollator 用来批处理数据，对数据进行 padding 操作，并统一转换成 Tensor 格式，代码如下所示。

```
# 数据校准器
class DataCollator(object):
    def __init__(self, tokenizer):
        self.tokenizer = tokenizer
        self.pad_token_id = tokenizer.pad_token_id

    def __call__(self, batch):
        lengths = [len(instance["input_ids"]) for instance in batch]
        batch_max_len = max(lengths)

        input_ids_batch, labels_batch = [], []
        for instance in batch:
            input_ids = instance["input_ids"]
            labels = instance["labels"]

            padding_len = batch_max_len - len(input_ids)
            input_ids = input_ids + [self.pad_token_id] * padding_len
            labels = labels + [-100] * padding_len
```

```
        input_ids_batch.append(input_ids)
        labels_batch.append(labels)

    return {"input_ids": torch.tensor(input_ids_batch, dtype=torch.long),
            "labels": torch.tensor(labels_batch, dtype=torch.long)}
```

至此，我们完成了数据预处理，并按照 ChatGLM3 指定的提示格式进行了数据集格式转换。

8.2.2　对话微调工具编写

微调法律大模型除了需要转换数据集，还需要编写微调工具。接下来开始编写微调法律大模型过程中需要用到的工具。

首先，定义一个 print_trainable_parameters() 函数，用来打印需要训练的参数。

```
# 输出需训练的参数
def print_trainable_parameters(model):
    trainable_params = 0
    all_param = 0
    for _, param in model.named_parameters():
        num_params = param.numel()
        if num_params == 0 and hasattr(param, "ds_numel"):
            num_params = param.ds_numel

        all_param += num_params
        if param.requires_grad:
            trainable_params += num_params
    print("trainable params: {} || all params: {} || trainable%: {}".
        format(trainable_params, all_param,100 * trainable_params / all_param))
```

定义 print_rank_0() 用来输出训练过程中的一些信息。

```
# 输出工具
def print_rank_0(msg, rank=0):
    if rank <= 0:
        print(msg)
```

定义 to_device() 将数据或者模型移动到 CPU 或者 GPU 上。

```
# 移动数据位置
def to_device(batch, device):
    output = {}
    for k, v in batch.items():
        try:
            output[k] = v.to(device)
        except:
            output[k] = v
    return output
```

定义 set_random_seed() 设置随机种子，复现模型结果。

```
# 设置随机种子
```

```
def set_random_seed(seed):
    if seed is not None:
        set_seed(seed)
        random.seed(seed)
        np.random.seed(seed)
        torch.manual_seed(seed)
        torch.cuda.manual_seed_all(seed)
```

定义 save_model()，用来保存模型。

```
# 保存模型
def save_model(model, tokenizer, output_dir, model_name, state_dict=None):
    save_dir = os.path.join(output_dir, model_name)
    if state_dict == None:
        model.save_pretrained(save_dir, torch_dtype=torch.float16)
    else:
        model.save_pretrained(save_dir, state_dict=state_dict, torch_dtype=torch.
            float16)
    tokenizer.save_pretrained(save_dir)
```

8.2.3　模型微调框架的参数配置

编写完微调工具，还需要配置微调框架的参数。DeepSpeed 是一个由微软开发的开源深度学习优化库，旨在提高大模型训练的效率和可扩展性。它通过多种技术手段来加速训练，包括模型并行化、梯度累积、动态精度缩放、本地模式混合精度等。

接下来，我们进行大模型微调框架 DeepSpeed 的参数配置。DeepSpeed 框架常用的参数及说明如表 8-1 所示。

表 8-1　DeepSpeed 框架常用的参数及说明

参数	说明	参数	说明
train_batch_size	每批次数据大小	fp16	开启混合精度训练
steps_per_print	打印信息的频率	scheduler	学习率调整器
zero_optimization	Zero 内存优化	optimizer	设置优化器

其中，zero_optimization 是 DeepSpeed 对混合精度训练进行优化的方法，zero.optimization 中的 stage 参数可选 0、1、2、3 这 4 个阶段。这里选用 2 阶段，即启用优化器 + 梯度状态分区。offload_param 和 offload_optimizer 分别指参数卸载与优化器卸载，offload 指在模型训练时，将用不到的参数或者未使用的优化器移到 CPU 上，从而可以更高效地利用 GPU。在这里，我们将 offload 设置为 auto。更多参数解释可参考 https://www.deepspeed.ai/。

接下来，设置 LoRA 的微调参数，具体参数的设置如下。

```
model = MODE[args.mode]["model"].from_pretrained(args.model_name_or_path)
lora_module_name = args.lora_module_name.split(",")
config = LoraConfig(r=args.lora_dim,
                    lora_alpha=args.lora_alpha,
```

```
                 target_modules=lora_module_name,
                 lora_dropout=args.lora_dropout,
                 bias="none",
                 task_type="CAUSAL_LM",
                 inference_mode=False,
                 )
model = get_peft_model(model, config)
model.config.torch_dtype = torch.float32
```

LoRA 的配置参数说明如表 8-2 所示。

表 8-2　LoRA 的配置参数说明

参数	说明	参数	说明
r	矩阵分解秩	bias	偏差
lora_alpha	LoRA 中的超参数	task_type	指定任务类型
target_modules	选择特定模块进行微调	inference_mode	是否为推理模式
lora_dropout	丢失率		

其中，读取数据的核心代码如下：

```
# 读取数据
train_dataset = MODE[args.mode]["dataset"](args.train_path, tokenizer, args.max_
    len, args.max_src_len, args.is_skip)
if args.local_rank == -1:
    train_sampler = RandomSampler(train_dataset)
else:
    train_sampler = DistributedSampler(train_dataset)

data_collator = DataCollator(tokenizer)
train_dataloader = DataLoader(train_dataset, collate_fn=data_collator, sampler=
    train_sampler,
batch_size=args.per_device_train_batch_size)
```

完成 LoRA 微调参数的设置后，可以开始编写训练代码，实现模型训练。该部分训练代码遵循一般的 PyTorch 模型训练流程。在启用了梯度累积的情况下，需要完成一次完整的梯度更新周期，即累积了预定数量的小批量梯度并进行了一次参数更新后，才计算和显示 loss（损失值），以及保存模型的状态。

```
# 开始训练
for epoch in range(args.num_train_epochs):
    print_rank_0("Beginning of Epoch {}/{}, Total Micro Batches {}".format(epoch
        + 1, args.num_train_epochs,len(train_dataloader)), args.global_rank)
    model.train()
    for step, batch in tqdm(enumerate(train_dataloader), total=len(train_
        dataloader), unit="batch"):
        batch = to_device(batch, device)
        outputs = model(**batch, use_cache=False)
        loss = outputs.loss
        tr_loss += loss.item()
        model.backward(loss)
```

```
torch.nn.utils.clip_grad_norm_(model.parameters(), 1.0)
model.step()
if (step + 1) % args.gradient_accumulation_steps == 0:
    global_step += 1
    # write loss
    if global_step % args.show_loss_step == 0:
        print_rank_0("Epoch: {}, step: {}, global_step:{}, loss: {}".
            format(epoch, step + 1, global_step,
        (tr_loss - logging_loss) /
        (args.show_loss_step * args.gradient_accumulation_steps)),args.
            global_rank)
        print_rank_0("step: {}-{}-{}".format(step + 1, global_step,
            model.global_steps), args.global_rank)
        if args.global_rank <= 0:
            tb_write.add_scalar("train_loss", (tr_loss - logging_loss)
                /(args.show_loss_step * args.gradient_accumulation_
                steps), global_step)
            logging_loss = tr_loss
    # 保存模型
    if args.save_model_step is not None and global_step % args.save_
        model_step == 0:
        # 若进行 zero3 训练，则模型参数需要合并保存
        if ds_config["zero_optimization"]["stage"] == 3:
            state_dict = model._zero3_consolidated_16bit_state_dict()
            if args.global_rank <= 0:
                save_model(model, tokenizer, args.output_dir, f"epoch-
                    {epoch + 1}-step-{global_step}",
                                state_dict)
        else:
            if args.global_rank <= 0:
                save_model(model, tokenizer, args.output_dir, f"epoch-
                    {epoch + 1}-step-{global_step}")
        model.train()
```

编写训练的 Shell 启动命令示例，在命令行中设置 LoRA 训练需要的参数，如图 8-3 所示。

```
1   CUDA_VISIBLE_DEVICES=0 deepspeed --master_port 7860 train.py \
2           --train_path data/processed/chat_data.json \
3           --model_name_or_path  /data/weizhang105/LLM/llm_store/chatglm3-6b/ \
4           --per_device_train_batch_size 1 \
5           --max_len 1560 \
6           --max_src_len 128 \
7           --learning_rate 1e-4 \
8           --weight_decay 0.1 \
9           --num_train_epochs 2 \
10          --gradient_accumulation_steps 4 \
11          --warmup_ratio 0.1 \
12          --mode glm3 \
13          --lora_dim 16 \
14          --lora_alpha 64 \
15          --lora_dropout 0.1 \
16          --lora_module_name "query_key_value,dense_h_to_4h,dense_4h_to_h,dense" \
17          --seed 1234 \
18          --ds_file ds_zero2_no_offload.json \
19          --gradient_checkpointing \
20          --show_loss_step 10 \
21          --output_dir ./output-glm3
```

图 8-3　Shell 启动命令示例

表 8-3 给出了 LoRA 训练中部分参数的说明。

表 8-3 LoRA 训练中部分参数的说明

参数	说明	参数	说明
master_port	DeepSpeed 和其他软件通信的端口	ds_file	DeepSpeed 配置文件的路径
max_len	最大输出长度	output_dir	模型保存路径
max_src_len	最大输入长度		

正常完成训练，且对应目录下有保存的权重表明训练成功，如图 8-4 所示。

```
100%|                                                              | 92370/92373 [4:47:24<00:00,  5.53batch/s]
[2024-01-28 19:48:02,293] [INFO] [logging.py:96:log_dist] [Rank 0] step=46186, skipped=778, lr=[1.1690882848207844e-05], mom=[(0.9, 0.95)]
[2024-01-28 19:48:02,294] [INFO] [timer.py:260:stop] epoch=0/micro_step=184744/global_step=46186, RunningAvgSamplesPerSec=5.370617942256745, Cur
rSamplesPerSec=5.434488164746087, MemAllocated=12.14GB, MaxMemAllocated=13.65GB
100%|                                                              | 92373/92373 [4:47:24<00:00,  5.36batch/s]
[2024-01-28 19:48:04,865] [INFO] [launch.py:347:main] Process 541653 exits successfully.
```

图 8-4 LoRA 训练成功状态

至此，我们完成了大模型微调框架 DeepSpeed 的参数配置与训练。

8.2.4 微调前后的对话问答对比

完成了参数配置及参数训练，可以进行模型预测。

首先，构造一个 diy_generate() 方法，其作用是让模型输出生成的内容。其中，大模型调用 generate() 方法以续写的形式生成内容，但会重复用户输入的文本，为了美化输出，需要手动将用户输入的文本部分切掉。

```python
# 模型生成方法
def diy_generate(model,tokenizer,text):
    with torch.no_grad():
        ids = tokenizer.encode(text)
        input_ids = torch.LongTensor([ids]).cuda()
        output = model.generate(
            input_ids=input_ids,
            min_length=20,
            max_length=512,
            do_sample=False,
            num_return_sequences=1
        )[0]
        output = tokenizer.decode(output)
        # 美化输出
        if '<|assistant|>' in output:
            output=output.split('<|assistant|>')[-1]
        else:
            output=output.split('\n',1)[-1]
    return output.strip()
```

首先加载基座模型，并输入问题让它回答，之后获取回答的结果。

```python
# 加载基座模型
model_path='/path/to/chatglm3-6b'
```

```
base_model=ChatGLMForConditionalGeneration.from_pretrained(model_path).cuda()
tokenizer=ChatGLMTokenizer.from_pretrained(model_path)
```

''' 根据《公安机关办理刑事案件程序规定》第一百零八条，需要解除取保候审的，应当经县级以上公安机关
    负责人批准，制作解除取保候审决定书、通知书，并及时通知负责执行的派出所、被取保候审人、保证
    人和有关单位。人民法院、人民检察院作出解除取保候审决定的，负责执行的公安机关应当根据决定书
    及时解除取保候审，并通知被取保候审人、保证人和有关单位。
根据该规定第一百零九条，公安机关对符合逮捕条件，有下列情形之一的犯罪嫌疑人，可以监视居住：（一）患
    有严重疾病、生活不能自理的；……
因此，如果一名犯罪嫌疑人正在接受医院治疗且生活不能自理，其可能被监视居住，而解除取保候审取决于具
    体案情和适用的法律规定。'''

# 基座模型的回答
query=' 如果一名犯罪嫌疑人正在接受医院治疗且生活不能自理，其是否还能被解除取保候审？ '
print(diy_generate(base_model,tokenizer,query))
```

基座模型的输出结果如图 8-5 所示。

根据《中华人民共和国刑事诉讼法》第六十七条，人民法院、人民检察院和公安机关对有下列情形之一的犯罪嫌疑人、被告人，可以取保候审：（一）可能判处管制、拘役或者独立适用附加刑的；（二）可能判处有期徒刑以上刑罚，采取取保候审不致发生社会危险性的；（三）患有严重疾病、生活不能自理，怀孕或者正在哺乳自己婴儿的妇女，采取取保候审不致发生社会危险性的；（四）羁押期限届满，需要采取取保候审的。取保候审由公安机关执行。
如果犯罪嫌疑人正在接受医院治疗且生活不能自理，公安机关、人民检察院和人民法院在解除取保候审时，需要综合考虑犯罪嫌疑人的身体状况、案件情况及社会危险性的因素。在必要时，可以要求犯罪嫌疑人、被告人通过其他方式履行取保候审的义务，如委托家属代为履行等。但具体决定是否解除取保候审，需要根据具体案件情况和法律法规进行判断。

图 8-5  基座模型的输出结果

加载微调后的大模型，以及大模型参数训练得到的权重，然后和基座模型相结合。最后提问相同的问题并查看大模型的输出。

```
# 加载微调模型
peft_model=PeftModel.from_pretrained(base_model,'output-glm3/epoch-2-step-
    46186')
print(diy_generate(peft_model,tokenizer,query))
```

微调后大模型的输出结果如图 8-6 所示。

第一百零九条 公安机关对符合逮捕条件，有下列情形之一的犯罪嫌疑人，可以监视居住：

（一）患有严重疾病、生活不能自理的；

（二）怀孕或者正在哺乳自己婴儿的妇女；

（三）系生活不能自理的人的唯一扶养人；

（四）因案件的特殊情况或者办理案件的需要，采取监视居住措施更为适宜的；

（五）羁押期限届满，案件尚未办结，需要采取监视居住措施的。

对人民检察院决定不批准逮捕的犯罪嫌疑人，需要继续侦查，并且符合监视居住条件的，可以监视居住。

对于符合取保候审条件，但犯罪嫌疑人不能提出保证人，也不交纳保证金的，可以监视居住。

对于被取保候审人违反本规定第八十九条、第九十条规定的，可以监视居住。

图 8-6 微调后大模型的输出结果

对基座模型及微调大模型的输出内容进行分析，基座模型输出的内容和数据集的内容相似度很低，而微调后的大模型的输出在很多地方和数据集的内容高度相似，证明了 LoRA
```

微调的有效性。不过，可以发现微调后的大模型输出的内容虽然形式正确，但缺乏实际含义，这是因为 LoRA 微调更新参数少，一般适合学习型任务。法律问答需要大量的专业知识，属于学习数据，需要利用预训练的方式将法律知识先注入模型。本案例展示的所有法律内容均来自互联网和模型输出，仅供学习大模型使用，实际的法律问题请咨询专业律师。

8.3　指令微调

在法律领域中，有很多概念性的知识。例如想要了解一个罪名，仅仅知道它的基本概念是不够的，还要了解罪名包含的特征，以及相关的司法解释。因此，无论是法律咨询还是律师日常办公，都会有像"某某罪的基本概念是什么？""某某罪的特征是什么？"和"某某罪有司法解释吗？"这样的问题。这类问题和自由对话不一样，无论是回答格式，还是回答内容，都需要大模型严格遵循相关要求。对这类问题，我们可以采用指令微调方式让大模型完成任务。

指令微调数据集包含一系列涉及"指令输入"和"答案输出"的问答对。"指令输入"代表人类对模型提出的请求，涵盖了分类、概括、改写等多种类型。"答案输出"是模型根据指令生成符合人类期望的响应。

8.3.1　法律指令数据集预处理

在法律领域特定的指令微调数据集中，指令专门为法律领域设计。使用指令微调技术需要构建用于指令微调的数据集，其结构为人类指令和期望输出组成的问答对。本案例随机选取 856 条罪名作为数据集，其中包含了它们的基本概念、特征和司法解释，存储在 kg_crime.json 文件中。

首先，读取数据集，将数据集处理成满足指令微调的格式，形成指令微调数据集，核心代码如下所示。

```
# 读取未处理的数据
with open('./data/raw/kg_crime.json','r',encoding='utf-8') as f:
    kg_data=f.readlines()
f.close()
kg_data=[eval(i.rstrip()) for i in kg_data]
```

然后，进行数据预处理。需要特别说明的是，并不是所有罪名都有司法解释，查询这类罪名的司法解释时，希望大模型的输出是"本罪名没有司法解释。"。核心代码如下。

```
# 概念、特征和解释
gainian_instruction=" 查询以下罪名的概念: "
tezheng_instruction=" 查询以下罪名的特征: "
jieshi_instruction=" 查询以下罪名的司法解释: "
# 构建指令数据
```

```
instruction_data=[]
for data in kg_data:
    crime_name=data['crime_small']
    instruction_data.append({
        "prompt":gainian_instruction+crime_name,
        "response":data['gainian'][0]
    })
    instruction_data.append({
        "prompt":tezheng_instruction+crime_name,
        "response":''.join(data['tezheng'])
    })
    invalid_jieshi="本罪名没有司法解释。"
    if len(data['jieshi']) != 0:
        instruction_data.append({
            "prompt":jieshi_instruction+crime_name,
            "response":''.join(data['jieshi'])
        })
    else:
        instruction_data.append({
            "prompt":jieshi_instruction+crime_name,
            "response":invalid_jieshi
        })
```

执行 data_process.py 脚本文件，查看预处理后的数据集。预处理后的数据集中部分数据示例如图 8-7 所示，其中 prompt 键对应的是人类的查询指令，response 是期望模型给出的输出。

```
[
{
 "prompt": "查询以下罪名的概念：交通肇事罪",
 "response": "交通肇事罪，是指在交通运输过程中，因违反交通运输安全法规，导致发生重大事故，从而对公共安全造成危害的行为。在《中华人民共和国刑法》中，交通肇事罪被规定为一种严重的交通犯罪。"},
{
 "prompt": "查询以下罪名的特征：交通肇事罪",
 "response": "交通肇事罪侵犯的客体是交通运输安全。交通运输安全与人民群众的生命财产安全紧密相连，一旦发生交通事故，就会危及不特定多数人的生命和财产安全。交通肇事罪的犯罪主体是指具备刑事责任能力的自然人，如各类交通工具的驾驶人员、交通设备的操纵人员、交通运输活动的直接领导、指挥人员以及交通运输安全的管理人员等。交通肇事罪客观方面要求行为人违反了交通运输管理法规，如酒后开车、超速行驶等。必须有重大交通事故发生，造成致人重伤、死亡或者使公私财产遭受重大损失的严重后果。违法行为和造成的严重后果之间必须存在着必然的因果关系。违反交通运输管理法规及发生重大事故的行为，必须发生在交通运输的过程中。交通肇事罪主观方面表现为过失，包括疏忽大意的过失和过于自信的过失。违章行为可能是故意的，但对危害结果的发生则是存在过失的。"},
```

图 8-7　预处理后的数据集中部分数据示例

以上完成了指令微调数据读取及数据预处理。

8.3.2　指令微调工具编写

完成了数据集预处理，还需要编写指令微调工具。接下来，我们采用 ChatGLM3-Base 作为基座模型，来应用这些微调数据。

在大模型微调过程中需要进行工具的编写。在 preprocess_utils.py 脚本文件中，我们只需关注 InputOutputDataset 类，该类会对数据进行 padding 操作。

```
class InputOutputDataset(Dataset):
    def __init__(self, data: List[dict], tokenizer: PreTrainedTokenizer, max_
```

```
        source_length: int, max_target_length: int):
        super(InputOutputDataset, self).__init__()
        self.tokenizer = tokenizer
        self.max_source_length = max_source_length
        self.max_target_length = max_target_length
        self.max_seq_length = max_source_length + max_target_length + 1
        self.data = data

    def __len__(self):
        return len(self.data)

    def __getitem__(self, i) -> dict:
        data_item = self.data[i]
        a_ids = self.tokenizer.encode(text=data_item['prompt'], add_special_
            tokens=True, truncation=True,
                max_length=self.max_source_length)
        b_ids = self.tokenizer.encode(text=data_item['response'], add_special_
            tokens=False, truncation=True,
                max_length=self.max_target_length)
        context_length = len(a_ids)
        input_ids = a_ids + b_ids + [self.tokenizer.eos_token_id]
        labels = [self.tokenizer.pad_token_id] * context_length + b_ids + [self.
            tokenizer.eos_token_id]
        pad_len = self.max_seq_length - len(input_ids)
        input_ids = input_ids + [self.tokenizer.pad_token_id] * pad_len
        labels = labels + [self.tokenizer.pad_token_id] * pad_len
        labels = [(l if l != self.tokenizer.pad_token_id else -100) for l in
            labels]
        assert len(input_ids) == len(labels), f"length mismatch: {len(input_
            ids)} vs {len(labels)}"
        return {
            "input_ids": input_ids,
            "labels": labels
        }
```

　　定义 trainer.py 脚本文件中的 PrefixTrainer 类（用来保存训练的结果），例如微调权重、训练参数、分词器等，核心代码如下。

```
class PrefixTrainer(Trainer):
    def __init__(self, *args, save_changed=False, **kwargs):
        self.save_changed = save_changed
        super().__init__(*args, **kwargs)

    def _save(self, output_dir: Optional[str] = None, state_dict=None):
        # 如果输出目录 output_dir 不为空，那么在函数执行过程中，不再对该目录进行检查
        output_dir = output_dir if output_dir is not None else self.args.output_
            dir
        os.makedirs(output_dir, exist_ok=True)
        logger.info(f"Saving model checkpoint to {output_dir}")
        # 使用 save_pretrained()
        # 保存训练好的模型和配置，然后可以使用 from_pretrained() 重加载它们
        if not isinstance(self.model, PreTrainedModel):
            if isinstance(unwrap_model(self.model), PreTrainedModel):
```

```
            if state_dict is None:
                state_dict = self.model.state_dict()
            unwrap_model(self.model).save_pretrained(output_dir, state_
                dict=state_dict)
        else:
            logger.info("Trainer.model is not a `PreTrainedModel`, only
                saving its state dict.")
            if state_dict is None:
                state_dict = self.model.state_dict()
            torch.save(state_dict, os.path.join(output_dir, WEIGHTS_NAME))
    else:
        if self.save_changed:
            print("Saving PrefixEncoder")
            state_dict = self.model.state_dict()
            filtered_state_dict = {}
            for k, v in self.model.named_parameters():
                if v.requires_grad:
                    filtered_state_dict[k] = state_dict[k]
            self.model.save_pretrained(output_dir, state_dict=filtered_
                state_dict)
        else:
            print("Saving the whole model")
            self.model.save_pretrained(output_dir, state_dict=state_dict)
if self.tokenizer is not None:
    self.tokenizer.save_pretrained(output_dir)

# 保存训练参数与训练模型
torch.save(self.args, os.path.join(output_dir, TRAINING_ARGS_NAME))
```

  ChatGLM3 的官方代码提供了全量微调和 P-Tuning 两种微调方式。全量微调需要大量的算力资源，因此我们采用 P-Tuning 方式。在微调脚本中，需要正确设置 ChatGLM3 模型的路径以及数据集的路径，并根据读者机器的显存调整 DEV_BATCH_SIZE 和 GRAD_ACCUMULARION_STEPS。

  P-Tuning 微调的代码放在 finetune.py 脚本文件中，关键代码如下。

  1）加载配置文件。如果使用 P-Tuning，则需要额外添加参数，pre_seq_len 指虚拟令牌（Virtual Token）长度，prefix_projection 用来指定使用 P-Tuning 还是 P-Tuning V2。P-Tuning 是只在输入层添加虚拟令牌，P-Tuning V2 是在模型的每一层都引入连续的可训练提示，而不仅限于输入层。

```
# 加载配置文件
config = AutoConfig.from_pretrained(model_args.model_name_or_path, trust_remote_
    code=True)
# 使用 P-Tuning 需要额外添加以下参数
config.pre_seq_len = model_args.pre_seq_len
config.prefix_projection = model_args.prefix_projection
```

  2）加载分词器和模型。

```
# 加载分词器
```

```
tokenizer = AutoTokenizer.from_pretrained(model_args.model_name_or_path, trust_
    remote_code=True)
# 加载模型
if model_args.ptuning_checkpoint is not None:
    model = AutoModel.from_pretrained(model_args.model_name_or_path, config=config,
        trust_remote_code=True)
    prefix_state_dict = torch.load(os.path.join(model_args.ptuning_checkpoint,
        "pytorch_model.bin"))
    new_prefix_state_dict = {}
    for k, v in prefix_state_dict.items():
        if k.startswith("transformer.prefix_encoder."):
            new_prefix_state_dict[k[len("transformer.prefix_encoder."):]] = v
    model.transformer.prefix_encoder.load_state_dict(new_prefix_state_dict)
else:
    model = AutoModel.from_pretrained(model_args.model_name_or_path, config=
        config, trust_remote_code=True)
```

3）初始化 P-Tuning。

```
# 初始化 P-Tuning
if model_args.pre_seq_len is not None:
    # P-Tuning V2
    model = model.half()
    model.transformer.prefix_encoder.float()
else:
    # Finetune
    model = model.float()
```

4）初始化训练器并开始训练。

```
# 初始化 trainer
trainer = PrefixTrainer(
    model=model,
    args=training_args,
    train_dataset=train_dataset,
    tokenizer=tokenizer,
    data_collator=data_collator,
    save_changed=model_args.pre_seq_len is not None
)

checkpoint = None
if training_args.resume_from_checkpoint is not None:
    checkpoint = training_args.resume_from_checkpoint
model.gradient_checkpointing_enable()
model.enable_input_require_grads()
trainer.train(resume_from_checkpoint=checkpoint)
trainer.save_model()
trainer.save_state()
```

5）撰写微调训练脚本，设定一些需要用到的参数，参数的具体解释已在 finetune_pt.sh 脚本文件中注释，请参见本书前言提及的网站查找并下载。

```
# P-Tuning 的软提示长度
```

```
PRE_SEQ_LEN=128
# 学习率
LR=2e-2
# 使用的 GPU 数量
NUM_GPUS=1
# 输入文本的最大长度
MAX_SOURCE_LEN=64
# 输出文本的最大长度
MAX_TARGET_LEN=256
# batch size
DEV_BATCH_SIZE=1
# 梯度累积
GRAD_ACCUMULARION_STEPS=16
# 训练步数
MAX_STEP=1000
# 每 500 步保存一个模型
SAVE_INTERVAL=500

# 时间戳
DATESTR='date +%Y%m%d-%H%M%S'
# 任务名称（可自定义）
RUN_NAME=instruction_finetune

# ChatGLM3 的模型路径
BASE_MODEL_PATH=/root/llm_test/chatglm3-6b
# 数据集的路径
DATASET_PATH=./data/processed/instruction_data_train.json
# 模型输出路径
OUTPUT_DIR=output/${RUN_NAME}-${DATESTR}-${PRE_SEQ_LEN}-${LR}
```

执行脚本后，完成模型微调，在输出目录中生成权重、分词和训练参数等文件，如图 8-8 所示。

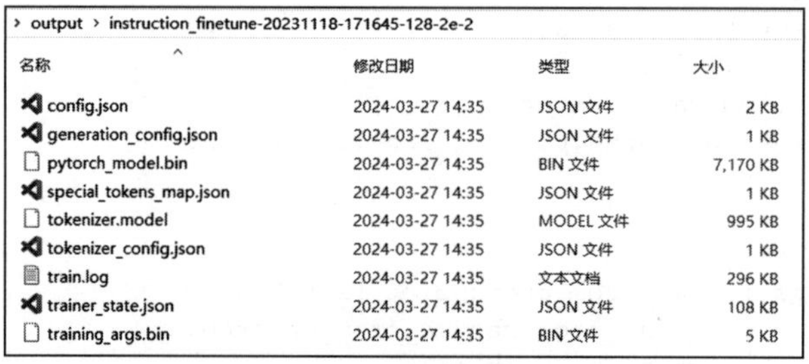

> output > instruction_finetune-20231118-171645-128-2e-2

名称	修改日期	类型	大小
config.json	2024-03-27 14:35	JSON 文件	2 KB
generation_config.json	2024-03-27 14:35	JSON 文件	1 KB
pytorch_model.bin	2024-03-27 14:35	BIN 文件	7,170 KB
special_tokens_map.json	2024-03-27 14:35	JSON 文件	1 KB
tokenizer.model	2024-03-27 14:35	MODEL 文件	995 KB
tokenizer_config.json	2024-03-27 14:35	JSON 文件	1 KB
train.log	2024-03-27 14:35	文本文档	296 KB
trainer_state.json	2024-03-27 14:35	JSON 文件	108 KB
training_args.bin	2024-03-27 14:35	BIN 文件	5 KB

图 8-8　模型微调输出内容

至此，我们完成了微调模型工具的编写，完成了模型微调工作。

8.3.3　法律大模型指令问答评估

训练完成后，我们在 inference.py 脚本文件中分别加载 ChatGLM3 的基座模型和经过微调后的模型，用相同的问题提问，对比两个模型回答的表现。

由于 P-Tuning 微调结束后，会将训练得到的参数保存到一个新的模型中。因此，需要进行以下操作。

第 1 步，需要同时加载基座模型和新增参数模型，并进行手动合并。需要注意的是，在加载 config 时，需要传入参数 pre_seq_len，也就是在 P-Tuning 训练时设定的前缀（prefix）长度。

第 2 步，加载 P-Tuning 的权重，权重文件是微调输出文件中的 pytorch_model.bin，最后将预训练模型与微调后的模型参数相结合，代码如下所示。

```
# 加载预训练模型及微调后的模型参数
if args.pt_checkpoint:
# 载入 tokenizer，trust_remote_code=True 表示信任远程代码
    tokenizer = AutoTokenizer.from_pretrained(args.tokenizer, trust_remote_
        code=True)
# 从预训练的模型路径 model_path 中加载配置文件，pre_seq_len=128 表示设置输入序列的最大长度为
    128
    config = AutoConfig.from_pretrained(args.model, trust_remote_code=True, pre_
        seq_len=128)
# 根据配置文件和模型路径，加载预训练模型
    model = AutoModel.from_pretrained(args.model, config=config, trust_remote_
        code=True)
# 加载微调后的权重文件 pytorch_model.bin 的模型参数，使用 torch.load 函数将参数存储在 prefix_
    state_dict 中
    prefix_state_dict = torch.load(os.path.join(args.pt_checkpoint, "pytorch_
        model.bin"))
# 提取微调后的模型参数中的前缀编码器的相关部分，存储在 new_prefix_state_dict 中
    new_prefix_state_dict = {}
    for k, v in prefix_state_dict.items():
        if k.startswith("transformer.prefix_encoder."):
            new_prefix_state_dict[k[len("transformer.prefix_encoder."):]] = v
    model.transformer.prefix_encoder.load_state_dict(new_prefix_state_dict)
else:
    tokenizer = AutoTokenizer.from_pretrained(args.tokenizer, trust_remote_
        code=True)
    model = AutoModel.from_pretrained(args.model, trust_remote_code=True)
```

第 3 步，读取测试集数据，并用大模型生成结果，将生成结果和对应的真实标签（truth_label）写入 result.json 文件。

```
import json
# 读取测试集
with open(args.test_path,'r',encoding='utf-8') as f:
    test_data=json.load(f)
f.close()

query=[]
truth_result=[]

# 预测测试集的内容
for data in test_data:
    query.append(data["prompt"])
```

```
            truth_result.append(data["response"])
inputs = tokenizer(query,return_tensors="pt",max_length=512,padding=True,truncat
    ion=True)
inputs = inputs.to(args.device)
response = model.generate(input_ids=inputs["input_ids"], max_length=inputs
    ["input_ids"].shape[-1] + args.max_new_tokens)
response = response[:, inputs["input_ids"].shape[-1]:]
pred_result=[tokenizer.decode(rsp, skip_special_tokens=True) for rsp in
    response]

result=[{'truth_label':truth_result[i],
        'pred_label':pred_result[i]} for i in range(len(pred_result))]

# 将预测结果写入文件
with open(args.output+"/result.json",'w',encoding='utf-8') as f:
    json.dump(result,f,ensure_ascii=False,indent=2)
f.close()
```

第 4 步，使用 ROUGE 指标来衡量预测文本和真实文本之间的 N-Gram 共现率。

```
# 计算 ROUGE
import jieba
from rouge_chinese import Rouge
import numpy as np
rouge=Rouge()
scores=[]
for i in range(len(pred_result)):
    # 预测文本
    pred=list(jieba.cut(pred_result[i]))
    # 真实文本
    truth=list(jieba.cut(truth_result[i]))
    try:
        scores.append(rouge.get_scores(' '.join(pred),' '.join(truth))[0])
    except:
        None

rouge_1=[]
rouge_2=[]
rouge_l=[]
for sc in scores:
    rouge_1.append(sc['rouge-1']['f'])
    rouge_2.append(sc['rouge-2']['f'])
    rouge_l.append(sc['rouge-l']['f'])
print('Rouge-1:',sum(rouge_1)/len(rouge_1))
print('Rouge-2:',sum(rouge_2)/len(rouge_2))
print('Rouge-l:',sum(rouge_l)/len(rouge_l))
```

第 5 步，编写推理脚本，执行 inference.py 文件，加载 P-Tuning 权重路径、模型路径、
分词器路径、测试集路径及结果文件路径。

```
python ../inference.py \
    --pt-checkpoint ../output/instruction_finetune-20231118-171645-128-2e-2 \
    --model /data/law/LLM/llm_store/chatglm3-6b \
```

```
--tokenizer /data/law/LLM/llm_store/chatglm3-6b \
--test_path ../data/processed/instruction_data_test.json \
--output ../
```

部分参数的说明如表 8-4 所示。

表 8-4　推理参数说明

参数	说明	参数	说明
pt-checkpoint	P-Tuning 权重路径	test_path	测试集路径
model	模型路径	output	结果文件路径
tokenizer	分词器路径		

第 6 步，完成推理后查看结果文件，对比真实文本（truth_label）和预测文本（pred_label）结果，如图 8-9 所示。

```
[
 {
 "truth_label": "《中华人民共和国刑法》第一百三十三条：【交通肇事罪】违反交通运输管理法规，因而发生重大事故，致人重伤、死亡或者使公私财产遭受重大损失的，处三年以下有期徒刑或者拘役；交通运输肇事后逃逸或者有其他特别恶劣情节的，处三年以上七年以下有期徒刑；因逃逸致人死亡的，处七年以上有期徒刑。第一百三十三条之一【危险驾驶罪】在道路上驾驶机动车，有下列情形之一的，处拘役，并处罚金：（一）追逐竞驶，情节恶劣的；（二）醉酒驾驶机动车的；（三）从事校车业务或者旅客运输，严重超过额定乘员载客，或者严重超过规定时速行驶的；（四）违反危险化学品安全管理规定运输危险化学品，危及公共安全的。机动车所有人、管理人对前款第三项、第四项行为负有直接责任的，依照前款的规定处罚。有前两款行为，同时构成其他犯罪的，依照处罚较重的规定定罪处罚。第一百三十三条之二【妨害安全驾驶罪】对行驶中的公共交通工具的驾驶人员使用暴力或者抢控驾驶操纵装置，干扰公共交通工具正常行驶，危及公共安全的，处一年以下有期徒刑、拘役或者管制，并处或者单处罚金。前款规定的驾驶人员在行驶的公共交通工具上擅离职守，与他人互殴或者殴打他人，危及公共安全的，依照前款的规定处罚。【择一重处】有前两款行为，同时构成其他犯罪的，依照处罚较重的规定定罪处罚。具体案件还需要根据实际情况，结合《中华人民共和国刑法》和相关司法解释进行综合评判。",
 "pred_label": "交通肇事罪，是指违反交通运输管理法规，在交通运输活动中因过失发生重大事故，致人重伤、死亡或者使公私财产遭受重大损失，依法承担刑事责任的行为。"},
```

图 8-9　推理结果

查看打印出来的指标结果，如图 8-10 所示，微调前预测文本基于召回率的一元词序列重叠度指标 Rouge-1 的分数为 0.47，微调前预测文本基于召回率的二元词序列重叠度指标 Rouge-2 的分数为 0.35，微调后预测文本 Rouge-1 的分数为 0.42，说明经过微调后，模型输出的内容已经拟合了一半的训练数据，一元词序列重叠度指标已经下降，达到了较好的效果。但是查看数据后发现，拟合的数据只是生成文本的前半部分，后半部分拟合效果不好，还需要根据数据继续优化。

```
Rouge-1:0.4760170335325691
Rouge-2:0.3556473574754824
Rouge-1:0.42400028288980574
```

图 8-10　指标结果

至此，我们完成了法律大模型微调及基于指令问答的评估。

8.3.4　微调前后的对话问答对比

指令微调后，我们对微调前后大模型回答的差异进行具体分析。

1）首先在 predict.py 脚本文件中加载基座模型、配置文件和分词器。

```
from transformers import AutoTokenizer, AutoModel,AutoConfig
import torch
```

```
model_path = '' # 填写基础模型路径
tokenizer = AutoTokenizer.from_pretrained(model_path, trust_remote_code=True)
config = AutoConfig.from_pretrained(model_path, trust_remote_code=True, pre_seq_
    len=128)
model = AutoModel.from_pretrained(model_path, config=config, trust_remote_
    code=True)
model.eval()
model.cuda()
```

2）加载基座模型并输入问题让它回答。

```
gainian_query=' 查询以下罪名的概念：交通肇事罪 '
tezheng_query=' 查询以下罪名的特征：交通肇事罪 '
jieshi_query=' 查询以下罪名的司法解释：交通肇事罪 '
response,history=model.chat(tokenizer,gainian_query,history=[])
print(' 基座模型 :\n'+gainian_query+'\n'+response+'\n')
response,history=model.chat(tokenizer,tezheng_query,history=[])
print(' 基座模型 :\n'+tezheng_query+'\n'+response+'\n')
response,history=model.chat(tokenizer,jieshi_query,history=[])
print(' 基座模型 :\n'+jieshi_query+'\n'+response+'\n')
```

3）最后加载微调后的模型，需要加载 8.3.2 节训练得到的权重，然后和基座模型相结合。最后提问与第 2 步相同的问题，并查看大模型的输出。

```
# 将 P-Tuning 微调得到的参数拼接到 ChatGLM3 中
prefix_state_dict = torch.load('output/instruction_finetune-20231118-171645-128-
    2e-2/pytorch_model.bin')
new_prefix_state_dict = {}
for k, v in prefix_state_dict.items():
    if k.startswith("transformer.prefix_encoder."):
        new_prefix_state_dict[k[len("transformer.prefix_encoder."):]] = v
model.transformer.prefix_encoder.load_state_dict(new_prefix_state_dict)

def get_response(model,tokenizer,query):
    inputs=tokenizer(query,return_tensors='pt')
    inputs=inputs.to("cuda")
    response = model.generate(input_ids=inputs["input_ids"], max_length=128)
    response = response[0, inputs["input_ids"].shape[-1]:]
    return tokenizer.decode(response, skip_special_tokens=True)

response = get_response(model,tokenizer,gainian_query)
print(' 微调模型 :\n'+gainian_query+'\n'+response+'\n')

response = get_response(model,tokenizer,tezheng_query)
print(' 微调模型 :\n'+tezheng_query+'\n'+response+'\n')

response = get_response(model,tokenizer,jieshi_query)
print(' 微调模型 :\n'+jieshi_query+'\n'+response+'\n')
```

我们以"交通肇事罪"为例，询问大模型"交通肇事罪"的概念、特征和司法解释，让基座模型和微调后的模型分别输出它的概念、特征和司法解释。基座模型的输出如图 8-11 所示。

```
基座模型:
查询以下罪名的概念：交通肇事罪
交通肇事罪，是指在交通运输过程中，因违反交通运输安全规定，导致重大事故，从而对公共安全和公共利益的破坏。在《中华人民共和国刑法》中，交通肇事罪被规定为一种严重的犯罪行为。主要表现为行为人在交通运输过程中违反交通运输安全规定，致人重伤、死亡或者公私财产遭受重大损失。
交通肇事罪的主要特征如下:
1.客体要件：本罪侵犯的客体是交通运输安全。
2.客观要件：行为人在交通运输过程中违反交通运输安全规定，因而发生重大事故。
3.主体要件；实施交通肇事罪的主体为具备刑事责任能力的自然人，违反了交通运输管理法规并导致严重后果的行为。
4.主观要件：行为人通常存在过错，如违反交通运输安全规定、未履行安全检查义务等。
交通肇事罪的处罚根据具体情况和《中华人民共和国刑法》第一百三十三条，一般分为以下几种:
1.对于发生重大事故，致人重伤、死亡或者使公私财产遭受重大损失的，处三年以下有期徒刑或者拘役;
2.对于事后逃逸或者有其他特别恶劣情节的，处三年以上七年以下有期徒刑;
3.对于因逃逸致人死亡的，处七年以上有期徒刑;
总的来说，交通肇事罪对社会的危害性非常大，对于行为人而言，不仅要承担刑事责任，还要承担财产损失的责任。因此，我们应当严格遵守交通运输安全规定，保障自己和他人的生命财产安全。
```

图 8-11 基座模型输出的“交通肇事罪”的概念、特征

指令微调后模型的输出如图 8-12 所示。

```
微调模型:
查询以下罪名的概念：交通肇事罪
交通肇事罪，是指违反交通运输管理法规，在交通运输活动中因过失发生重大事故，致人重伤、死亡或者使公私财产遭受重大损失，依法承担刑事责任的行为。

查询以下罪名的特征：交通肇事罪
交通肇事罪的客观要件。本罪侵犯的客体是交通运输安全。犯罪对象是交通运输工具。所谓交通运输工具，是指在道路、水路、航空路上行驶的汽车、火车、船只、飞机等。交通运输工具，既可以是各种车辆，也可以是各种船舶、飞机等。
```

图 8-12 指令微调模型输出的“交通肇事罪”的概念、特征

对基座模型和微调模型输出的内容进行分析，可以发现微调后模型的输出在很多地方和数据集的内容高度相似，证明了 P-Tuning 微调的有效性。不过，微调后模型输出的内容只能拟合一定长度的数据，这是因为微调的参数量并不多，无法拟合所有数据，因此输出的内容通常很短。本案例所展示的法律内容均来自互联网和模型输出，仅供学习使用，实际的法律问题请咨询专业律师。

8.4 部署验证

完成大模型的微调后，可以部署模型以供使用。接下来，我们将使用快速创建交互式界面的 Python 库 Gradio 和快速构建 API 的 Web 框架 FastAPI 来完成模型部署。在部署阶段，基于已经实现的模型推理功能代码，使用 Gradio 编写一个前端页面并将其注册到 FastAPI 中即可。

在指令微调阶段，需要对查询概念、特征和司法解释三种指令进行微调。

首先创建一个下拉框让用户选择具体查询的内容，接着构建一个文本框让用户输入想要查询的罪名，最后构建一个提交按钮，当单击该按钮时，将下拉框和文本框的内容传入相关方法，获得模型的回复并以 Markdown 格式返回到网页，示例代码如下。

```
with gr.Blocks(title='法律罪名查询功能') as demo:
    drop_down=gr.Dropdown(choices=['查询概念','查询特征','查询司法解释'],label='请
        选择具体的功能')
    query=gr.Textbox(label='请输入查询的罪名:')
```

```
btn=gr.Button(value=' 查询 ')
btn.click(get_response,inputs=[drop_down,query],outputs=gr.Markdown())
```

单击按钮会调用 get_response() 方法，这个方法用来处理前端输入以及获得模型输出。该方法接收前端用户输入的 function 和 query 两个参数，并进行简单的空值判断：如果某个值为空，则提示相应的错误；如果不为空，则通过一定的规则将两者拼接起来获得具体查询结果。最后通过 llm_generate() 方法得到大模型输出并返回。实现代码如下所示。

```
def get_response(function,query):
    if function=='':
        raise gr.Error(' 未选择正确的功能 ')
    elif query=='':
        raise gr.Error(' 未输入查询的罪名 ')
    else:
        query_dict={
            ' 查询概念 ':' 查询以下罪名的概念：',
            ' 查询特征 ':' 查询以下罪名的特征：',
            ' 查询司法解释 ':' 查询以下罪名的司法解释：'
        }
        ins_query=query_dict[function]+query
        return llm_generate(model,tokenizer,ins_query)
```

至此，我们已经实现了一个简单的法律大模型问答系统。最后，我们将其注册到 FastAPI 中完成部署。首先创建一个 FastAPI 实例，接着使用 mount_gradio_app 方法传入创建的实例和 Gradio 页面即可。

```
app=FastAPI()
@app.get('/')
def read_main():
    return {'message':' 欢迎使用法律大模型问答系统 '}
app=gr.mount_gradio_app(app,demo,path='/lawchat')
import uvicorn
# 填写部署服务器（host）的 IP 地址
# 根据实际部署服务器端口占用情况设置端口号
uvicorn.run(app,host='',port=8009)
```

部署后的法律大模型页面展示如图 8-13 所示。

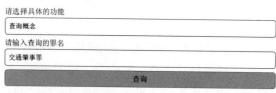

图 8-13　法律大模型页面展示图

至此，我们完成了一个简单的法律大模型系统的实现及注册。

8.5　本章小结

　　本章从中文法律大模型实践讲起，首先基于开源大模型进行中文法律大模型对话微调，使用大模型微调框架 DeepSpeed 的参数配置，利用 LoRA 微调方法，通过只微调新增参数的方式，大大减少了特定领域任务的可训练参数数量。接着，以 ChatGLM3-Base 作为基座模型，构建法律领域特定的指令微调数据集，采用 P-Tuning 进行指令微调，并进行指令微调效果评估。最后，基于微调模型构建中文法律知识问答系统，使用 Gradio 和 FastAPI 来完成模型部署。

第 9 章

医疗领域应用实践

随着社会的发展和医疗技术的进步,大模型加快在垂直领域的落地,有望开创医疗领域应用新局面。基于开源大模型进行增量预训练、有监督微调以及进行直接偏好优化(Direct Preference Optimization,DPO),有助于构建精准的医疗领域大模型,从而为医疗专业人员提供宝贵建议并辅助做出合理决策。

9.1 应用概述

大模型在多种医疗应用中显示出巨大的应用价值,如医疗知识问答、医患对话系统、病例内容生成等。此外,随着电子健康记录(EHR)、医学文献和病人生成数据的指数级增长,大模型经过训练后可以辅助做出科学的决策。

尽管大语言模型在医疗领域具有巨大的潜力,但仍存在一些重要且艰巨的挑战需要面对。当模型用于闲聊对话场景时,错误的影响较小。但在医疗领域使用时,错误的解释和答案可能干扰医生的医疗诊断和治疗计划,进而会对病人的治疗和护理结果产生影响,可能造成严重的后果。

医疗领域大模型提供信息的准确性和可靠性非常重要。例如,当有人问大模型关于孕妇可以用什么药的问题时,有些大模型可能错误地建议使用四环素。如果真按照这个错误的建议去给孕妇用药,可能会给孩子骨头生长带来不好的影响。鉴于医疗数据和应用的特殊性,如果想要在医疗领域用好大语言模型,需要根据医疗领域的特点对大模型进行设计和基准测试,避免大模型可能会带来的风险。

9.2 医疗数据集构建

基于大模型构建医疗领域应用之前，需要构建医疗数据集，包括增量预训练数据集、有监督微调数据集、直接偏好优化数据集，以及模型评测数据集。

9.2.1 增量预训练数据集

在进行增量预训练（Continue Pretraining）之前，需要构建增量预训练数据集。我们选取《内科治疗指南》《内科疾病鉴定诊断学》《传染病学》等书籍的部分数据构建增量预训练数据集。数据集存放于项目根目录下的 data/pretrain 文件夹下。数据格式为 txt 格式，数据示例如图 9-1 所示。

第一章 总论
传染病是指由病原微生物，如朊粒、病毒、衣原体、立克次体、支原体（Mycoplasma）、细菌、真菌、螺旋体和寄生虫（如原虫、蠕虫）感染人体后产生的有传染性、在一定条件下可造成流行的疾病。感染性疾病是指由病原体感染所致的疾病，包括具有传染性的传染病和不具备传染性的感染性疾病。
传染病学是一门研究各种传染病在人体内外发生、发展、传播、诊断、治疗和预防规律的学科。重点研究各种传染病的发病机制、临床表现、诊断和治疗方法，同时兼顾流行病学和预防措施的研究，做到防治结合。
传染病学与其他学科有密切联系，其基础学科和相关学科包括病原生物学、分子生物学、免疫学、人体寄生虫学、流行病学、病理学、药理学和诊断学等。掌握这些学科的基本知识、基本理论和基本技能对学好传染病学起着非常重要的作用。
在人类的历史长河中，传染病不仅威胁着人类的健康和生命，而且影响着人类文明的进程，甚至改写过人类历史。人类在与传染病较量的过程中，取得了许多重大战果，19世纪以来，病原微生物的不断发现及其分子生物学的兴起，推动了生命科学乃至整个医学的发展；疫苗的研究诞生了感染免疫学，奠定了免疫学的理论基础，已用来研究各种疾病的发生机制及防治手段；抗生素的发现和应用被誉为20世纪最伟大的医学成就；"Koch法则"明确了传染病与病原微生物之间的因果关系，建立了病原学理论，已被广泛应用到其他许多疾病的研究中，奠定了现代医学发展的基石。
  ……

图 9-1 增量预训练数据集

本数据集只供学习使用，在实际业务中进行模型增量预训练需要使用更大的模型和数据集，以获得更好的效果，数据无特殊格式要求，增量预训练是可选的步骤，读者可以跳过此步骤的数据集构建，直接进行有监督微调数据集构建。通过实验测试可以发现，做领域知识注入，有监督微调比增量预训练效率更高。

9.2.2 有监督微调数据集

在进行有监督微调之前，需要构建有监督微调数据集，可在增量预训练模型基础上进行指令微调，以对齐指令意图，并引入医疗领域知识。我们使用 Belle 的抽样数据构建指令微调数据集。数据集存放于根目录下的 data/finetune 文件夹。数据示例如图 9-2 所示。

{"conversations":[{"from":"human","value":"请问草莓状血管瘤什么时间治疗最好，我的宝宝现在2岁，前段时间因为不小心磕碰了一下，去医院检查确诊为草莓状血管瘤，能看到宝宝的额头上面有一块很大的斑点，现在孩子还很小，采用什么诊疗方案比较安全一些？医生说要5岁之后去做手术比较安全"},{"from":"gpt","value":"你好，根据小孩子的情况，可以观察血管瘤的变化、体积与颜色等，如处于稳定期或消退期，则可以等待自然消退，不然可以考虑采用激光治疗。最后，建议口服普萘洛尔治疗，效果好，副作用少，可以一试。"}]}

图 9-2 有监督微调数据集

其中，每条对话数据（Conversations）是由多个键值对构成的对话列表。列表的第一个键值对为人类用户的问题，键为人类用户，值为提出的具体问题。列表的第二个键值对为大模型给出的回答，键为大模型，值为给出的具体回答。为了能够迅速验证训练代码的可用性，我们仅使用了少量样本数据，实际业务需要使用更大的数据集，以获得更好的效果。

9.2.3　直接偏好优化数据集

在进行直接偏好优化（Direct Preference Optimization，DPO）之前，需要构建直接偏好优化数据集。我们从医疗 reward 数据集抽取 500 条数据构建直接偏好优化数据集，数据集位于 data/reward 文件夹，数据示例如图 9-3 所示。

```
{"system":"","history":[],"question":"为什么青光眼会导致一个人死亡？","response_chosen":"青光眼是一组导致视神经损伤
并可能引起视力丧失的进行性疾病，若不治疗，最终可能导致失明。尽管高眼压是其常见原因，但其他因素亦不可忽视。青光眼
主要分为开角型青光眼（OAG）、闭角型青光眼（ACG）及继发性青光眼等类型。未经治疗的青光眼会导致视神经持续受损，
进而严重影响患者的生活质量和独立性。在罕见情况下，极高眼压可引发急性闭角型青光眼，导致数小时内出现剧烈疼痛、恶心
及视力急剧下降，若未得到及时处理，几天内即可能造成永久性失明。此外，在极端情形下，眼压剧增还可能引发如中风或心
脏病发作等严重并发症，甚至危及生命。然而，若能及时确诊并得到有效治疗，患者的预后将大大改善。定期的眼部检查、早期
干预及恰当管理有助于控制病情进展，降低视力损失和并发症风险。因此，适当的护理使大多数青光眼患者能够维持接近正常的
生活质量。","response_rejected":"青光眼是一组可以导致视神经受损的眼部疾病，视神经负责将眼睛传输的视觉信息发送到大
脑。如果不及时治疗，青光眼可能导致视力丧失，严重情况下甚至会导致失明。如果不及时治疗，可能会导致不可逆转的视力丧
失，严重影响患者的生活质量和日常任务的完成能力。在某些情况下，由青光眼导致的未经治疗的视力丧失可能导致事故或受
伤，甚至可能危及生命。"}
```

图 9-3　直接偏好优化数据集的数据示例

每条数据均为一个键值对构成的字典，键为标签，值为标签内容。每条数据都包括一系列系统提示（system）、历史对话（history）、用户提问（question）以及响应标签。其中，response_chosen 为标注员选中的答案；response_rejected 为标注员拒绝的答案。这些答案参考了本草模型 SCIR-HI/Huatuo-Llama-Med-Chinese 给出的答复。这是仅作偏好优化过程的展示，不代表专业医生的建议。

9.2.4　模型评测数据集

为了进行大模型评测，我们选用医疗数据集 CMB（A Comprehensive Medical Banchmark in Chinese（2023））作为大模型评测数据集，该数据集分为 CMB-Exam 和 CMB-Clin 两部分，其中，CMB-Exam 为全面、多层次评估医学知识的医学考试题目数据集，CMB-Clin 为临床项目数据集。二者的数据说明如图 9-4 所示。

CMB-Exam 数据集包括 Structure（6 个主要类别和 28 个子类别）、CMB-test（每个子类别有 400 个问题，总共 11 200 个问题）、CMB-val（280 个问题，附有解决方案和解释，用作思维链和少样本学习的数据源）和 CMB-train（269 359 道医学知识习题），数据示例如图 9-5 所示。

字段解释如下。

❑ exam_type：主要类别。

❑ exam_class：子类别。

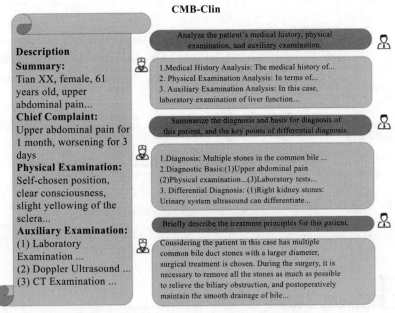

图 9-4　CMB-Exam 和 CMB-Clin 的数据说明

```
{
    "exam_type": "医师考试",
    "exam_class": "执业医师",
    "exam_subject": "口腔执业医师",
    "question":
"患者，男性，11岁。近2个月来时有低热（37～38℃），全身无明显症状。查体无明显
阳性体征。X线检查发现右肺中部有一直径约0.8cm类圆形病灶，边缘稍模糊，肺门淋巴
结肿大。此男孩可能患",
    "answer": "D",
    "question_type": "单项选择题",
    "option": {
        "A": "小叶型肺炎",
        "B": "浸润性肺结核",
        "C": "继发性肺结核",
        "D": "原发性肺结核",
        "E": "粟粒型肺结核"
    }
}
```

图 9-5　CMB-Exam 数据示例

❑ exam_subject：具体部门或学科分支。

❑ question_type：问题类型，分为多项选择题和单项选择题。

❑ option：问题选项。

CMB-Clin 包括 74 例复杂医学问诊，数据示例如图 9-6 所示。

字段解释如下。

❑ id：题目编号。

❑ title：为标题，包括疾病名称。

❑ QA_pairs：为基于描述的一系列问题及其解决方案。

```
{
    "id": 0,
    "title": "案例分析-腹外疝",
    "description": "现病史：① 病史摘要  病人，男，49岁，3小时前解大便后出现右下腹疼痛，右下腹可触及一包块，既往体
健。② 主诉  右下腹痛并自扪及包块3小时。
      (1) 体格检查。体温 T 37.8℃，P 101次／分，呼吸 22次/分，BP 100/60mmHg，腹软，未见胃肠型蠕动波，肝脾肋下未
及，于右侧腹股沟区可扪及一圆形肿块，约4cm×4cm大小，有压痛、界欠清，且肿块位于腹股沟韧带上内方。
      (2) 辅助检查。① 实验室检查。血常规：WBC 5.0×109／L，N 78%；尿常规正常。② 多普勒超声检查。沿腹股沟纵切
可见一多层分布的混合回声区，宽窄不等、远端膨大、边界整齐，长约4～5cm。③ 腹部X线检查。可见阶梯状气平。",
    "QA_pairs": [{
         "question": "简述该病人的诊断及诊断依据。",
         "solution": "诊断：嵌顿性腹股沟斜疝合并肠梗阻。诊断依据：① 右下腹痛并自扪及包块3小时；② 有腹胀、呕吐，类似
肠梗阻表现；腹部平片可见阶梯状液气平，考虑肠梗阻可能；腹部B超考虑，\n腹部包块内可能为肠管可能；③ 有轻度毒性反应
或是中毒反应，如 T 37.8℃，P 101次／分，白细胞中性分类 78%；④ 腹股沟区包块位于腹股沟韧带上内方。"
         },{
         "question": "简述该病人的鉴别诊断。",
         "solution": "① 睾丸鞘膜积液：鞘膜积液所呈现的肿块完全局限在阴囊内，其上界可以清楚地摸到；用透光试验检查肿
块，鞘膜积液多为透光（阳性），而疝块则不能透光。② 交通性鞘膜积液：肿块的外形与睾丸鞘膜积液相似。……
         },{
         "question": "简述该病人的治疗原则。",
         "solution": "嵌顿性疝原则上需要紧急手术治疗，以防止疝内容物坏死并解除伴发的肠梗阻。……        }
    ]
}
```

图 9-6 CMB-Clin 数据示例

9.3 增量预训练与微调

构建完数据集之后，可以基于数据集进行增量预训练、有监督微调，以及直接偏好优化。

9.3.1 增量预训练

完成了增量预训练数据集预处理，还需要编写增量预训练代码。接下来采用 GLM 的对话版本 GLM-4-9B-Chat 作为基座模型进行预训练。增量预训练代码文件为 pretraining.py，训练 Shell 脚本为 run_pt.sh，训练数据使用增量预训练数据集，增量预训练代码文件的执行逻辑如下。

1）导入依赖包。

```
import math
import os
from dataclasses import dataclass, field
from glob import glob
from itertools import chain
from typing import Optional, List, Dict, Any, Mapping
import numpy as np
import torch
from datasets import load_dataset
from loguru import logger
from peft import LoraConfig, TaskType, get_peft_model, PeftModel, prepare_model_
    for_kbit_training
from sklearn.metrics import accuracy_score
from transformers import (
    AutoConfig,
    BloomForCausalLM,
```

```
        AutoModelForCausalLM,
        AutoModel,
        LlamaForCausalLM,
        BloomTokenizerFast,
        AutoTokenizer,
        HfArgumentParser,
        Trainer,
        Seq2SeqTrainingArguments,
        is_torch_tpu_available,
        set_seed,
        BitsAndBytesConfig,
)
from transformers.trainer import TRAINING_ARGS_NAME
from transformers.utils.versions import require_version
```

2）设置模型预训练相关的参数。

```
@dataclass
class ModelArguments:
    """
    Arguments pertaining to which model/config/tokenizer we are going to fine-
        tune, or train from scratch.
    """
    model_type: str = field(
        default=None,
        metadata={"help": "Model type selected in the list: " + ", ".join(MODEL_
            CLASSES.keys())}
    )
    model_name_or_path: Optional[str] = field(
        default=None,
        metadata={
            "help": (
                "The model checkpoint for weights initialization.Don't set if
                    you want to train a model from scratch."
            )
        },
    )
    tokenizer_name_or_path: Optional[str] = field(
        default=None,
        metadata={
            "help": (
                "The tokenizer for weights initialization.Don›t set if you want
                    to train a model from scratch."
            )
        },
    )
```

3）定义各函数并加载训练集。

```
def fault_tolerance_data_collator(features: List) -> Dict[str, Any]:
    if not isinstance(features[0], Mapping):
        features = [vars(f) for f in features]
    first = features[0]
```

```
        batch = {}

        # 标签的特殊处理
        # 确保张量是以正确的类型创建的
        if "label" in first and first["label"] is not None:
            label = first["label"].item() if isinstance(first["label"], torch.
                Tensor) else first["label"]
            dtype = torch.long if isinstance(label, int) else torch.float
            batch["labels"] = torch.tensor([f["label"] for f in features], dtype=
                dtype)
        elif "label_ids" in first and first["label_ids"] is not None:
            if isinstance(first["label_ids"], torch.Tensor):
                batch["labels"] = torch.stack([f["label_ids"] for f in features])
            else:
                dtype = torch.long if type(first["label_ids"][0]) is int else torch.
                    float
                batch["labels"] = torch.tensor([f["label_ids"] for f in features],
                    dtype=dtype)
```

4）加载模型和分词器。

```
def tokenize_function(examples):
    tokenized_inputs = tokenizer(
        examples["text"],
        truncation=True,
        padding='max_length',
        max_length=block_size
    )
    # 将 input_ids 复制到标签上进行语言建模，这既适用于掩码语言建模（如 BERT），也适用于因果语言
        建模（如 GPT）
    tokenized_inputs["labels"] = tokenized_inputs["input_ids"].copy()
    return tokenized_inputs

def tokenize_wo_pad_function(examples):
    return tokenizer(examples["text"])

# 主数据处理函数，将连接数据集中的所有文本，并生成 block_size 大小的块
def group_text_function(examples):
    # 将所有文本连接起来
    concatenated_examples = {k: list(chain(*examples[k])) for k in examples.
        keys()}
    total_length = len(concatenated_examples[list(examples.keys())[0]])
    # 删除了少量剩余块，如果模型支持，你可以根据需要自定义此部分，进行添加填充，而不是删除
    if total_length >= block_size:
        total_length = (total_length // block_size) * block_size
    # 按 max_len 分割快
    result = {
        k: [t[i: i + block_size] for i in range(0, total_length, block_size)]
        for k, t in concatenated_examples.items()
    }
    result["labels"] = result["input_ids"].copy()
    return result
```

5）模型训练及评估。

```
if script_args.use_peft:
    logger.info(" 微调模型：LoRA(PEFT)")
    if script_args.peft_path is not None:
        logger.info(f"Peft from pre-trained model: {script_args.peft_path}")
        model = PeftModel.from_pretrained(model, script_args.peft_path, is_
            trainable=True)
    else:
        logger.info("Init new peft model")
        if load_in_8bit or load_in_4bit:
            model = prepare_model_for_kbit_training(model, training_args.
                gradient_checkpointing)
        target_modules = script_args.target_modules.split(',') if script_args.
            target_modules else None
        if target_modules and ‹all› in target_modules:
            target_modules = find_all_linear_names(model, int4=load_in_4bit,
                int8=load_in_8bit)
        modules_to_save = script_args.modules_to_save
        if modules_to_save is not None:
            modules_to_save = modules_to_save.split(',')
            # 调整嵌入层的大小以匹配新的分词器
            embedding_size = model.get_input_embeddings().weight.shape[0]
            if len(tokenizer) > embedding_size:
                model.resize_token_embeddings(len(tokenizer))
        logger.info(f"Peft target_modules: {target_modules}")
        logger.info(f"Peft lora_rank: {script_args.lora_rank}")
        peft_config = LoraConfig(
            task_type=TaskType.CAUSAL_LM,
            target_modules=target_modules,
            inference_mode=False,
            r=script_args.lora_rank,
            lora_alpha=script_args.lora_alpha,
            lora_dropout=script_args.lora_dropout,
            modules_to_save=modules_to_save)
        model = get_peft_model(model, peft_config)
    for param in filter(lambda p: p.requires_grad, model.parameters()):
        param.data = param.data.to(torch.float32)
    model.print_trainable_parameters()
```

6）查看训练结果。

```
if training_args.do_train:
    logger.info("*** Train ***")
    logger.debug(f"Train dataloader example: {next(iter(trainer.get_train_
        dataloader()))}")
    checkpoint = None
    if training_args.resume_from_checkpoint is not None:
        checkpoint = training_args.resume_from_checkpoint
    train_result = trainer.train(resume_from_checkpoint=checkpoint)
    metrics = train_result.metrics
    metrics["train_samples"] = max_train_samples
    trainer.log_metrics("train", metrics)
```

```
trainer.save_metrics("train", metrics)
trainer.save_state()
model.config.use_cache = True  # enable cache after training
tokenizer.padding_side = "left"  # restore padding side
tokenizer.init_kwargs["padding_side"] = "left"

if trainer.is_world_process_zero():
    logger.debug(f"Training metrics: {metrics}")
    logger.info(f"Saving model checkpoint to {training_args.output_dir}")
    if is_deepspeed_zero3_enabled():
        save_model_zero3(model, tokenizer, training_args, trainer)
    else:
        save_model(model, tokenizer, training_args)
```

编写训练用的 Shell 脚本。显存参数可以根据 GPU 的实际情况进行修改，当前参数采用的基础模型是 GLM4，显卡为 A40，已配置总显存为 96GB。

```
CUDA_VISIBLE_DEVICES=0,1 torchrun --nproc_per_node 2 pretraining.py \
    --model_type chatglm \
    --model_name_or_path /data/testuser/pretrained_model/glm-4-9b-chat \
    --train_file_dir ./data/pretrain \
    --validation_file_dir ./data/pretrain \
    --per_device_train_batch_size 2 \
    --per_device_eval_batch_size 2 \
    --do_train \
    --do_eval \
    --use_peft True \
    --seed 42 \
    --max_train_samples 10000 \
    --max_eval_samples 10 \
    --num_train_epochs 0.5 \
    --learning_rate 2e-4 \
    --warmup_ratio 0.05 \
    --weight_decay 0.01 \
    --logging_strategy steps \
    --logging_steps 10 \
    --eval_steps 50 \
    --evaluation_strategy steps \
    --save_steps 500 \
    --save_strategy steps \
    --save_total_limit 13 \
    --gradient_accumulation_steps 1 \
    --preprocessing_num_workers 10 \
    --block_size 512 \
    --group_by_length True \
    --output_dir glm4-pt-v1 \
    --overwrite_output_dir \
    --ddp_timeout 30000 \
    --logging_first_step True \
    --target_modules all \
    --lora_rank 8 \
    --lora_alpha 16 \
```

```
--lora_dropout 0.05 \
--torch_dtype bfloat16 \
--bf16 \
--device_map auto \
--report_to tensorboard \
--ddp_find_unused_parameters False \
--gradient_checkpointing True \
--cache_dir ./cache
```

训练过程控制台显示如图 9-7 所示，包括损失函数值 loss、梯度值 grad_norm、学习率 learning_rate、训练轮次 epoch 等信息。

```
{'loss': 5.4375, 'grad_norm': 4.047325134277344, 'learning_rate': 2.2222222222222223e-05, 'epoch': 0.0}

{'loss': 4.4991, 'grad_norm': 4.235135555267334, 'learning_rate': 0.0001986842105263158, 'epoch': 0.03}

{'loss': 3.3523, 'grad_norm': 6.901773452758789, 'learning_rate': 0.0001855263157894737, 'epoch': 0.06}

{'loss': 2.9656, 'grad_norm': 3.8719303607940674, 'learning_rate': 0.00017236842105263516, 'epoch': 0.09}

{'loss': 2.8664, 'grad_norm': 2.26759672164917, 'learning_rate': 0.00015921052631578947, 'epoch': 0.12}

{'loss': 2.7039, 'grad_norm': 2.3488264083862305, 'learning_rate': 0.00014605263157894737, 'epoch': 0.16}

{'eval_loss': 2.875, 'eval_accuracy': 0.4882583170254403, 'eval_runtime': 0.9347, 'eval_samples_per_second': 3.21, 'epoch': 0.16}

{'loss': 2.6297, 'grad_norm': 2.3694567680358887, 'learning_rate': 0.00013289473684210528, 'epoch': 0.19}

{'loss': 2.6797, 'grad_norm': 3.215446949005127, 'learning_rate': 0.00011973684210526317, 'epoch': 0.22}

{'loss': 2.6555, 'grad_norm': 2.334383726119995, 'learning_rate': 0.00010657894736842107, 'epoch': 0.25}

{'loss': 2.5672, 'grad_norm': 2.4750044345855713, 'learning_rate': 9.342105263157896e-05, 'epoch': 0.28}

{'loss': 2.5438, 'grad_norm': 2.2960205078125, 'learning_rate': 8.026315789473685e-05, 'epoch': 0.31}
```

图 9-7　控制台显示信息

在训练过程中，还会保存模型的检查点，根据距离矩阵评估算法性能（Eval Metrics），控制台显示的具体信息如图 9-8 所示。

模型默认使用 LoRA 训练模型，LoRA 权重保存在 adapter_model.bin 文件，LoRA 配置文件是 adapter_config.json，合并到基础模型的方法参见 merge_peft_adapter.py。

日志保存在 glm4-pt-v1/runs 目录下，可以使用 Tensorboard 查看，启动 Tensorboard 的方式如下：tensorboard --logdir glm4-pt-v1/runs --host 0.0.0.0 --port 8009，如图 9-9 所示。

Tensorboard 按照设置的地址和端口启动服务，单击打开服务网址（如 http://0.0.0.0:8009），Tensorboard 网页显示信息如图 9-10 所示。

将 LoRA 模型权重合并到 GLM-4-9B-Chat，将合并后的模型 glm4-pt-merged 保存到 --output_dir 指定的目录下，合并方法如下。

```
python merge_peft_adapter.py \
--model_type chatglm \
```

```
--base_model /data/testuser/pretrained_model/glm-4-9b-chat \
--lora_model glm4-pt-v1 \
--output_dir glm4-pt-merged/
```

```
2024-07-06 17:14:23.607 | INFO    | __main__:main:754 - Saving model checkpoint to glm4-pt-v1
/home/whwang22/.conda/envs/LLM_medicalGPT/lib/python3.9/site-packages/peft/utils/save_and_load.py:154: UserWarn
ig file in /data/whwang22/pretrained_model/glm-4-9b-chat - will assume that the vocabulary was not modified.
  warnings.warn(
2024-07-06 17:14:23.766 | INFO    | __main__:main:762 - *** Evaluate ***
100%|
  4.02it/s]
***** eval metrics *****
  epoch                   =      0.5016
  eval_accuracy           =      0.5082
  eval_loss               =      2.7125
  eval_runtime            = 0:00:01.00
  eval_samples            =          10
  eval_samples_per_second =       9.941
  eval_steps_per_second   =       2.982
  perplexity              =     15.0669
2024-07-06 17:14:24.857 | DEBUG   | __main__:main:775 - Eval metrics: {'eval_loss': 2.7125000953674316, 'eval_
917, 'eval_runtime': 1.006, 'eval_samples_per_second': 9.941, 'eval_steps_per_second': 2.982, 'epoch': 0.501557
: 10, 'perplexity': 15.066897146203003}
```

图 9-8   检查点及性能评估信息

```
          $ tensorboard --logdir glm4-pt-v1/runs --host 0.0.0.0 --port 8009
TensorFlow installation not found - running with reduced feature set.

NOTE: Using experimental fast data loading logic. To disable, pass
    "--load_fast=false" and report issues on GitHub. More details:
    https://github.com/tensorflow/tensorboard/issues/4784

TensorBoard 2.17.0 at http://0.0.0.0:8009/ (Press CTRL+C to quit)
```

图 9-9   启动 Tensorboard 的命令

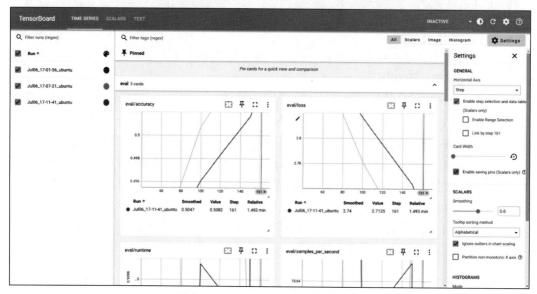

图 9-10   Tensorboard 网页显示信息

合并过程中的控制台显示信息如图 9-11 所示。

```
Namespace(model_type='chatglm', base_model='/data/whwang22/pretrained_model/glm-4-9b-chat', tokenizer_path=
None, lora_model='glm4-pt-v1', resize_emb=False, output_dir='glm4-pt-merged/', hf_hub_model_id='', hf_hub_t
oken=None)
Base model: /data/whwang22/pretrained_model/glm-4-9b-chat
LoRA model: glm4-pt-v1
Loading LoRA for causal language model
Loading checkpoint shards: 100%|████████████████████████████████████████|
10/10 [00:10<00:00,  1.02s/it]
Special tokens have been added in the vocabulary, make sure the associated word embeddings are fine-tuned o
r trained.
Merging with merge_and_unload...
Saving to Hugging Face format...
Done! model saved to glm4-pt-merged/
```

图 9-11　LoRA 模型权重与基座模型合并过程控制台显示信息

至此，完成了以 GLM-4-9B-Chat 作为基座模型的预训练，并生成了增量预训练模型 glm4-pt-merged。

9.3.2　有监督微调

完成了有监督微调数据集预处理之后，还需要编写有监督微调代码。本节涉及的文件和工作如下。

主要涉及的文件如下。有监督微调代码文件为 supervised_finetuning.py，训练用的 Shell 脚本为 run_sft.sh，训练数据使用已构建的有监督微调指令对话数据集，生成模型使用增量预训练阶段训练好的模型 glm4-pt-merged，有监督微调代码文件的执行逻辑与增量预训练的执行逻辑一致。

主要涉及的工作包括：①导入依赖包；②设置有关有监督微调的参数；③定义各函数并加载训练集；④加载模型和分词器；⑤模型训练及评估；⑥查看训练结果。可参见 9.3.1 节的增量训练代码，不再赘述。

编写训练用的 Shell 脚本。显存参数可以根据 GPU 的实际情况进行修改，当前参数采用的基础模型是 glm4-pt-merged，显卡为 A40，已配置总显存为 96GB。

```
CUDA_VISIBLE_DEVICES=0,1 torchrun --nproc_per_node 2 supervised_finetuning.py \
    --model_type chatglm \
    --model_name_or_path ./glm4-pt-merged \
    --train_file_dir ./data/finetune \
    --validation_file_dir ./data/finetune \
    --per_device_train_batch_size 2 \
    --per_device_eval_batch_size 2 \
    --do_train \
    --do_eval \
    --template_name glm4 \
    --use_peft True \
    --max_train_samples 1000 \
    --max_eval_samples 10 \
    --model_max_length 4096 \
    --num_train_epochs 1 \
    --learning_rate 2e-5 \
```

```
--warmup_ratio 0.05 \
--weight_decay 0.05 \
--logging_strategy steps \
--logging_steps 10 \
--eval_steps 50 \
--evaluation_strategy steps \
--save_steps 500 \
--save_strategy steps \
--save_total_limit 13 \
--gradient_accumulation_steps 1 \
--preprocessing_num_workers 4 \
--output_dir glm4-sft-v1 \
--overwrite_output_dir \
--ddp_timeout 30000 \
--logging_first_step True \
--target_modules all \
--lora_rank 8 \
--lora_alpha 16 \
--lora_dropout 0.05 \
--torch_dtype float16 \
--fp16 \
--device_map auto \
--report_to tensorboard \
--ddp_find_unused_parameters False \
--gradient_checkpointing True \
--cache_dir ./cache
```

在训练过程中，还会衡量模型在训练数据上的性能，保存模型的检查点，根据距离矩阵评估算法性能，控制台显示的具体信息如图 9-12 所示。

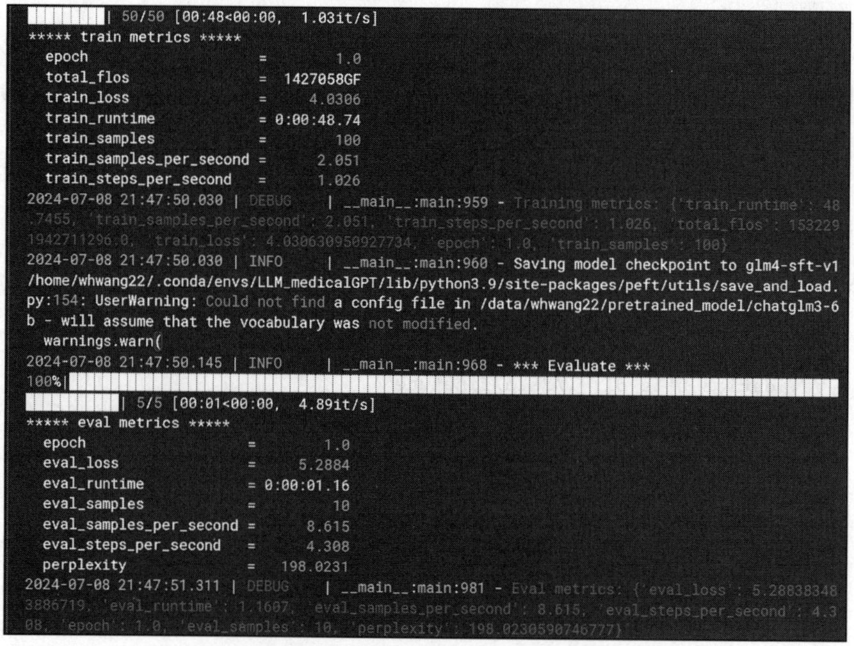

图 9-12　模型性能评估、检查点及算法性能评估信息

默认使用 LoRA 训练模型，LoRA 权重保存在 adapter_model.bin 中，LoRA 配置文件是 adapter_config.json，将它们合并到基础模型的方法参见 merge_peft_adapter.py。

日志保存在 glm4-sft-v1/runs 目录下，可以使用 Tensorboard 查看，启动 Tensorboard 的方式如下：tensorboard --logdir glm4-sft-v1/runs --host 0.0.0.0 --port 8011，如图 9-13 所示。

```
ybwang22$ tensorboard --logdir glm4-sft-v1/runs --host 0.0.0.0 --port 8011
TensorFlow installation not found - running with reduced feature set.

NOTE: Using experimental fast data loading logic. To disable, pass
    "--load_fast=false" and report issues on GitHub. More details:
    https://github.com/tensorflow/tensorboard/issues/4784

TensorBoard 2.17.0 at http://0.0.0.0:8011/ (Press CTRL+C to quit)
```

图 9-13　启动 Tensorboard 的命令

Tensorboard 按照设置的地址和端口启动服务命令，单击打开服务网址（如 http://0.0.0.0:8011），网页显示信息如图 9-14 所示。

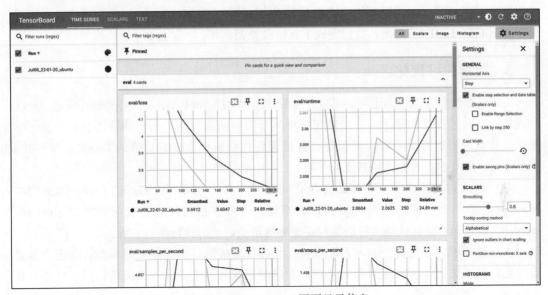

图 9-14　Tensorboard 网页显示信息

将 LoRA 模型权重合并到增量预训练模型 glm4-pt-merged 中，合并后的模型为 glm4-sft-merged，将它保存到 --output_dir 指定的目录下。合并方法如下。

```
python merge_peft_adapter.py \
--model_type bloom \
--base_model glm4-pt-merged \
--lora_model glm4-sft-v1 \
--output_dir ./glm4-sft-merged
```

将 LoRA 模型权重合并到增量预训练模型，合并过程中的控制台显示信息如图 9-15 所示。

```
Namespace(model_type='chatglm', base_model='glm4-pt-merged', tokenizer_path=None, lora_model='g
lm4-sft-v1', resize_emb=False, output_dir='./glm4-sft-merged', hf_hub_model_id='', hf_hub_token
=None)
Base model: glm4-pt-merged
LoRA model: glm4-sft-v1
Loading LoRA for causal language model
Loading checkpoint shards: 100%|██████████████████████████| 2/2 [00:03<00:00,  1.92s/it]
Special tokens have been added in the vocabulary, make sure the associated word embeddings are
fine-tuned or trained.
Merging with merge_and_unload...
Saving to Hugging Face format...
[2024-07-08 22:37:19,143] [INFO] [real_accelerator.py:203:get_accelerator] Setting ds_accelerat
or to cuda (auto detect)
 [WARNING]  async_io requires the dev libaio .so object and headers but these were not found.
 [WARNING]  async_io: please install the libaio-dev package with apt
 [WARNING]  If libaio is already installed (perhaps from source), try setting the CFLAGS and LD
FLAGS environment variables to where it can be found.
 [WARNING]  Please specify the CUTLASS repo directory as environment variable $CUTLASS_PATH
 [WARNING]  sparse_attn requires a torch version >= 1.5 and < 2.0 but detected 2.2
 [WARNING]  using untested triton version (2.2.0), only 1.0.0 is known to be compatible
Done! model saved to ./glm4-sft-merged
```

图 9-15　LoRA 模型权重合并到增量预训练模型控制台显示信息

至此，通过将 LoRA 模型权重合并增量预训练模型 glm4-pt-merged，生成有监督微调模型 glm4-sft-merged。至此，我们完成了有监督微调训练。

9.3.3　直接偏好优化

完成了有监督微调后，还需要编写直接偏好优化（Direct Preference Optimization，DPO）处理代码。通过直接优化语言模型来实现对其行为的精确控制，而无须使用复杂的强化学习，这样也可以有效学习到人类偏好，直接偏好优化相比 RLHF 更容易实现且易于训练，效果更好。本节涉及的文件与具体工作如下。

主要涉及的文件如下。直接偏好优化的代码文件为 dpo_training.py，训练 Shell 脚本为 run_dpo.sh，训练数据使用直接偏好数据集，生成模型使用有监督微调模型 glm4-sft-merged，直接偏好优化代码文件的执行逻辑和增量预训练的执行逻辑一致。

主要涉及的工作包括：①导入依赖包；②设置直接偏好优化相关的参数；③定义各函数并加载训练集；④加载模型和分词器；⑤模型训练及评估；⑥查看训练结果。具体参见9.3.1 节，这里不再赘述。

编写训练 Shell 脚本。显卡参数可以根据 GPU 的实际情况进行修改，当前参数采用的基础模型是 glm4-sft-merged，显卡为 A40，已配置总显存为 96GB。

训练过程中的控制台显示如图 9-16 所示，包括损失函数值 loss、梯度值 grad_norm、学习率 learning_rate、被选中样本的对数概率与参考模型之间的平均差异 rewards/chosen、被拒绝样本的对数概率与参考模型之间的平均差异 rewards/rejected、被选中样本超过被拒绝样本的平均频率 rewards/accuracies、被选中样本与被拒绝样本之间的平均差值 rewards/margins、被选中样本的对数概率 logps/chosen、被拒绝样本的对数概率 logps/rejected、被选中样本的逻辑值 logits/chosen、被拒绝样本的逻辑值 logits/rejected、训练轮次 epoch 等信息。

在训练过程中，还会衡量模型在训练数据上的性能，保存模型的检查点，根据距离矩阵评估算法性能，控制台显示的具体信息如图 9-17 所示。

```
875, 'rewards/rejected': -165.09255981445312, 'rewards/accuracies': 0.5, 'rewards/margins': -95.42393493652344
, 'logps/rejected': -2264.86669921875, 'logps/chosen': -3212.442626953125, 'logits/rejected': -0.2404431700706
482, 'logits/chosen': -0.21749460697174072, 'epoch': 0.8}
{'loss': 11.3589, 'grad_norm': 20.556604385375977, 'learning_rate': 0.000415, 'rewards/chosen': -81.4221267700
1953, 'rewards/rejected': -117.97510528564453, 'rewards/accuracies': 0.5, 'rewards/margins': 36.55298233032226
6, 'logps/rejected': -1586.68310546875, 'logps/chosen': -1182.75537109375, 'logits/rejected': -0.5391489267349
243, 'logits/chosen': -0.5427685976028442, 'epoch': 0.81}
{'loss': 15.6692, 'grad_norm': 29.40507698059082, 'learning_rate': 0.00042, 'rewards/chosen': -111.91142272949
219, 'rewards/rejected': -120.38650512695312, 'rewards/accuracies': 0.75, 'rewards/margins': 8.47508716583252,
 'logps/rejected': -1597.6844482421875, 'logps/chosen': -1598.312255859375, 'logits/rejected': -0.712040185928
3447, 'logits/chosen': -0.7099465131759644, 'epoch': 0.82}
{'loss': 25.8097, 'grad_norm': 67.23529815673828, 'learning_rate': 0.000425, 'rewards/chosen': -220.9151153564
453, 'rewards/rejected': -195.85284423828125, 'rewards/accuracies': 0.25, 'rewards/margins': -25.0622711181640
62, 'logps/rejected': -2594.995849609375, 'logps/chosen': -2970.384521484375, 'logits/rejected': -0.5473902225
494385, 'logits/chosen': -0.5329471230506897, 'epoch': 0.83}
{'loss': 2.1121, 'grad_norm': 21.021841049194336, 'learning_rate': 0.00043, 'rewards/chosen': -60.043300628662
11, 'rewards/rejected': -124.26464080810547, 'rewards/accuracies': 0.75, 'rewards/margins': 64.22132873535156,
 'logps/rejected': -1539.065185546875, 'logps/chosen': -820.3250732421875, 'logits/rejected': -0.6358525753021
24, 'logits/chosen': -0.6497230529785156, 'epoch': 0.84}
{'loss': 19.5004, 'grad_norm': 48.23274612426758, 'learning_rate': 0.000435, 'rewards/chosen': -43.19224548339
844, 'rewards/rejected': -36.1402511596679, 'rewards/accuracies': 0.75, 'rewards/margins': -7.051993370056152
, 'logps/rejected': -545.534912109375, 'logps/chosen': -589.700439453125, 'logits/rejected': -0.69880342483520
51, 'logits/chosen': -0.6982641220092773, 'epoch': 0.84}
{'loss': 23.3303, 'grad_norm': 59.2886195678711, 'learning_rate': 0.00044, 'rewards/chosen': -115.78570556640
625, 'rewards/rejected': -142.9744415283203, 'rewards/accuracies': 0.75, 'rewards/margins': 27.188732147216797
, 'logps/rejected': -1788.8916015625, 'logps/chosen': -1473.20751953125, 'logits/rejected': -0.442166090011596
7, 'logits/chosen': -0.44794124364852905, 'epoch': 0.85}
{'eval_loss': 66.95645141601562, 'eval_runtime': 7.0171, 'eval_samples_per_second': 1.283, 'eval_steps_per_se
cond': 1.283, 'eval_rewards/chosen': -238.60455322265625, 'eval_rewards/rejected': -217.8147735595703, 'eval_r
ewards/accuracies': 0.5555555820465088, 'eval_rewards/margins': -20.789764404296875, 'eval_logps/rejected': -2
786.891845703125, 'eval_logps/chosen': -3056.96044921875, 'eval_logits/rejected': -0.2570183277130127, 'eval_l
ogits/chosen': -0.2591831386089325, 'epoch': 0.85}
100%|████████████████████████████████████████████████| 100/100 [07:03<00:00,  3.77s/it/home/whwang22/
```

图 9-16　控制台显示信息

模型默认使用 LoRA 训练模型，LoRA 权重保存在 adapter_model.bin，LoRA 配置文件是 adapter_config.json，合并到基础模型的方法参见 merge_peft_adapter.py。

日志保存在 glm4-dpo-v1/runs 目录下，可以使用 Tensorboard 查看，启动 Tensorboard 方式如下：tensorboard --logdir glm4-dpo-v1/runs --host 0.0.0.0 --port 8012，如图 9-18 所示。

Tensorboard 按照设置的地址和端口启动服务，单击打开服务网址（如 http://0.0.0.0:8012），网页显示信息如图 9-19 所示。

将 LoRA 模型权重合并到有监督微调模型 glm4-sft-merged，并将合并后的模型 glm4-dpo-merged 保存到 --output_dir 指定的目录下，合并方法如下。

```
python merge_peft_adapter.py \
--model_type chatglm \
--base_model glm4-sft-merged \
--lora_model glm4-dpo-v1 \
--output_dir ./glm4-dpo-merged
```

合并过程中的控制台显示信息如图 9-20 所示。

至此，我们完成了直接偏好优化的过程。

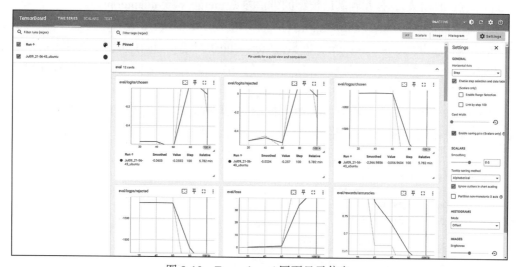

```
100%|████████████████████████████| 100/100 [07:03<00:00,  4.24s/it]
***** train metrics *****
  epoch                    =       0.8529
  total_flos               =          0GF
  train_loss               =      17.9489
  train_runtime            =   0:07:03.82
  train_samples            =          500
  train_samples_per_second =        0.944
  train_steps_per_second   =        0.236
2024-07-09 22:03:52.271 | DEBUG   | __main__:main:504 - Training metrics: {'train_runtime': 423.8286, 'train
_samples_per_second': 0.944, 'train_steps_per_second': 0.236, 'total_flos': 0.0, 'train_loss': 17.94887950139
1204, 'epoch': 0.8528784648187633, 'train_samples': 500}
2024-07-09 22:03:52.271 | INFO    | __main__:main:505 - Saving model checkpoint to glm4-dpo-v1
/home/whwang22/.conda/envs/LLM_medicalGPT/lib/python3.9/site-packages/peft/utils/save_and_load.py:154: UserWa
rning: Could not find a config file in ./glm4-sft-merged - will assume that the vocabulary was not modified.
  warnings.warn(
2024-07-09 22:03:52.579 | INFO    | __main__:main:512 - *** Evaluate ***
100%|████████████████████████████| 9/9 [00:06<00:00,  1.41it/s]
***** eval metrics *****
  epoch                    =       0.8529
  eval_logits/chosen       =      -0.2592
  eval_logits/rejected     =       -0.257
  eval_logps/chosen        =   -3056.9604
  eval_logps/rejected      =   -2786.0918
  eval_loss                =      66.9565
  eval_rewards/accuracies  =       0.5556
  eval_rewards/chosen      =    -238.6046
  eval_rewards/margins     =     -20.7898
  eval_rewards/rejected    =    -217.8148
  eval_runtime             =   0:00:07.01
  eval_samples             =           10
  eval_samples_per_second  =        1.283
  eval_steps_per_second    =        1.283
```

图 9-17 模型性能评估、检查点及算法性能评估信息

```
whwang22$ tensorboard --logdir glm4-dpo-v1/runs --host 0.0.0.0 --port 8012
          installation not found - running with reduced feature set.

NOTE: Using experimental fast data loading logic. To disable, pass
"--load_fast=false" and report issues on GitHub. More details:
https://github.com/tensorflow/tensorboard/issues/4784

TensorBoard 2.17.0 at http://0.0.0.0:8012/ (Press CTRL+C to quit)
```

图 9-18 启动 Tensorboard 的命令

图 9-19 Tensorboard 网页显示信息

```
Namespace(model_type='chatglm', base_model='glm4-sft-merged', tokenizer_path=None, lora_model='glm4-dpo-v1',
resize_emb=False, output_dir='./glm4-dpo-merged', hf_hub_model_id='', hf_hub_token=None)
Base model: glm4-sft-merged
LoRA model: glm4-dpo-v1
Loading LoRA for causal language model
Loading checkpoint shards: 100%|██████████████████████████████████████████| 2/2 [00:04<00:00,  2.11s/it]
Special tokens have been added in the vocabulary, make sure the associated word embeddings are fine-tuned or
trained.
Merging with merge_and_unload...
Saving to Hugging Face format...
[2024-07-09 22:19:15,946] [INFO] [real_accelerator.py:203:get_accelerator] Setting ds_accelerator to cuda (au
to detect)
 [WARNING]  async_io requires the dev libaio .so object and headers but these were not found.
 [WARNING]  async_io: please install the libaio-dev package with apt
 [WARNING]  If libaio is already installed (perhaps from source), try setting the CFLAGS and LDFLAGS environm
ent variables to where it can be found.
 [WARNING]  Please specify the CUTLASS repo directory as environment variable $CUTLASS_PATH
 [WARNING]  sparse_attn requires a torch version >= 1.5 and < 2.0 but detected 2.2
 [WARNING]  using untested triton version (2.2.0), only 1.0.0 is known to be compatible
Done! model saved to ./glm4-dpo-merged
```

图 9-20　LoRA 模型权重合并到 SFT 模型控制台的显示信息

9.4　部署验证

完成大模型的增量预训练、有监督微调以及直接偏好优化之后，可以部署模型并验证生成文本的效果。

推理脚本示例命令如下。

```
CUDA_VISIBLE_DEVICES=0 python inference.py \
--model_type chatglm \
--base_model glm4-dpo-merged \
--tokenizer_path glm4-dpo-merged \
--interactive
```

参数说明如下。

- --model_type {base_model_type}：预训练模型类型，如 LLaMA、BLOOM、ChatGLM 等。
- --base_model {base_model}：存放 LLaMA 模型权重和配置文件的目录。
- --tokenizer_path {base_model}：存放 LLaMA 模型初始化 Tokennizer 类的目录。
- --lora_model {lora_model}：LoRA 权重配置目录，如果已经合并了 LoRA 权重到预训练模型，则可以不提供此参数。
- --tokenizer_path {tokenizer_path}：存放对应分词器的目录。若不提供此参数，则其默认值与 --base_model 相同。
- --template_name：模板名称，如 vicuna、alpaca 等。若不提供此参数，则其默认值是 vicuna。
- --interactive：以交互方式启动多轮问答，使用流式推理。
- --data_file {file_name}：以非交互方式启动，按行读取 file_name 中的内容进行预测。

❑ --output_file {file_name}：在非交互式方式下，将预测的结果以 JSON 格式写入 file_name。

❑ --only_cpu：仅使用 CPU 进行推理。

❑ --gpus {gpu_ids}：指定使用的 GPU 设备编号，默认为 0。如使用多张 GPU，以逗号分隔，如 0,1,2。

推理过程中控制台输出的显示信息如图 9-21 所示。

```
Namespace(model_type='chatglm', base_model='glm4-dpo-merged', lora_model='', tokenizer_path='glm4-dp
o-merged', template_name='vicuna', system_prompt='', repetition_penalty=1.0, max_new_tokens=512, dat
a_file=None, interactive=True, single_tune=False, temperature=0.7, output_file='./predictions_result
.jsonl', eval_batch_size=4, resize_emb=False, load_in_8bit=False, load_in_4bit=False)
Special tokens have been added in the vocabulary, make sure the associated word embeddings are fine-
tuned or trained.
Loading checkpoint shards: 100%|████████████████████████████████████| 2/2 [00:03<00:00,
1.89s/it]
ChatGLM4Tokenizer(name_or_path='glm4-dpo-merged', vocab_size=151329, model_max_length=128000, is_fas
t=False, padding_side='left', truncation_side='right', special_tokens={'eos_token': '<|endoftext|>',
 'pad_token': '<|endoftext|>', 'additional_special_tokens': ['<|endoftext|>', '[MASK]', '[gMASK]', '
[sMASK]', '<sop>', '<eop>', '<|system|>', '<|user|>', '<|assistant|>', '<|observation|>', '<|begin_o
f_image|>', '<|end_of_image|>', '<|begin_of_video|>', '<|end_of_video|>']}, clean_up_tokenization_sp
aces=False), added_tokens_decoder={
        151329: AddedToken("<|endoftext|>", rstrip=False, lstrip=False, single_word=False, normalize
d=False, special=True),
        151330: AddedToken("[MASK]", rstrip=False, lstrip=False, single_word=False, normalized=False
, special=True),
        151331: AddedToken("[gMASK]", rstrip=False, lstrip=False, single_word=False, normalized=Fals
e, special=True),
        151332: AddedToken("[sMASK]", rstrip=False, lstrip=False, single_word=False, normalized=Fals
```

图 9-21　推理过程中的控制台显示信息

我们以医疗领域场景问题为例，输入"小孩发烧怎么办"，可以看到，优化后的医疗大模型回复如图 9-22 所示。

USER：小孩发烧怎么办？
Assitant：小孩发烧是常见的症状，通常是由于感染引起的。以下是一些处理小孩发烧的建议：

1. 让小孩休息：让小孩保持充足的睡眠和休息时间，有助于增强免疫力和恢复体力。

2. 控制室温：保持室内温度适宜，不要过热或过冷。可以使用空调或风扇来调节室温。

3. 多喝水：给小孩喝足够的水，以避免脱水。可以给小孩喝温水、果汁或椰子水等。

4. 用湿毛巾擦身体：用湿毛巾轻轻擦拭小孩的额头、手脚心等部位，有助于降低体温。

5. 服用退烧药：如果小孩的体温超过了38.5°C,可以考虑给小孩服用退烧药。但是要注意药品的剂量和使用方法，最好在医生的指导下使用。

需要注意的是，如果小孩的体温持续高烧不退或者出现其他症状(如呼吸急促、皮肤发红等)，应及时就医。

图 9-22　优化后的医疗大模型回复信息

至此，我们完成了医疗大模型的部署及医疗相关问题的回答效果验证，证明了模型增量预训练、有监督微调以及直接偏好优化的有效性。

9.5　模型评估

完成医疗大模型部署及验证，接下来基于已准备的模型评测数据集，以及大模型评测工具 OpenCompass 对医疗大模型进行评估。

9.5.1　配置评估任务

在 OpenCompass 中，每个评估任务由待评估的模型和数据集组成，用户可以通过命令行或配置文件选择要测试的模型和数据集。我们首先将已准备的医疗数据集 CMB 复制到项目根目录下的 configs/datasets/cmb/data 目录。

医疗大模型的微调采用 GLM 的对话版本 GLM-4-9B-Chat 作为基座模型。对 Hugging Face 类型的对话模型，可以在配置文件中编写实验的完整配置，并通过评估的入口 run.py 直接运行。配置文件是以 Python 格式组织的，并且必须包含 datasets 和 models 两个字段。

本次测试的配置放在 configs/eval_chat_demo.py 中。此配置通过继承机制引入所需的数据集（datasets）和模型配置（models），并以所需格式组合和字段，其中 datasets 用于配置 cmb_datasets，models 用于配置 glm_dpo_merged，代码示例如下。

```
from mmengine.config import read_base
with read_base():
    from .datasets.cmb.cmb_gen_dfb5c4 import cmb_datasets
    from .models.chatglm.hf_chatglm3_6b import models as glm_dpo_merged

datasets = cmb_datasets
models = glm_dpo_merged
```

OpenCompass 提供了一系列预定义的模型配置，位于 configs/models 下。这里在 configs/models/chatglm/hf_glm4_9b_chat.py 脚本文件中进行配置，配置的部分核心代码如下。

```
from opencompass.models import HuggingFacewithChatTemplate
models = [
    dict(
        type=HuggingFacewithChatTemplate,
        abbr='glm4-dpo-hf-chat',
        path='../../../../MedicalGPT/glm4-dpo-merged',
        max_out_len=1024,
        batch_size=8,
        run_cfg=dict(num_gpus=1),
        stop_words=['<|endoftext|>', '<|user|>', '<|observation|>'],
    )
]
```

与大模型类似，数据集的配置文件目录为 configs/datasets。用户可以在命令行中使用 --datasets，或通过导入配置文件（如 configs/datasets/cmb/cmb_gen_dfb5c4.py）与数据集相关的部分配置，核心代码如下。

```
cmb_datasets.append(
    dict(
        abbr='cmb' if split == 'val' else 'cmb_test',
        type=CMBDataset,
        path='./data/CMB/',
        reader_cfg=cmb_reader_cfg,
        infer_cfg=cmb_infer_cfg,
        eval_cfg=cmb_eval_cfg,
    )
)
```

数据集配置使用的评估方法通常有 ppl 和 gen 两种。其中 ppl 表示辨别性评估，gen 表示生成性评估。对话模型仅使用 gen 进行生成式评估。此外，configs/datasets/collections 收录了各种数据集集合，方便进行综合评估。OpenCompass 通常使用 chat_OC15.py 进行全面的模型测试。

9.5.2　启动评估任务

OpenCompass 默认以并行的方式启动评估过程，我们可以在第一次运行时以 --debug 模式启动评估，并检查运行是否存在问题。在前述的步骤中，我们都使用了 --debug 开关。在 --debug 模式下，任务将按顺序执行，并实时打印输出，启动命令如下。

```
python run.py configs/eval_chat_demo.py -w outputs/glm4_chat_demo --debug
```

如果正常，可以在屏幕上看到如图 9-23 所示的启动进度条。

```
07/12 22:02:28 - OpenCompass - INFO - Current exp folder: outputs/glm4_chat_demo/20240712_220228
07/12 22:02:28 - OpenCompass - WARNING - SlurmRunner is not used, so the partition argument is ignored.
07/12 22:02:28 - OpenCompass - DEBUG - Modules of opencompass's partitioner registry have been automatically im
ported from opencompass.partitioners
07/12 22:02:28 - OpenCompass - DEBUG - Get class `NumWorkerPartitioner` from "partitioner" registry in "opencom
pass"
07/12 22:02:28 - OpenCompass - DEBUG - An `NumWorkerPartitioner` instance is built from registry, and its imple
mentation can be found in opencompass.partitioners.num_worker
07/12 22:02:28 - OpenCompass - DEBUG - Key eval.runner.task.judge_cfg not found in config, ignored.
07/12 22:02:28 - OpenCompass - DEBUG - Key eval.runner.task.dump_details not found in config, ignored.
07/12 22:02:28 - OpenCompass - DEBUG - Key eval.given_pred not found in config, ignored.
07/12 22:02:28 - OpenCompass - DEBUG - Additional config: {}
07/12 22:02:28 - OpenCompass - INFO - Partitioned into 1 tasks.
07/12 22:02:28 - OpenCompass - DEBUG - Task 0: [glm-4-9b-hf-chat/cmb,glm-4-9b-hf-chat/cmb_test]
07/12 22:02:28 - OpenCompass - DEBUG - Modules of opencompass's runner registry have been automatically importe
d from opencompass.runners
07/12 22:02:28 - OpenCompass - DEBUG - Get class `LocalRunner` from "runner" registry in "opencompass"
07/12 22:02:28 - OpenCompass - DEBUG - An `LocalRunner` instance is built from registry, and its implementation
 can be found in opencompass.runners.local
07/12 22:02:28 - OpenCompass - DEBUG - Modules of opencompass's task registry have been automatically imported
from opencompass.tasks
07/12 22:02:28 - OpenCompass - DEBUG - Get class `OpenICLInferTask` from "task" registry in "opencompass"
07/12 22:02:28 - OpenCompass - DEBUG - An `OpenICLInferTask` instance is built from registry, and its implement
ation can be found in opencompass.tasks.openicl_infer
07/12 22:02:29 - OpenCompass - WARNING - Only use 1 GPUs for total 2 available GPUs in debug mode.
07/12 22:02:33 - OpenCompass - INFO - Task [glm-4-9b-hf-chat/cmb,glm-4-9b-hf-chat/cmb_test]
Special tokens have been added in the vocabulary, make sure the associated word embeddings are fine-tuned or tr
ained.
Loading checkpoint shards: 100%|██████████████████████████████████████████████████
██████████| 10/10 [00:07<00:00,  1.29it/s]
```

图 9-23　评估任务启动进度条

然后，可以按 Ctrl+C 组合键中断程序，并以正常模式运行以下命令。

```
python run.py configs/eval_chat_demo.py -w outputs/glm4_chat_demo
```

在正常模式下，评估任务将在后台以并行的方式执行，其输出将被重定向到输出目录 outputs/demo/{TIMESTAMP}。前端的进度条只指示已完成任务的数量，而不考虑它们的成功或失败。任何后端任务失败都只会在终端触发警告消息。

以下是与评估相关的一些参数，可以帮助你根据环境配置更有效地完成推理任务。

1）-w outputs/demo：保存评估日志和结果的工作目录。在这种情况下，实验结果将保存到 outputs/demo/{TIMESTAMP}。

2）-r {TIMESTAMP/latest}：重用现有的推理结果，并跳过已完成的任务。如果后面跟随时间戳，将重用工作空间路径下该时间戳的结果；若指定 latest 参数或未指定，将重用指定工作空间路径下的最新结果。

3）--mode all：指定任务的特定阶段。

❑ all：（默认）执行完整评估，包括推理和评估。

❑ infer：在每个数据集上执行推理。

❑ eval：根据推理结果进行评估。

❑ viz：仅显示评估结果。

4）--max-num-workers 8：并行任务的最大数量。在如 Slurm 之类的分布式环境中，此参数指定提交任务的最大数量。在本地环境中，它指定同时执行任务的最大数量。请注意，实际的并行任务数量取决于可用的 GPU 资源，可能不等于这个数字。

如果你不是在本地机器上执行评估，而是使用 Slurm 集群，可以指定以下参数。

❑ --slurm：在集群上使用 Slurm 提交任务。

❑ --partition(-p) my_part：Slurm 集群的分区。

❑ --retry 2：失败任务的重试次数。

9.5.3 可视化评估结果

完成医疗大模型的评估后，可以打印评估结果表格，包括 dataset、version、metric、mode、glm4-dpo-merged。具体信息如图 9-24 所示。

```
20240712_214002
dataset    version   metric     mode    glm4-dpo-merged
---------  --------- --------   ------  ------------------
cmb        1f8de9    accuracy   gen          82.41
cmb_test   385424    accuracy   gen          78.56
```

图 9-24　评估结果信息

运行输出将定向到 outputs/glm4_chat_demo 目录，结构如下。

```
outputs/default/
├──── 20240712_214002
├──── 20240712_215744          # 每个实验一个文件夹
│     ├──── configs            # 用于记录已转储的配置文件。如果在同一个实验文件夹中重新运行了不
│     │                        # 同的实验，可能会保留多个配置
│     ├──── logs               # 推理和评估阶段的日志文件
│     │     ├──── eval
│     │     └──── infer
│     ├──── predictions        # 每个任务的推理结果
│     ├──── results            # 每个任务的评估结果
│     └──── summary            # 单个实验的汇总评估结果
├──── ...
```

通过上述步骤的操作，我们完成了基于开源大模型进行医疗大模型的增量训练与微调、大模型部署与推理，以及大模型效果评测的完整流程。更多有关模型预训练与微调的实践，感兴趣的读者可以阅读相关资源学习。

9.6　本章小结

本章从医疗大模型应用实践讲起，基于开源大模型进行医疗大模型增量预训练、有监督微调、直接偏好优化，构建精准的医疗大模型。最后，对医疗大模型进行部署与推理设置，并通过 OpenCompass 工具对大模型效果进行评测。

智能助写平台实践

随着大模型在文本生成、语言理解、知识问答、逻辑推理及多轮对话等技术领域的不断进步与广泛应用，基于大模型构建的多功能智能助写平台应运而生。此平台可以提供写作润色、批阅纠错、智能翻译等服务，满足用户在日常写作与科研创作中的多样化需求。

10.1 应用概述

智能助写平台的功能如下。

1）多粒度润色。根据用户的需求进行不同层次的润色，从基本的语法和拼写修正，到高级的语言风格和结构优化。无论是简洁明了的日常写作，还是需要精雕细琢的学术文章，平台都能提供相应的润色建议。

2）批阅纠错。不仅能够自动识别和标注文本中的错误，还能够提供详细的纠错建议。用户可以通过这种方式了解每个错误的具体原因，并获得改进意见，从而提高写作水平。这一功能对学术论文的撰写尤其有帮助，能够帮助作者避免常见错误，提高文章的专业性和可读性。

3）智能翻译。支持多种语言之间的高质量翻译。通过上下文和语境的分析，翻译结果不仅准确，而且流畅自然，能够很好地保留原文的意义和风格。在需要进行跨语言交流，如国际合作和学术交流时，为用户提供了极大的便利。

智能助写平台通过一个经过精心训练的大语言模型，为用户提供了全面的写作辅助工具。无论是简单的日常写作，还是复杂的科研创作，用户都可以借助平台的多维度润色、批阅纠错和智能翻译功能，提升写作的质量和效率。智能助写平台更多功能与操作，请登录网站（https://writelearn.bdaa.pro/）进行体验。

10.2　业务逻辑

在正式进入项目开发之前，本书将首先阐述智能助写平台的系统总体架构及各模块的详细设计。

10.2.1　系统总体设计

基于 Web 的智能助写平台总体架构如图 10-1 所示，系统用户和网站管理员通过 Web 浏览器访问该平台。

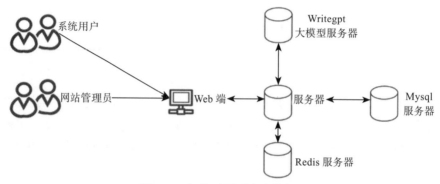

图 10-1　智能助写平台总体架构

用户的访问请求到达服务器后，系统将根据请求功能类型进行分类处理，如果需要大模型进行润色、检查错误和修改，则需要服务端访问 Writegpt 大模型服务器，将请求的文本传递给大模型服务器，然后大模型服务器会返回相应的结果。此外，若存在涉及数据库的操作，服务器将执行数据的增删改查操作。在特定业务需求下，还需通过服务器与 Redis 的交互来实现相关业务逻辑。

10.2.2　模块设计

助力科研的智能助写平台的功能模块设计如图 10-2 所示，包括用户、写作润色、文字批阅、智能翻译 4 个模块。

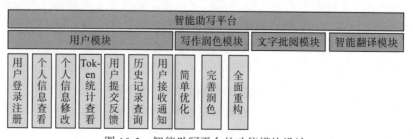

图 10-2　智能助写平台的功能模块设计

10.3　功能实现

　　智能助写平台借助先进的大模型，为用户提供了多样化的文本处理服务，包括但不限于文本润色、错误校对以及智能翻译等功能。这些服务旨在协助用户提高其日常写作和科研创作的文章质量，通过利用该平台的强大功能，用户可以有效地优化其文稿的表达准确性和语言流畅性，从而在专业写作中达到更高的标准。

10.3.1　写作润色功能

　　根据用户的需求，选择简单优化、完善润色、全面重构等润色模式，实现基本的语法和拼写修正，以及高级的语言风格模拟和结构优化等。写作润色功能示例如图 10-3 所示。

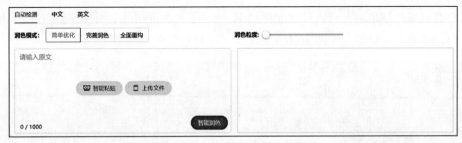

图 10-3　写作润色功能示例

　　用户登录成功进后入系统主页，单击进入写作润色模块，设置润色模式以及润色粒度。润色模式有简单优化、完善润色以及全面重构三种。润色粒度越高，润色修改的地方就越多。在文本输入框，用户可以选择粘贴文本或上传 PDF 文件进行润色。以粘贴文本为例，效果如图 10-4 所示。粘贴文本到文本框，系统会对输入的文本进行解析，选择润色模式为"简单优化"，单击"智能润色"按钮，对文件进行润色。

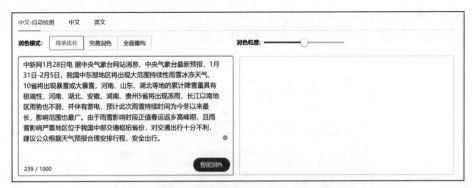

图 10-4　简单优化润色输入示例

　　智能助写平台通过服务端向 Writegpt 服务器发送请求，根据输入的内容返回大模型的响应结果，并将响应结果返回给用户，输出如图 10-5 所示。

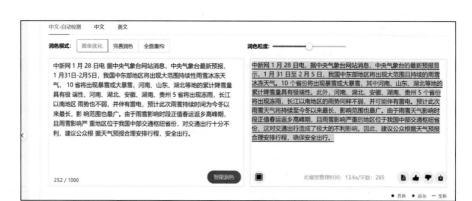

图 10-5　简单优化润色输出示例

用户看到润色结果后，可以导出润色结果（Word 和 Markdown 两种导出格式），也可以选择对润色结果进行反馈，如图 10-6 所示。

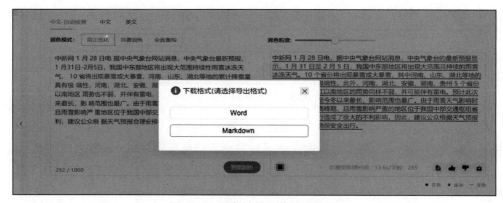

图 10-6　润色结果下载格式选择

以 Word 格式为例，可以看到导出的文档内容如图 10-7 所示。

至此，完成了写作润色功能的演示，接下来针对部分重点代码进行讲解。

原文：中新网 1 月 28 日电 据中央气象台网站消息，中央气象台最新预报，1 月 31 日-2 月 5 日，我国中东部地区将出现大范围持续性雨雪冰冻天气， 10 省将出现暴雪或大暴雪，河南、山东、湖北等地的累计降雪量具有极 端性，河南、湖北、安徽、湖南、贵州 5 省将出现冻雨，长江以南地区 雨势也不弱，并伴有雷电，预计此次雨雪持续时间为今冬以来最长，影 响范围也最广。由于雨雪影响时段正值春运返乡高峰期，且雨雪影响严 重地区位于我国中部交通枢纽省份，对交通出行十分不利，建议公众根 据天气预报合理安排行程，安全出行。

文修输出：中新网 1 月 28 日电，据中央气象台网站消息，中央气象台的最新预报显示，1 月 31 日至 2 月 5 日，我国中东部地区将出现大范围且持续的雨雪冰冻天气。10 个省份将出现暴雪或大暴雪，其中河南、山东、湖北等地的累计降雪量具有极端性。此外，河南、湖北、安徽、湖南、贵州 5 个省份将出现冻雨，长江以南地区的雨势同样不弱，并可能伴有雷电。预计此次雨雪天气将持续至今冬以来最长，影响范围也最广。由于雨雪天气影响时段正值春运返乡高峰期，且雨雪影响严重的地区位于我国中部交通枢纽省份，这对交通出行造成了极大的不利影响。因此，建议公众根据天气预报合理安排行程，确保安全出行。

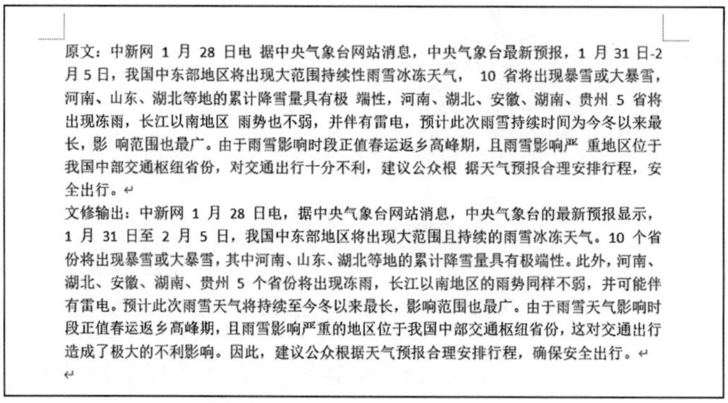

图 10-7　润色结果导出示例

```python
from fastapi import APIRouter, Depends,HTTPException
from deps.depends import get_db,get_redis_client,get_spark,get_write_gpt
from dao import crud
from bo import schemas
from log.log import logger
from sqlalchemy.orm import Session
import requests
from config import env_config
from utils.count_word import count_word,count_word_intercept
import json
import uuid
from dao import models

router = APIRouter()
# 使用 router 获取 post 请求的数据
@router.post("/single_paragraph")
async def single_paragraph(
input_text: schemas.InputCheck,
llm = Depends(get_spark),
db:Session = Depends(get_db),
redis_client=Depends(get_redis_client),
write_gpt=Depends(get_write_gpt)
):
    content = input_text.text
    token_str = input_text.access_token
    if not count_word_intercept(input_text.text, input_text.language):
        return {
            "status": "error",
            "message": "输入文本字数过长"
        }
    user = crud.get_current_user(token_str,db)
    word_num = count_word(content)

    #print('Test',db.query(models.User).filter(models.User.id == user.id).
    #first().initial_token,crud.get_user_all_token_num(db,user.id),word_num)
    if(db.query(models.User).filter(models.User.id == user.id).first().initial_
        token - crud.get_user_all_token_num(db,user.id) - word_num< 0):
        return {
            "status":"error",
            "message":"您的剩余 Token 已不够，请增加您的 Token 上限"
        }
    crud.update_user_token_num(db, user.id, 5, word_num)
    try:
        # 使用自有模型修正提示，language == 0 为英文，否则为中文
        if input_text.language == 0:
            #fix_instruction="Below is a paragraph from an academic paper.
                Please improve the spelling and grammar and make the text
                fluent.Modify the text slightly and provide only a corrected
                version of the text."
            fix_instruction="As an expert in grammar checking, find all the
                misspellings, grammatical errors, and other errors in the
                following text. Also give description of the error in Chinese.
                You only have to return the corrected text, without any other
```

```
                    informantion. If no error is found, return the origin text."
            grammar_instruction = "As an expert in grammar checking, find all
                the misspellings, grammatical errors, and other errors in the
                following text. Also give description of the error in Chinese.
                If no error is found, return \"[]\". "
        else:
            fix_instruction = "作为中文语法检查专家，找出以下文本中的所有错别字、漏字、多
                余字、语法错误（用词不当、动宾搭配不当、主宾搭配不当、修饰语和中心词搭配不当、
                介词使用不当）和其他错误（成分残缺、成分多余、句式杂糅）。你只需要给出正确的文
                本，不包含其他信息。若没有错误，返回原来的文本。"
            grammar_instruction = '作为中文语法检查专家，找出以下文本中的所有错别字、漏
                字、多余字、语法错误和其他错误，并给出错误的中文描述。如果没有发现错误，则返
                回 "[]"。\n'
        fix_param = {
            "instruction":fix_instruction,
            "input":content,
            "payload":{"prompt_index":5,"prompt_intensity_index":1}
        }
        grammar_param = {
            "instruction":grammar_instruction,
            "input":content,
            "payload":{"prompt_index":6,"prompt_intensity_index":1}
        }
        fix_uuid = str(uuid.uuid4())  # 32
        fix_uuid = fix_uuid + str(user.id)
        fix_params = json.dumps(fix_param)
        grammar_uuid = str(uuid.uuid4())  # 32
        grammar_uuid = grammar_uuid + str(user.id)
        grammar_params = json.dumps(grammar_param)

        if redis_client.set(fix_uuid, fix_params)
    and redis_client.set(grammar_uuid, grammar_params)
    and redis_client.expire(fix_uuid,60 * 10)
    and redis_client.expire(grammar_uuid, 60 * 10):
            logger.info('chat: ' + user.user_name + 'set grammar correction
                redis success')
            return {"corrected":fix_uuid, "detailed":grammar_uuid, "status":
                "success", "message": "消息发送成功"}
        else:
            raise HTTPException(status_code=404, detail="Something Wrong in
                redis")
    except Exception as error:
        logger.error('chat: ' + user.user_name + ' check single_paragraph
            error')
        raise HTTPException(status_code=404, detail="No response generated by
            the model.")
```

上述代码通过 FastAPI 框架实现了一个写作润色服务的功能，主要定义了一个名为
single_paragraph 的异步函数，用于接收来自前端的 post 请求。该函数通过依赖注入的方式
引入了所需的服务和数据库连接。步骤如下。

1）函数获取输入文本和访问令牌。然后检查文本字数是否超过限制，如果超过则返回

错误信息。接着，从数据库中获取当前用户的信息，并计算文本的单词数量。如果用户的剩余 Token 不足以支撑完成此次操作，则返回错误信息。

2）函数根据用户的语言设置选择合适的修正指令。如果用户选择的是英文，则使用针对英文文本的修正指令；如果用户选择的是中文，则使用针对中文文本的修正指令。然后，将这些参数打包成 JSON 格式，并发送给大模型进行处理。

3）在发送请求之前，函数会将请求参数存储到 Redis 数据库中，并设置一个过期时间。如果存储成功，则返回成功信息；如果存储失败，则抛出异常。

在整个过程中，函数还会记录关键日志信息，以便后续的问题排查和性能优化。

10.3.2　批阅纠错功能

批阅纠错不仅能够自动识别和标注文本中的错误，还能够提供详细的纠错建议。批阅纠错功能的页面和润色功能的页面相似，在文本输入框，用户可以选择粘贴文本或上传 PDF 文件，如图 10-8 所示。

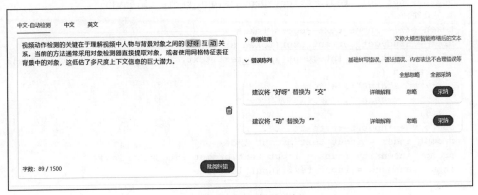

图 10-8　语法错误示例

随后，单击"批阅纠错"按钮，可以看到修缮后的文本，如图 10-9 所示。

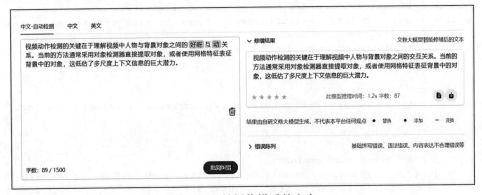

图 10-9　批阅修缮后的文本

同样，可以将修缮结果导出为 PDF 或者 Markdown 格式的文件，也可以选择对修缮结果进行反馈。

至此，我们完成了批阅纠错功能的演示，接下来针对部分重点代码进行讲解。

```python
from fastapi import APIRouter, Depends,HTTPException
from deps.depends import get_db,get_redis_client
from dao import crud
from bo import schemas
from log.log import logger
from sqlalchemy.orm import Session
from utils.count_word import count_word,count_word_intercept
import uuid
import json
from dao import models


router = APIRouter()
# 使用 router 获取 post 请求的数据
@router.post("/single_paragraph")
async def single_paragraph(input_text: schemas.InputText, db:Session =
    Depends(get_db), redis_client=Depends(get_redis_client)):
    # 验证 Token
    token_str = input_text.access_token
    user = crud.get_current_user(token_str,db)
    if not count_word_intercept(input_text.text, input_text.input_language):
        return {
            "status": "error",
            "message": " 输入文本字数过长 "
        }
    content = input_text.text
    prompt_index = input_text.prompt_index
    prompt_intensity_index = input_text.prompt_intensity_index
    input_language = input_text.input_language

    prompt_hash_redis_field = 'prompt'
    if not redis_client.hexists(prompt_hash_redis_field, prompt_index) == None:
        prompt = crud.get_prompt_content(db, input_language, prompt_index)

    prompt_intensity_hash_redis_field = 'prompt_intensity'
    if not redis_client.hexists(prompt_intensity_hash_redis_field, prompt_
        intensity_index) == None:
        prompt_intensity = crud.get_prompt_intensity_content(db, input_language,
            prompt_intensity_index)

    if input_language == 0:
        prompt_template = "and provide only a corrected version of the text."
    elif input_language == 1:
        prompt_template = " 请只提供更正后的文本。"

    word_num = count_word(content)
    #print('Test',db.query(models.User).filter(models.User.id == user.id).
        first().initial_token, crud.get_user_all_token_num(db,user.id),word_num)
    if(db.query(models.User).filter(models.User.id == user.id).first().initial_
```

```
                token - crud.get_user_all_token_num(db,user.id) - word_num< 0):
            return {
                "status":"error",
                "message":" 您的剩余 Token 已不够，请增加您的 Token 上限 "
            }
        crud.update_user_token_num(db, user.id, prompt_index, word_num)
        instruction = prompt + prompt_intensity + prompt_template
        generated_uuid = str(uuid.uuid4())  # 32
        sent_uuid = generated_uuid + str(user.id)
        llm_params = {"instruction": instruction, "input": content,
                    "payload":{"prompt_index":prompt_index,"prompt_intensity_
                        index":prompt_intensity_index}}
        llm_params = json.dumps(llm_params)
        if redis_client.set(sent_uuid, llm_params) and redis_client.expire(sent_
            uuid, 60 * 10):
            return {"uuid":sent_uuid,"status":"success","message":" 消息发送成功 "}
        else:
            raise HTTPException(status_code=404, detail="Something Wrong in Redis")


@router.post("/single_paragraph_other")

async def single_paragraph_other(input_text: schemas.InputNewText, db:Session =
    Depends(get_db), redis_client=Depends(get_redis_client)):
    # 验证 Token
    token_str = input_text.access_token
    user = crud.get_current_user(token_str,db)
    if not count_word_intercept(input_text.text, 1):
        return {
            "status": "error",
            "message": " 输入文本字数过长 "
        }
    content = input_text.text
    prompt_index = input_text.prompt_index
    prompt_intensity_index = input_text.prompt_intensity_index

    prompt_hash_redis_field = 'prompt'
    if not redis_client.hexists(prompt_hash_redis_field, prompt_index) == None:
        if input_text.input_language == 1:
            prompt = crud.get_prompt_content(db, 0, prompt_index)
        else:
            if prompt_index % 3 == 0:
                prompt = crud.get_prompt_content(db, 0, 3)
            else:
                prompt = crud.get_prompt_content(db, 0, prompt_index % 3)

    prompt_intensity_hash_redis_field = 'prompt_intensity'
    if not redis_client.hexists(prompt_intensity_hash_redis_field, prompt_
        intensity_index) == None:
        if input_text.input_language == 1:
            prompt_intensity = crud.get_prompt_intensity_content(db, 1, prompt_
                intensity_index)
        else:
            prompt_intensity = crud.get_prompt_intensity_content(db, 0, prompt_
```

```
                                 intensity_index)
            if input_text.input_language == 1:
                prompt_template = " 请只提供更正后的文本。"
            else:
                prompt_template = "and provide only a corrected version of the text."

        word_num = count_word(content)
        #print('Test',db.query(models.User).filter(models.User.id == user.id).
            first().initial_token,crud.get_user_all_token_num(db,user.id),word_num)
        if(db.query(models.User).filter(models.User.id == user.id).first().initial_
            token - crud.get_user_all_token_num(db,user.id) - word_num< 0):
            return {
                "status":"error",
                "message":" 您的 Token 余额已不够，请邀请其他人增加您的 Token 上限 "
            }
        crud.update_user_token_num(db, user.id, prompt_index, word_num)
        instruction = prompt + prompt_intensity + prompt_template
        generated_uuid = str(uuid.uuid4())  # 32
        sent_uuid = generated_uuid + str(user.id)
        llm_params = {"instruction": instruction, "input": content,
                    "payload":{"prompt_index":prompt_index,"prompt_intensity_
                        index":prompt_intensity_index}}
        llm_params = json.dumps(llm_params)
        if redis_client.set(sent_uuid, llm_params):
            return {"uuid":sent_uuid,"status":"success","message":" 消息发送成功 "}
        else:
            raise HTTPException(status_code=404, detail="Something Wrong in Redis")

@router.get('/prompts')
def getPrompts(db: Session = Depends(get_db)):
    # 临时处理，删除最后一个提示，可以考虑加一个字段
    prompt_list = crud.get_prompts_title(db)
    list_size = len(prompt_list) - 1

    result_list = {}
    for i in range(1,list_size - 1):
        result_list[i] = prompt_list[i]
    list_size = list_size - 1
    return {"size": list_size, "list": prompt_list}
```

上述代码通过 FastAPI 框架实现了一个批阅纠错服务的 Web 应用程序，主要功能是接收用户输入的文本，并根据用户的选择进行批阅纠错。步骤如下。

1）导入所需的库和模块，如 FastAPI、依赖注入、数据库操作、模型定义等。

2）定义一个名为 router 的 FastAPI 路由器对象，用于处理不同的 HTTP 请求，然后再定义 single_paragraph 和 single_paragraph_other 两个路由处理函数分别处理不同类型的输入文本，并进行相应的批阅纠错操作。single_paragraph 函数首先验证用户的 Token 是否有效，然后检查输入文本的长度是否符合要求。

3）根据用户的选择，从数据库中获取相应的提示信息，并将这些信息与输入文本一起发送给大模型进行处理。

4）将处理结果存储在 Redis 中，并返回一个包含 uuid 的发送成功提示信息。single_paragraph_other 函数与 single_paragraph 类似，但处理的是其他语言的输入文本。它同样会验证 Token、检查文本长度，并从数据库中获取提示信息。

5）将以上信息与输入文本一起发送给大模型进行处理，并将结果存储在 Redis 中。

6）定义了一个名为 prompts 的路由处理函数，用于获取数据库中的提示信息列表和大小，并将其返回给客户端。

10.3.3　智能翻译功能

智能翻译通过上下文和语境的分析，能够提供准确且流畅自然的多语种高质量翻译。与写作润色、批阅纠错两个模块相似，用户可以选择在文本输入框粘贴文本或者上传 PDF 文件。上传或解析文本后，单击"智能翻译"按钮即可进行翻译。示例如图 10-10 所示。

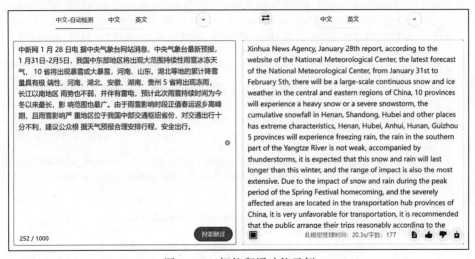

图 10-10　智能翻译功能示例

同样，可以将翻译结果导出成文件，也可以选择对翻译结果进行反馈。

至此，完成了智能翻译功能的演示，接下来针对部分重点代码进行讲解。

```python
from fastapi import APIRouter, Depends,HTTPException
from deps.depends import get_db,get_redis_client,get_spark, get_write_gpt
from sqlalchemy.orm import Session
from dao import crud
from bo import schemas
from log.log import logger
from utils.count_word import count_word,count_word_intercept
import uuid
import json
from dao import models


router = APIRouter()
```

```
# 使用 router 获取 post 请求的数据
@router.post("/single_paragraph")
async def chat(input_text: schemas.InputTranslate, db: Session = Depends(get_
    db), redis_client = Depends(get_redis_client)):
    # 验证 Token
    token_str = input_text.access_token
    user = crud.get_current_user(token_str, db)
    if not count_word_intercept(input_text.text, input_text.source_language):
        return {
            "status": "error",
            "message": " 输入文本字数过长 "
        }
    content = input_text.text
    prompt_index = 4
    source_language = input_text.source_language # 中文对应数值 0
    target_language = 1- source_language    # 英文对应数值 1
    word_num = count_word(content)
    #print('Test',db.query(models.User).filter(models.User.id == user.id).
        first().initial_token,crud.get_user_all_token_num(db,user.id),word_num)
    if(db.query(models.User).filter(models.User.id == user.id).first().initial_
        token - crud.get_user_all_token_num(db,user.id) - word_num< 0):
        return {
            "status":"error",
            "message":" 您的剩余 Token 已不够，请增加您的 Token 上限 "
        }
    crud.update_user_token_num(db, user.id, 4, word_num)

    prompt_hash_redis_field = 'prompt'
    if not redis_client.hexists(prompt_hash_redis_field, prompt_index) == None:
        prompt = crud.get_prompt_content(db, source_language, prompt_index)

    if source_language == 0:
        prompt_template = "Please provide the translated text only."
    elif source_language == 1:
        prompt_template = " 只给出翻译后的文本，不包含其他输出。"

    instruction = prompt + prompt_template
    generated_uuid = str(uuid.uuid4())  # 32
    sent_uuid = generated_uuid + str(user.id)
    llm_params = {"instruction":instruction, "input":content,
                  "payload":{"prompt_index":prompt_index,"prompt_intensity_
                     index":1}}
    llm_params = json.dumps(llm_params)
    if redis_client.set(sent_uuid, llm_params) and redis_client.expire(sent_
        uuid, 60 * 10):
        return {"uuid":sent_uuid,"status":"success","message":" 消息发送成功 "}
    else:
        raise HTTPException(status_code=404, detail="Something Wrong in Redis")
```

上述代码通过 FastAPI 框架实现了一个智能翻译的功能，定义了一个名为 chat 的异步函数，该函数接收一个名为 input_text 的参数，该参数是一个包含翻译请求信息的对象。具体步骤如下。首先函数验证用户的 Token 是否有效，然后检查输入文本的长度是否符合要求，计算所需 Token 数量并检查用户 Token 余额。接着，根据用户的选择，从数据库中获取相应的提示信息，并将这些信息与用户输入的内容以及模板生成翻译指令一起发送给大模型进行处理。最后，将处理结果存储在 Redis 中，并返回一个包含 uuid 的消息发送成功的提示。

10.3.4　个人中心功能

个人中心的个人信息包含用户的基本信息，如昵称、注册时间、邮箱、联系电话、性别、出生年月、受教育情况、毕业 / 就读学校等，用户可以对个人信息进行修改保存。

除了基本信息之外，还包括 Token 使用情况，如图 10-11 所示。

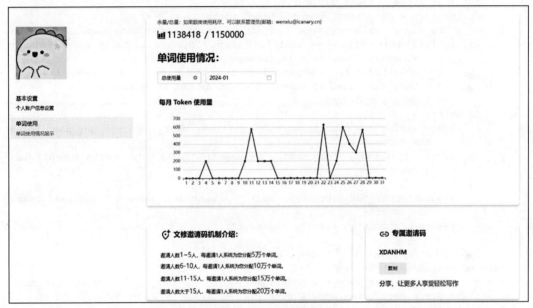

图 10-11　Token 使用情况

用户可以看到自己的 Token 使用情况。

至此，完成了个人中心功能的演示，接下来针对部分重点代码进行讲解。

```python
@router.post("/token_num_specify_day")
# 使用 router 获取 post 请求的数据
def get_token_num(user_token: schemas.SpecifyTokenNum, db: Session = Depends(get_
    db)):
    token_str = user_token.access_token
    user = crud.get_current_user(token_str, db)
    user_id = user.id
    # utc_tz = pytz.timezone('Asia/Shanghai')
    # time = datetime.now(utc_tz)
    time = {
        "year": user_token.year,
```

```
            "month": user_token.month
        }
        # res_token = {}
        res_token = []
        _, last_day = calendar.monthrange(time["year"], time["month"])
        prompt_array = []
        if user_token.prompt_index == 2:
            prompt_array.append(4)
        elif user_token.prompt_index == 3:
            prompt_array.append(5)
        elif user_token.prompt_index == 1:
            prompt_array.extend([1, 2, 3])
        elif user_token.prompt_index == 0:
            prompt_array.extend([1, 2, 3, 4, 5])
        for i in range(1, last_day + 1):
            cur_day = date(time["year"], time["month"], i)
            temp_num = db.query(func.sum(models.Count.token_num).label('count')).
                filter(user_id == models.Count.UID,models.Count.date == cur_
                day,models.Count.cate.in_(prompt_array)).first()
            # res_token[i] = temp_num.count if temp_num.count is not None else 0
            num = temp_num.count if temp_num.count is not None else 0
            res_token.append(num)
        if user:
            logger.info('get_user_token_num: ' + user.user_name + ' get_user_token_
                num success')
            return {"status": "success", "message": "查询成功", 'month_token': res_
                token}
        else:
            logger.error('get_user_token_num: ' + user.user_name + ' get_user_token_
                num error')
            return {"status": "error", "message": "查询失败"}


# 获取每个用户的剩余 Token 数，总 Token 数为 1e6
@router.post("/cur_token")
def get_cur_token(user_token: schemas.UserToken, db: Session = Depends(get_db)):
    token_str = user_token.access_token
    user = crud.get_current_user(token_str, db)
    if user:
        logger.info('查询用户成功' + user.user_name)
    else:
        logger.error('查询用户失败')
    user_id = user.id
    all_token = crud.get_user_all_token_num(db, user_id)
    initial_token = db.query(models.User).filter(models.User.id == user_id).
        first().initial_token
    # print(type(all_token),type(1e6))
    if all_token >= 0:
        logger.info('查询总 Token 成功')
        return {
            "status": "success",
            "message": "查询成功",
            "all_token_num": initial_token - all_token,
            "total_token_num": initial_token
```

```
        }
    else:
        logger.error(" 查询总 Token 失败 ")
        return {
            "status": "error",
            "message": " 查询失败 "
        }
```

上述代码主要通过 get_token_num 和 get_cur_token 两个函数实现了查看 Token 的功能。

1）get_token_num 函数：根据用户指定的年份和月份，查询该月内每天使用的 Token 数量。首先，根据用户的选择，确定需要查询的提示类别（prompt_array）。然后，遍历该月的每一天，查询数据库中对应日期和提示类别的 Token 数量，并将结果存储在 res_token 列表中。最后，返回包含查询结果的字典。

2）get_cur_token 函数：获取当前用户的剩余 Token 数。首先，查询用户的总 Token 数（all_token）和初始 Token 数（initial_token）。然后，计算剩余 Token 数（initial_token – all_token），并返回包含剩余 Token 数和总 Token 数的字典。

10.4　本章小结

本章聚焦于基于大型预训练模型的智能助写平台的应用实践。首先，概述了智能助写平台业务逻辑设计实现，涵盖系统的总体架构设计和关键模块设计。随后，探讨了如何利用大模型来实现特定功能，其中包括文本写作的润色、错误标注与纠正，以及智能翻译服务。

附录

大模型的发展阶段

大模型不断发展至今，主要经历了统计语言模型（Statistical Language Model，SLM）、神经网络语言模型（Nerual Language Model，NLM）、预训练语言模型以及大语言模型等发展阶段。

A.1 统计语言模型

统计语言模型是一种早期的自然语言处理的方法，其核心在于表示和计算一个句子或一段话出现的可能性。这种模型以统计学理论为基础，通过对大量语言数据的学习来计算一个句子中词的顺序组合概率。这种组合的可能性反映了句子成立的可能性。概率越高，意味着这句话越符合语言规则，自然性越强。统计语言模型在机器翻译、搜索引擎等应用场景中取得了显著成功。

尽管如此，统计语言模型也存在一些局限性。由于每个词语出现的概率都是基于统计计算出来的，因此它们无法对未收录词语进行计算，容易出现数据稀疏问题。

统计语言模型的主要目标是对任意文本序列在语言交流中出现的概率进行建模，概率越大表示该段文本序列越符合语言习惯和会话逻辑。对于一条长为 m 的文本序列 $s = w_1, w_2, \cdots, w_m$，其出现概率可由链式法则表示为以下形式：

$$P(s) = P(w_1)P(w_2 \mid w_1)P(w_3 \mid w_1, w_2) \cdots P(w_m \mid w_1, \cdots, w_{m-1}) = \Pi_{i-1}^{m} P(w_i \mid w_1, \cdots, w_{i-1})$$

其中 $P(w_i \mid w_1, \ldots, w_{i-1})$ 表示给定前 $i-1$ 个词的情况下第 i 个词出现的概率。然而，这种建模方法所需的参数量是巨大的，假设一种语言的词汇量为 V，则长为 m 的文本序列共有 V^m 种组合，这意味着模型的参数量随文本序列长度呈指数级增长。

N-Gram 模型是统计语言模型中的一个典型代表，它将文本内容按照字节进行大小为 N 的滑动窗口操作，形成长度为 N 的字节片段序列，每一个字节片段称为 Gram。通过对所有 Gram 的出现频度进行统计，并按照事先设定好的阈值进行过滤，可以形成关键 Gram 列表。这个列表构成了文本的向量特征空间，其中每一种 Gram 代表一个特征向量维度。若引入马尔可夫假设（假设当前词出现的概率仅依赖前 n–1 个词），则上述文本序列 s 的出现概率可近似地表示为：

$$P(s) = \prod_{i=1}^{m} P(w_i|w_1, \cdots, w_{i-1}) \approx \prod_{i=1}^{m} P(w_i|w_{i-n+1}, \cdots, w_{i-1})$$

特别是，当 n=1、2、3 时，对应的语言模型分别称为一元语言模型（Uni-Gram）、双元语言模型（Bi-Gram）和三元语言模型（Tri-Gram）。尽管 N-Gram 语言模型进行了简化，但其所需的参数量仍为 V^n 量级，因此在实际应用中一般取 $n < 4$。

N-Gram 语言模型的核心在于对条件概率 $P(w_i|w_{i-n+1}, ..., w_{i-1})$ 的计算。在给定训练语料的情况下，可以采用最大似然估计（Maximum Likelihood Estimation，MLE）的方式进行统计，即：

$$P(w_i|w_{i-n+1}, \cdots, w_{i-1}) = \frac{\text{count}(w_{i-n+1}, \cdots, w_{i-1}, w_i)}{\text{count}(w_{i-n+1}, \cdots, w_{i-1})}$$

其中，$\text{count}(w_{i-n+1}, \cdots, w_{i-1})$ 表示给定的 N-Gram 文本序列 $w_{i-n+1}, \cdots, w_{i-1}$ 在语料中出现的频次，而 $\text{count}(w_{i-n+1}, \cdots, w_{i-1}, w_i)$ 表示第 i 个词在给定的 N-Gram 文本序列 $w_{i-n+1}, \cdots, w_{i-1}, w_i$ 中出现的频次。然而这种计算方法可能会由于数据稀疏导致零概率问题，即有的 N-Gram 在训练语料中没有出现，导致这些序列的最大似然估计结果为 0，进而导致整个文本序列出现的概率变为 0。为解决这一问题，常见的做法是采用数据平滑（Data Smoothing）的方法对未出现 N-Gram 的频率进行调整，例如拉普拉斯（Laplace）平滑（也称加一平滑）将任意 N-Gram 出现的频次都加 1，即：

$$P(w_i|w_{i-n+1}, \cdots, w_{i-1}) = \frac{\text{count}(w_{i-n+1}, \cdots, w_{i-1}, w_i) + 1}{\text{count}(w_{i-n+1}, \cdots, w_{i-1}) + |V|}$$

其中，$|V|$ 是指平滑因子 $1 \times$ 特征数量（词汇量）V 的值，从而避免了零概率问题。其他常见的平滑方法还有 Lidstone 平滑、Backoff 平滑、差值平滑等。

总的来说，N-Gram 模型是一种简单而有效的统计语言模型，常用的 N-Gram 模型有二元语言模型和三元语言模型。在对话系统、机器翻译等实际任务中表现良好。然而由于 N-Gram 所基于的马尔可夫假设只建模了前 n–1 个词对当前词的影响，这使得它难以处理文本中的长距离依赖关系。而当 n 增大时，参数空间又呈指数级增长。随着深度学习方法的兴起，基于神经网络的语言模型逐渐成为主流。

A.2　神经网络语言模型

随着神经网络在机器学习领域应用的推广，进一步运用了 NLP 来估计单词的分布。神经网络语言模型（Nerual Language Model，NLM）作为一种无监督学习技术，可以直接从原始文本数据中学习到有用的文本特征表示。此外，神经网络语言模型通过词向量的距离衡量单词之间的相似度，因此，对统计语言模型无法计算的未收录词语，也可以通过相似词进行估计，从而避免出现数据稀疏问题。

神经网络语言模型需要学习语言中的规则和模式，进而能很好地完成预测文本序列的下一个词的任务，这涉及对大量的词汇和语句结构进行学习，以及对词义和语法等知识的表示。

经典的神经网络语言模型框架包括以下几个步骤。

1）输入单词被编码成一个高维空间中的"词向量"（也称为"词嵌入"或"稠密向量"）。

2）将词向量送入神经网络进行处理。

3）神经网络的输出被解码成预测下一个单词的概率分布。

常见的神经网络语言模型有 RNN、LSTM、GRU 等，这些模型具有循环连接，可以捕捉文本序列中的上下文信息，从而实现对长文本的理解和生成。在任务方面，除了预测下一个单词之外，神经网络语言模型也可用于其他 NLP 任务，如文本分类、情感分析、命名实体识别等。

在自然语言中，单词构成了表达含义的基本单元。为了使计算机能够理解和处理人类的自然语言，需要将每个单词映射为一个数值向量，以便后续进行计算操作，这种数值向量称为词向量。词向量的表示主要有独热编码和分布式表示两种方式。

1. 独热编码

独热编码是一种最简单、直观的词向量表示方法。对一种词汇量为 V 的语言，每个词都与 $0 \sim (V\text{-}1)$ 之间的一个编号相对应。因此，每个词都可以通过一个长度为 V 的 0-1 向量来表示，其中只有该单词对应编号位置的元素为 1，其余均为 0。然而，这种表示方法存在两个缺陷。

1）随着词汇表的不断增大，向量维度也随之呈线性增长，但每个词向量中仅有一个元素为 1。最终，所有词向量构成了一个高度稀疏的庞大矩阵，给后续的存储和使用都造成了不便。

2）任意两个词向量之间的点积（或余弦相似度）均为 0，无法体现词与词之间的语义关系。

为了解决上述离散表示所存在的缺陷，技术人员提出了 Word2Vec、GloVe 等分布式词向量表示方法。这些方法将每个单词的语义信息编码为一个低维稠密向量，在方便使用的同时捕获单词之间的语义关系，使得具有相似语义的单词在向量空间中距离较近，而语义上差异较大的单词则距离较远。这些词向量表示方法大幅提升了计算机对语言的理解能力，使其能够更好地处理文本分类、语义相似度计算、机器翻译等 NLP 任务。

2. 分布式词向量表示

Word2Vec 是一种分布式词向量表示方法。相比离散的独热编码，该方法将单词转化为低维的稠密向量，能够更好地建模单词之间的语义关系，因而在各种 NLP 任务中得到广泛应用。具体来说，Word2Vec 包含了跳字模型和连续词袋模型两种。

（1）跳字模型

跳字模型的目标是基于给定目标词（Target Word）预测其一定范围内的上下文词（Context Word），即尽量使这两个词的词向量接近。

假定词汇表 V 中的每个词 w_i 都对应两个可学习的 N 维向量表示 $\boldsymbol{v}_i$ 和 $\boldsymbol{u}_i$，分别作为 w_i 中心词向量和上下文词向量，其中 $i \in V = \{0,1,\dots,|V|-1\}$ 表示单词在词汇表中的索引编号。假设上下文各单词在给定中心词的情况下是独立生成的，因此基于中心词 w_c 生成任意上下文词 w_o 的条件概率可建模为：

$$P(w_o|w_c) = \frac{\exp(\boldsymbol{u}_o^\top \boldsymbol{v}_c)}{\sum_{i \in V} \exp(\boldsymbol{u}_i^\top \boldsymbol{v}_c)}$$

其中，$\boldsymbol{v}_c$ 为中心词 w_c 的词向量，$\boldsymbol{u}_o$ 为任意上下文词 w_o 的词向量。

跳字模型采用浅层的神经网络，以目标词作为输入，以上下文词作为输出，网络结构仅有一层隐藏层（投影层），其整体结构如图 A-1 所示。

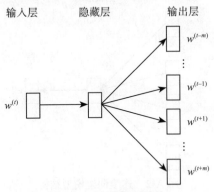

图 A-1　跳字模型结构

给定长度为 T 的文本序列，记其中第 t 个词为 $w^{(t)}$，上下文窗口长度为 j，窗口大小为 m（一般选为 2），则跳字模型对应的似然函数为：

$$\prod_{t=1}^{T} \prod_{-m \leqslant j \leqslant m, j \neq 0} P(w^{(t+j)} | w^{(t)})$$

为了学习模型参数，可采用最大化似然函数的方法来进行模型训练，其等价于如下的最小化损失函数：

$$\mathcal{L}_{\text{SG}} = -\sum_{t=1}^{T}\sum_{-m\leqslant j\leqslant m, j\neq 0} \log P(w^{(t+j)} \mid w^{(t)})$$

通常采用随机梯度下降算法来进行模型优化。在模型迭代过程中，会调整词向量，使得目标词的词向量与其上下文词的词向量在向量空间中尽可能地接近。

（2）连续词袋模型

连续词袋模型的目标与跳字模型恰好相反，是基于上下文预测中心词。与跳字模型类似，词典中的每个词 w_i 都对应两个可学习的 N 维向量表示 $\boldsymbol{v}_i$ 和 $\boldsymbol{u}_i$，但不同的是，它们分别对应 w_i 作为上下文词和中心词时的词向量。连续词袋模型假设中心词是基于其周围的上下文词生成的，因此基于上下文词 $w_{o_1}, \cdots, w_{o_{2m}}$ 生成任意中心词 w_c 的条件概率可建模为：

$$P(w_c \mid w_{o_1}, \cdots, w_{o_{2m}}) = \frac{\exp\left(\dfrac{1}{2m} \boldsymbol{u}_c^{\top}(\boldsymbol{v}_{o_1} + \cdots + \boldsymbol{v}_{o_{2m}})\right)}{\sum_{i\in\mathcal{V}} \exp\left(\dfrac{1}{2m} \boldsymbol{u}_i^{\top}(\boldsymbol{v}_{o_1} + \cdots + \boldsymbol{v}_{o_{2m}})\right)}$$

其中，$\boldsymbol{v}_{o_1} + \cdots + \boldsymbol{v}_{o_{2m}}$ 为上下文词 $w_{o_1}, \cdots, w_{o_{2m}}$ 的词向量，$\boldsymbol{u}_c$ 为中心词 w_c 的词向量。

连续词袋模型是一种使用词向量来训练神经网络的方法，上下文由给定目标词的多个单词表示作为输入层，神经网络作为隐藏层（投影层），预测词作为输出层。其整体结构如图 A-2 所示。

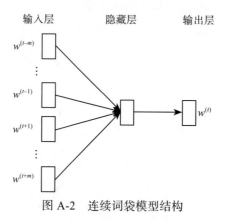

图 A-2　连续词袋模型结构

给定长度为 T 的文本序列，其中第 t 个词表示为 $w^{(t)}$，上下文窗口大小为 m，则连续词袋模型对应的似然函数为：

$$\prod_{t=1}^{T} P(w^{(t)} \mid w^{(t-m)}, \cdots, w^{(t-1)}, w^{(t+1)}, \cdots, w^{(t+m)})\ ,$$

最大化似然函数等价于如下的最小化损失函数：

$$\mathcal{L}_{\text{CBOW}} = -\sum_{t=1}^{T} \log P(w^{(t)} \mid w^{(t-m)}, \ldots, w^{(t-1)}, w^{(t+1)}, \ldots, w^{(t+m)})$$

因为一个中心词会有多个上下文词，而且每个上下文词都会计算得到一个 1*N 向量，将这些 1*N 的向量相加取平均，得到中间层（隐藏层）的向量，这个向量也是 1*N，之后这个向量需要乘以一个 N*V 的矩阵，最终得到的输出层维度为 1*V。然后将 1*V 的向量经 Softmax 处理得到新的 1*V 向量，在 V 个取值中概率最大的数字对应的位置所表示的词就是预测结果。

在上述两种模型的训练过程中都会涉及在整个词表上的 Softmax 操作，当词表较大时（通常为几十万或上百万），训练的计算开销非常大。为此，技术人员进一步提出了负样本采样和层级 Softmax 两种优化方法，在保持词向量质量的同时大幅提升了 Word2Vec 的训练速度。

尽管 Word2Vec 在许多任务中表现出色，但其限制在于生成的词向量是上下无关的，即对一个单词，无论它的上下文是什么，它对应的词向量都是固定不变的。然而事实上是，同一个词在不同上下文中所表达的含义往往是有差异的，例如"活动"这个词既可以做名词，也可以做动词，既可以做主语，也可以做谓语，使用固定的词向量难以反映这种细粒度的差异。此外，上下文无关词向量也难以处理一词多义的问题，例如"苹果"这个词在"苹果真好吃"和"最近推出了新款苹果手机"这两个句子中所表达的含义是完全不同的。随着深度学习的发展，技术人员提出了各种基于神经网络的上下文词向量表示方法，这些方法能够根据单词所在的上下文动态生成相应的词向量，从而更好地应对语义变化和一词多义的问题，在各种 NLP 任务中展现出更为优越的性能。

常见的神经网络语言模型有 RNN、LSTM、GRU 等。

A.3　预训练语言模型

在认知智能领域，随着诸如词向量、Seq-to-Seq 模型及注意力机制等深度学习及应用技术的快速发展，以及预训练语言模型在 NLP 领域大放异彩，逐渐成为多种 NLP 任务的标准范式。

NLP 技术人员研究发现，通过扩展预训练语言模型（通常扩展模型大小或数据大小）能提高下游任务的模型容量（可以理解为模型预测能力的上限）。因此，许多研究通过训练越来越大的预训练语言模型来探索性能的极限。

如图 A-3 所示，随着近 10 年 NLP 技术的不断突破，尤其是预训练技术的飞速发展，最终由大模型技术带来了人类认知智能技术的重大跃阶突破。

预训练语言模型的基本思想是在大量未标记的文本数据上先训练一个具有广泛语言知识的通用模型，然后在特定的下游任务上进行微调，如文本分类、情感分析、问答系统和机器翻译等。

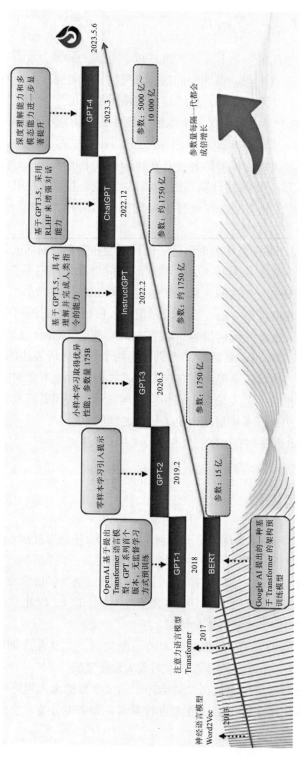

图 A-3 近 10 年认知智能技术的发展

预训练语言模型的训练分为两个阶段。

1）**预训练阶段**：模型通过在大规模的文本语料库上训练来学习语言的通用模式和知识。人们通过预训练模型学习各自领域的专业能力。常见的预训练模型有基于 BERT（Bidirectional Encoder Representations from Transformers）的掩码语言模型、基于 GPT 的自回归语言模型等。

2）**微调阶段**：完成模型预训练之后，接下来将在特定的下游任务上进行模型微调。在微调过程中，模型的所有参数都可以进行更新，但由于模型已经具备了广泛的语言知识，微调所需的数据通常比从零开始训练要少得多，训练时间也相应缩短。除了通用预训练任务外，也有一些针对具体应用需求设计的特殊类型的预训练任务。

预训练语言模型主要包括 BERT、GPT、XLNet、RoBERTa、T5 等，其中预训练模型 BERT 和 GPT 模型区别如表 A-1 所示。

表 A-1　BERT 和 GPT 模型区别

对比项	BERT	GPT
模型结构	Transformer 编码器	Transformer 编码器
训练策略	掩码语言模型和 NSP（下一个语句预测）	下一个 Token 预测
模型特点	双向非自回归语言模型，可以利用上下文信息，进而更好地捕捉基本语义和关系	单向自回归语言模型，只能用上文的信息
应用场景	用于 NLU，如词性标注、信息抽取等，不能做 NLG 的任务	更多地用于 NLG，比如写文章、写诗等创作型任务，也可以用于 NLU 任务

随着 NLP 及深度学习技术的不断发展，预训练语言模型也在持续迭代更新。这些模型在解决各种 NLP 任务时通常能够提供卓越的性能。GPT 系列大模型以最简单的方式统一了 NLP 任务解决范式，并随着 ChatGPT 的出现，得到了广泛的应用。

1. GPT

2018 年，OpenAI 提出了预训练语言模型 GPT，其通过在大规模语料库上采用无监督的方法训练神经网络对文本的概率分布进行拟合。给定一段文本序列 $x = x_1, \cdots, x_n$，神经网络语言模型的目标为优化给定文本的最大似然估计 $\mathcal{L}^{\mathrm{PT}}$。

$$\mathcal{L}^{\mathrm{PT}}(x) = \sum_i \log P(x_i \mid x_{i-k}, \cdots, x_{i-1}; \boldsymbol{\Theta})$$

其中，k 表示上下文窗口的大小，本质是让模型看到前面 k 个词（$x_{i-k}, \cdots, x_{i-1}$），然后预测下一个词（x_i）是什么。即希望模型能够根据前 k 个词（$x_{i-k}, \cdots, x_{i-1}$）更好地预测下一个词（x_i）。$\boldsymbol{\Theta}$ 表示神经网络模型的参数，通常采用随机梯度下降方法来优化该似然函数。

具体而言，GPT 采用了如图 A-4 所示的单向 Transformer 结构。

最底层的嵌入层通过词向量矩阵 $\boldsymbol{W}^e \in \mathbb{R}^{V \times d}$ 和位置向量矩阵 $\boldsymbol{W}^p \in \mathbb{R}^{n \times d}$ 将输入的文本序列 $U = \{w_1, \cdots, w_n\}$ 转化为上层模型的输入 $\boldsymbol{h}^{(0)} \in \mathbb{R}^{n \times d}$，即 $\boldsymbol{h}^{(0)} = U\boldsymbol{W}^e + \boldsymbol{W}^p$，其中，$V$ 是词汇表长度，d 是指向量的维度。

上层模型由若干 Transformer 解码器模块堆叠而成的 Transformer Block 组成，L 表示 Transformer 的总层数。每个模块均由带掩码的多头自注意力网络和前馈神经网络构成。

在第 l ($l \in [1, L]$) 层模块中会对第 $l-1$ 层的输出 $\boldsymbol{h}^{(l-1)}$ 进行如下操作：

$$\boldsymbol{h}^{(l)} = \text{Transformer\_block}(\boldsymbol{h}^{(l-1)}), \forall l \in \{1, 2, \cdots, L\}$$

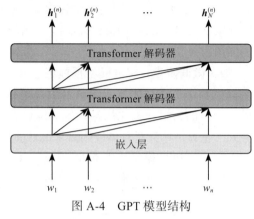

图 A-4　GPT 模型结构

最终取最后一层的输出用于对下一个单词的概率分布进行预测，即 $P(U) = \text{Softmax}(\boldsymbol{h}^{(L)} \boldsymbol{W}^{e\top})$。

为了将 GPT 应用于各种下游任务，通常利用有标注数据进一步对预训练所得模型进行有监督微调。假设下游任务的标注数据为 C，其中每个样例的输入为 $x = x_1, \cdots, x_n$ 构成的长度为 n 的文本序列，与之对应的标签为 y。首先将文本序列输入到预训练的 GPT 中，获取最后一层的最后一个词对应的隐藏层输出 $\boldsymbol{h}_n^{(L)}$。紧接着将该隐藏层输出，并通过一层全连接层变换来预测最终的标签。

$$P(y \mid x_1, \cdots, x_n) = \text{Softmax}(\boldsymbol{h}^{(L)} \boldsymbol{W}^y)$$

其中，$\boldsymbol{W}^y \in \mathbb{R}^{d \times k}$ 表示全连接层权重（k 表示标签个数）。

最终，通过优化以下损失函数对下游任务进行微调。

$$\mathcal{L}^{\text{FT}}(C) = \sum_{(x, y)} \log P(y \mid x_1, \cdots, x_n)$$

因为在下游任务微调过程中，GPT 的训练目标是优化下游任务数据上的效果，强调特殊性，势必会对预训练阶段学习到的通用知识产生部分的覆盖或擦除，丢失了一定的通用性。为了进一步提升微调模型的通用性及模型的收敛速度，可以在下游任务微调时加入一定权重的预训练任务损失，这样可以降低在下游任务微调过程中出现灾难性遗忘（Catastrophic Forgetting）问题。通过结合下游任务微调任务损失和预训练任务损失，可以有效地缓解灾难性遗忘问题，在优化下游任务效果的同时保留一定的通用性。

$$\mathcal{L}(C) = \mathcal{L}^{\text{FT}}(C) + \lambda \mathcal{L}^{\text{PT}}(C)$$

其中，$\mathcal{L}^{\text{FT}}$ 表示微调任务损失；$\lambda \mathcal{L}^{\text{PT}}$ 表示预训练任务损失；λ 表示权重，取值介于 $[0, 1]$。

在扩大模型尺寸和预训练的语料库规模之后，进一步研究发现只需将下游任务转化为自然语言描述的形式即可引导预训练语言模型在不进行微调的同时完成相应的任务。此外，还可以在输入中加入若干示例来进一步提升模型的表现，这种方法被称为语境学习（In-context Learning，ICL），为后续 ChatGPT 等大模型的发展奠定了基础。

2. BERT

2018 年 Google AI 研究院首次提出一种基于 Transformer 的预训练语言模型，即 BERT 模型。BERT 是一种基于多层 Transformer 编码器的预训练语言模型，通过结合分词器、向量和特定任务的输出层，能够捕捉文本的双向上下文信息，并在各种 NLP 任务中表现出色，成为近年来 NLP 领域的一项重要突破。

与 GPT 有所不同，BERT 所采用了双向 Transformer 的模型结构，由多个 Transformer 编码器模块堆叠而成，如图 A-5 所示。

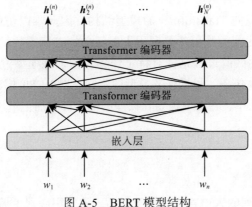

图 A-5　BERT 模型结构

BERT 的输入是一个原始的文本序列 $U = \{w_1, \cdots, w_n\}$，它可以是单个句子，也可以是两个句子（例如，问答任务中的问题和答案）。在输入到模型之前，这些文本需要通过分词器将输入文本分割成 Token，经过文本转换为小写、去除标点符号、分词等步骤，使用 WordPiece 分词方法，将单词进一步拆分成子词（Subword），以优化词汇表的大小和模型的泛化能力。

输入的分词需要进一步嵌入。首先，通过查找一个预训练的向量矩阵实现分词后的 Token 并映射到一个高维空间，该矩阵为每个 Token 提供一个固定大小的向量表示。进一步为每个 Token 添加一个额外的嵌入，以指示它属于哪个句子（通常是 "A" 或 "B"），用于区分 BERT 同时处理的两个句子嵌入（Segment Embedding）。最后在训练过程中学习得到每个位置的嵌入向量。通过 Token 嵌入、句子嵌入和位置嵌入三者相加，得到每个 Token 的最终输入向量。BERT 模型能够全面捕获文本的语义和上下文信息，为各类 NLP 任务提供强大的基础表示能力。

BERT 的网络结构是由多个 Transformer 编码器层堆叠而成的。每个编码器层都包含自注意力机制、前馈神经网络、残差连接和层归一化，允许模型捕捉输入序列中的复杂依赖关系。其中，自注意力机制允许模型在处理序列时关注不同位置的 Token，并计算 Token 之间的注意力权重，从而捕捉输入序列中的依赖关系。前馈神经网络对自注意力机制的输出进行进一步转换，以提取更高级别的特征。残差连接和层归一化用于提高模型的训练稳定性和效果，这样有助于缓解梯度消失和梯度爆炸问题。

BERT 的输出取决于特定的任务。在预训练阶段，BERT 采用了掩码语言模型和下一句话预测两种任务。在掩码语言模型的任务中，BERT 预测输入序列中被随机遮盖的 Token。模型的输出是每个被遮盖 Token 的概率分布，通过 Softmax 层得到。而下一句话预测任务要求 BERT 预测两个句子是否是连续的，模型的输出是一个二分类问题的概率分布。

BERT 通过在大规模未标注数据上执行预训练任务（如掩码语言模型捕获文本中词汇的双向上下文关系，以及下一句话预测来理解句子间的逻辑关系），再将预训练的模型针对特定任务进行微调，从而在各种 NLP 任务中实现高性能。

由于 BERT 采用了双向 Transformer 的模型结构，因此难以仿照 GPT 采用语境学习的方法来处理下游任务，主流方法仍然是利用下游任务的有标签数据进一步对预训练模型进行有监督微调。BERT 的微调过程是针对特定任务对预训练模型进行调整的过程，使其能够更好地适应和解决具体任务。根据任务类型的不同，对 BERT 模型的修改也会有所不同，但通常这些修改都相对简单，往往只需要在模型的输出部分加上一层或多层神经网络。

A.4　大语言模型

ChatGPT 将 GPT 系列的大语言模型用于对话，该应用展现了惊人的对话能力。除了对话之外，大语言模型革新了内容生产方式、改变了信息分发获取模式，可以帮助团队轻松、方便地完成内容生产、信息搜索等任务，同时能够对一些内容进行摘要和筛选，或者总结内部一些混沌的信息，从而帮助团队提高工作效率。

具体来说，ChatGPT 是由 GPT-3.5 经过进一步微调所得，基于 ChatGPT 的大语言模型实现路径如图 A-6 所示，包括海量文本的高质量清洗及超大规模语言模型训练（预训练）、大量高质量有监督指令任务的有监督微调，以及 RLHF。

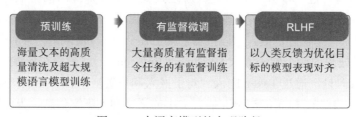

图 A-6　大语言模型的实现路径

具体步骤如下。

（1）模型预训练

首先从百科、GitHub、各类书籍、各类论文、论坛等来源收集数据，并进行海量文本的高质量清洗，将大量文本转化为计算机可以处理的数字序列，使用大型算力集群的分布式并行训练、参数共享和算力管理调度等工程技术，基于 Transformer 底层技术、基础语言模型训练算法进行模型预训练。预训练语言模型能够处理多样的任务和请求，但在特定情境下不如专用模型精确，可能需要额外的微调或优化。

（2）有监督微调

在这一步中，构造一个问题 – 答案对数据集，并针对每个问题由专业标注员编写高质量的答案。每个问题 – 答案对都构成一条文本序列。在构造所得的数据集上采用有监督语言模型任务对预训练模型进行进一步微调。然而人工标注数据需要大量的人力和物力，难以构造大规模、高质量的问题 – 答案对数据集用于模型的有监督训练。为此，大语言模型进一步引入了强化学习的方法让模型自动生成回答并用于后续的训练。

（3）RLHF

在这一步中，大语言模型采用强化学习的方法进一步对步骤 2 中所得的目标模型进行微调。首先训练奖励模型，用于对目标模型输出的质量进行评估。大语言模型将微调所得的模型用于奖励模型的初始化，并将最后一层的输出通过线性隐藏层转化为标量得分。对任意一个问题，首先使用有监督微调所得的模型生成 K 个回答，然后将生成的回答成对展示给标注员，让他选择两个之中质量更好的输出，由此共产生 C_K^2 对标注结果。通过标注数据训练优化 BPR（Bayesian Personalized Ranking，贝叶斯个性化排序）损失函数，最大化标注员更喜欢的回答和不喜欢的回答之间得分的差值，从而使得奖励模型的打分可以更好地与人类的偏好相对齐，为更符合人类偏好的回答打更高的分。

在训练完奖励模型之后，即可用它对任意问题 – 答案对进行打分。大语言模型采用如下流程不断对模型进行优化。

1）随机选择一条提示，用目标模型生成相应的回答。

2）使用奖励模型对生成的问题 – 答案对进行打分。

3）优化目标模型以最大化奖励模型的打分。

具体而言，大语言模型采用近端策略优化（Proximal Policy Optimization，PPO）算法进行模型训练，在损失函数中加入了惩罚项来确保近端策略优化模型的输出与有监督微调模型的输出差异不会过大。此外，还加入了预训练阶段的语言模型目标进行协同训练，以保持模型在通用 NLP 任务上的性能。

相比之前的预训练语言模型（如 GPT、BERT 等），大语言模型通过在问题 – 答案对上进行有监督微调，使模型的输出能够更好地与人类偏好相对齐，从而产生用户更加满意的答案。此外，用户还可以将任务的相关信息输入到大语言模型中，模型通过将这些信息作为提示并生成相应的回答，从而能够完成用户的多样化任务。

推荐阅读

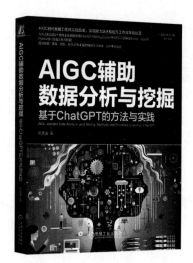

推荐阅读

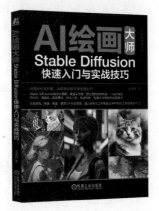

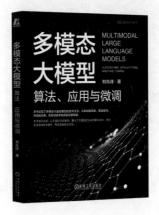

推荐阅读

人工智能：原理与实践

作者：[美] 查鲁·C. 阿加沃尔(Charu C. Aggarwal) 著
译者：杜博 刘友发 ISBN：978-7-111-71067-7

通用人工智能：初心与未来

作者：[美] 赫伯特·L.罗埃布莱特（Herbert L. Roitblat）著
译者：郭斌 ISBN：978-7-111-72160-4

因果推断导论

作者：俞奎 王浩 梁吉业 编著 ISBN：978-7-111-73107-8

人工智能安全基础

作者：李进 谭毓安 著 ISBN：978-7-111-72075-1